高等职业教育机械系列精品教材

"互联网+"立体化教材

机械基础

Jixie Jichu

李 娜 主编

李新广 张国峰 张红梅 副主编

国防科技大学出版社

【内容简介】本书是为高职高专机械类专业编写的教材。

本书主要内容包括工程力学、工程材料基础、机械原理与机械零件设计三个篇章。工程力学篇介绍了静力学和材料力学,工程材料基础篇介绍了工程材料的基本知识,机械原理与机械零件设计篇介绍了机械系统常用运动机构、机械传动、轴系零件和机器装置的润滑与密封。本书力求充实新的技术成果和采用新的国家标准,且内容丰富,安排合理,侧重理论与实践的结合,增强了实用性。

本书适合高职高专教学使用,也可供相关技术人员参考。

图书在版编目(CIP)数据

机械基础/李娜主编. —长沙:国防科技大学出版社,2011.8(2024.1重印)

ISBN 978-7-81099-920-5

Ⅰ.①机… Ⅱ.①李… Ⅲ.①机械学 Ⅳ.①TH11

中国版本图书馆 CIP 数据核字(2011)第 161291 号

出版发行:国防科技大学出版社
责任编辑:唐卫葳　　特约编辑:张　薇
印　刷　者:三河市龙大印装有限公司
开　　　本:787 mm×1 092 mm　1/16
印　　　张:14.75
字　　　数:371 千字
印　　　次:2024 年 1 月第 1 版第 10 次印刷
定　　　价:43.00 元

Preface 前　言

在今后一个时期里,高职高专教育将成为我国高等教育事业大力发展的重点。正确定位其培养目标,是确保高职高专教育健康发展的前提和核心。虽然各地高职高专院校的办学模式不同,但其主要目标都是培养技术型、技能型人才。

本书参照了目前高职高专院校专业教学的基本方向,以培养技术型、技能型人才为目标,适应新世纪对高职高专院校人才专业知识的要求,总结了近几年教学实践的经验。本书的主要特点是：

(1)注重知识的逻辑性和贯穿性,进一步协调各种教材之间的关系,使教材的内容安排和衔接更为合理。

(2)充分考虑各地高职高专院校对教材的不同要求,增强适用性,降低理论难度,使教材的使用更加方便、灵活;将工程力学、工程材料基础、机械原理与机械零件设计的内容融入本书,使本书的知识更加系统化。

(3)充实新知识、新技术、新工艺和新方法等方面的内容,力求反映科学技术的最新成果。

(4)采用最新的国家标准,使教材的内容更加规范化。

(5)各章后均附有习题,有利于学生对书中理论知识的理解和掌握。

本书由李娜任主编,李新广、张国峰、张红梅任副主编。全书共七个单元,单元一和单元五由张国峰编写,单元二和单元四由李娜编写,单元三由李新广编写,单元六和单元七由张红梅编写。

本书的编写得到了哈尔滨理工大学高级工程师曲毅民,中国第一重型机械集团公司高级技师王海军、杨树学,中国一重技师学院教授李国诚和江西现代职业技术学院副教授史毅等人的热情支持和指导,同时也受到了有关院校老师的大力支持和帮助,在此一并表示衷心的感谢。

由于编者水平有限,书中难免有疏漏和不足之处,恳请同行和读者不吝指正。

编　者

Contents 目 录

第一篇　工程力学

单元一　静力学 …… 3

学习情境一　静力学分析基础 …… 3
　一、静力学的基本概念和公理 …… 3
　二、约束与约束反力 …… 5
　三、物体的受力分析及受力图 …… 7

学习情境二　平面汇交力系 …… 9
　一、平面汇交力系合成的几何法与平衡的几何条件 …… 10
　二、平面汇交力系合成的解析法与平衡的解析条件 …… 10

学习情境三　力矩与平面力偶 …… 12
　一、力矩的概念及其计算 …… 12
　二、力偶和力偶矩 …… 13

学习情境四　平面任意力系 …… 14
　一、力的平移定理 …… 14
　二、平面任意力系的简化 …… 15
　三、平面任意力系的平衡 …… 15
　四、平面平行力系的平衡 …… 16
　五、物系的平衡 …… 17
　六、考虑摩擦时的平衡 …… 18

思考与练习 …… 19

单元二　材料力学 …… 20

学习情境一　杆件轴向拉伸和压缩 …… 20
　一、轴向拉伸和压缩的概念 …… 20
　二、轴向拉压时的应力 …… 21
　三、轴向拉压时的变形和胡克定律 …… 24
　四、材料在轴向拉压时的力学性能 …… 25
　五、轴向拉压时的强度计算 …… 26

学习情境二　杆件剪切和挤压 …… 28
　一、剪切和挤压的概念 …… 28
　二、剪切和挤压时的强度计算 …… 29

学习情境三　圆轴扭转 …… 31
　一、圆轴扭转的内力 …… 31
　二、圆轴扭转时的变形与应力 …… 32
　三、圆轴扭转的强度和刚度计算 …… 33

学习情境四　杆件(直梁)弯曲 …… 34
　一、平面弯曲的概念 …… 35
　二、剪力与弯矩 …… 36
　三、梁弯曲时截面上的应力 …… 39
　四、梁弯曲时的强度计算 …… 40
　五、提高弯曲强度的主要措施 …… 42
　六、弯曲刚度 …… 42

学习情境五　组合变形 …… 43
　一、组合变形的概念及分析方法 …… 43
　二、拉伸(压缩)弯曲组合变形的强度计算 …… 44

思考与练习 …… 46

第二篇　工程材料基础

单元三　工程材料的基本知识 …… 51

学习情境一　金属材料 …… 51
　一、金属材料的力学性能 …… 51

二、金属与合金的结构 …………… 56
三、铁碳合金 …………………… 58
学习情境二　碳钢 …………………… 61
一、碳钢的分类 ………………… 62
二、常用碳钢的牌号、性能和
　　用途 ………………………… 62
学习情境三　合金钢 ………………… 63
一、低合金高强度结构钢 ……… 64
二、合金弹簧钢 ………………… 65
三、滚动轴承钢 ………………… 66
四、合金工具钢 ………………… 66
学习情境四　铸铁 …………………… 67
一、灰铸铁 ……………………… 68
二、球墨铸铁 …………………… 68
三、蠕墨铸铁 …………………… 69
四、可锻铸铁 …………………… 69
学习情境五　有色金属及其合金 …… 69
一、铝及铝合金 ………………… 69
二、铜及铜合金 ………………… 70
三、轴承合金 …………………… 71
学习情境六　非金属材料 …………… 71
一、塑料 ………………………… 71
二、橡胶 ………………………… 72
三、陶瓷 ………………………… 73
学习情境七　零件材料的选择 ……… 73
一、零件材料选择的一般原则 … 73
二、典型零件的选材及工艺路线 … 75
思考与练习 …………………………… 76

第三篇　机械原理与机械零件设计

单元四　机械系统常用运动机构 …………………… 79

学习情境一　运动副及其分类 ……… 80
一、运动副的概念 ……………… 80
二、运动副的分类 ……………… 80
学习情境二　机构的组成原理和机构
　　　　　　类型 ……………………… 82
一、机构的组成及运动简图 …… 82
二、平面机构自由度及具有确定
　　运动的条件 ………………… 85
三、平面四杆机构的基本形式和
　　基本特性 …………………… 89
学习情境三　凸轮机构 ……………… 96
一、凸轮机构概述 ……………… 97
二、凸轮机构从动件常用运动
　　规律 ………………………… 101
学习情境四　螺旋机构 ……………… 110
一、螺纹基本知识 ……………… 110
二、螺旋机构的形式及应用 …… 115
学习情境五　步进机构 ……………… 118
一、棘轮机构 …………………… 118
二、槽轮机构 …………………… 121
三、不完全齿轮机构 …………… 122
思考与练习 …………………………… 123

单元五　机械传动 …………………… 125

学习情境一　带传动 ………………… 125
一、带传动的类型和特点 ……… 126
二、普通V带的结构和尺寸
　　标准 ………………………… 127
三、普通V带轮的材料和结构 … 129
四、普通V带传动的工作分析 … 130
五、普通V带传动的设计 ……… 132
六、普通V带传动的张紧、安装和
　　维护 ………………………… 138
学习情境二　链传动 ………………… 140
一、链传动的组成、类型、特点及
　　应用 ………………………… 140
二、链传动运动的不均匀性 …… 141
三、滚子链和齿形链简介 ……… 143
学习情境三　齿轮传动 ……………… 146
一、齿轮传动的分类、特点及
　　应用 ………………………… 147
二、渐开线与渐开线齿廓 ……… 148
三、渐开线直齿圆柱齿轮的基本
　　参数和几何尺寸的计算 …… 152

四、渐开线直齿圆柱齿轮的
　　啮合传动 ………………… 155
五、渐开线斜齿圆柱齿轮传动 … 158
六、直齿圆锥齿轮传动 ………… 162
七、齿轮传动的失效形式 ……… 163
学习情境四　蜗杆传动 ………… 165
一、蜗杆传动的类型和特点 …… 166
二、蜗杆传动的基本参数与
　　几何尺寸 ………………… 167
三、蜗杆传动的受力方向和蜗轮
　　转向的判定 ……………… 168
四、蜗杆传动的失效形式、安装与
　　维护 ……………………… 169
学习情境五　轮系传动 ………… 170
一、轮系的分类和功用 ………… 170
二、定轴轮系传动比的计算 …… 171
三、行星轮系传动比的计算 …… 172
四、混合轮系传动比的计算 …… 175
思考与练习 ……………………… 176

单元六　轴系零件 ……………… 178
学习情境一　轴 ………………… 178
一、轴的分类及材料 …………… 178
二、轴的结构及轴上零件的
　　定位和固定 ……………… 181
三、轴的强度计算 ……………… 183
学习情境二　轴承 ……………… 187
一、滑动轴承 …………………… 188
二、滚动轴承 …………………… 194
学习情境三　螺纹联接 ………… 200
一、螺纹联接的基本类型 ……… 200
二、常用的螺纹联接件 ………… 201
三、螺纹联接的预紧和防松 …… 202

学习情境四　键联接、花键联接和销
　　联接 ……………………… 204
一、键联接 ……………………… 205
二、花键联接 …………………… 207
三、销联接 ……………………… 208
学习情境五　联轴器、离合器和制
　　动器 ……………………… 208
一、联轴器 ……………………… 209
二、离合器 ……………………… 212
三、制动器 ……………………… 214
思考与练习 ……………………… 215

**单元七　机器装置的润滑与
　　密封** …………………… 216
学习情境一　常用润滑剂及选择 … 216
一、润滑油 ……………………… 216
二、润滑脂 ……………………… 217
三、固体润滑剂 ………………… 217
学习情境二　常用润滑方式及
　　装置 ……………………… 218
一、油润滑方式及装置 ………… 218
二、脂润滑方式及装置 ………… 220
学习情境三　常用传动装置的
　　润滑 ……………………… 221
一、链传动的润滑 ……………… 221
二、齿轮传动的润滑 …………… 222
三、蜗杆传动的润滑 …………… 222
四、滚动轴承的润滑 …………… 222
学习情境四　机械装置的密封 … 223
一、静密封 ……………………… 223
二、动密封 ……………………… 224
思考与练习 ……………………… 225

参考文献 ……………………………… 226

第一篇 工程力学

单元一 静 力 学

静力学主要研究物体在力系作用下处于平衡的规律。静力学分析就是对物体进行受力分析,并在平衡条件下进行受力计算。静力学具体研究以下三个问题:
(1)物体的受力分析。
(2)力系的等效替换和简化。
(3)力系的平衡条件及其应用。

学习情境一 静力学分析基础

学习目标

掌握静力学的基本概念和公理;
了解约束的基本类型;
具备对物体进行受力分析和绘制受力图的能力。

课堂导入

如图1-1所示,将一根木条置于一个凹槽内,已知木条的重量为G,不计摩擦的影响,其下端与凹槽的接触点分别为A、B,上端与凹槽的接触点为C。如何对木条进行正确的受力分析?如何画出受力图?通过学习本节知识,就会找到答案。

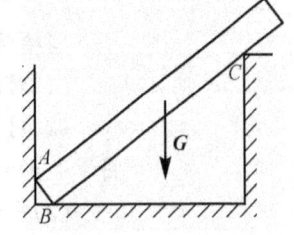

图1-1 木条机构

基本知识

一、静力学的基本概念和公理

1.静力学的基本概念

1)力的概念

力是物体间相互的机械作用。力使物体的运动状态发生变化的效应称为力的外效应,而力使物体产生变形的效应称为力的内效应。静力学只研究力的外效应。力的单位为牛顿(N)。

2)刚体

刚体是在外力作用下形状和大小都保持不变的物体。在静力学中,我们把研究对象都假想成刚体,这是科学研究中常用的抽象化方法。这样可以使问题简化,更准确地反映客观事物的本质。实际上,任何物体在力的作用下都会产生不同程度的变形。

3) 力的三要素

力对物体的作用效果取决于力的三要素:大小、方向、作用点。因此,力是一个矢量,用一条有向线段来表示。有向线段按一定比例关系表示力的大小,用箭头的指向表示力的方向,用始端 A 或末端 B 表示力的作用点,如图 1-2 所示。

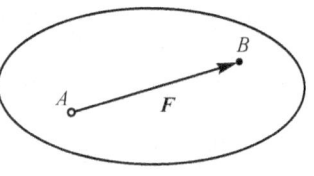

图 1-2　力的三要素

4) 力系与等效力系

作用在物体上的一群力称为力系。若一个力系与另一个力系对同一物体的作用效果相同,则这两个力系互为等效力系。

5) 平衡与平衡力系

物体相对于地面保持静止或做匀速直线运动的状态称为平衡。若一个力系使物体处于平衡状态,则该力系称为平衡力系。

2. 静力学的公理

公理是人类经过长期实践和经验积累而得到的结论,它被反复的实践所验证,是无需证明而为人们所公认的结论。静力学公理是研究静力学的基础和解决静力学问题的关键。

公理1　二力平衡条件

作用于同一刚体上的两个力,使刚体平衡的充分必要条件是:这两个力大小相等、方向相反,且作用在同一直线上,如图 1-3 所示,即

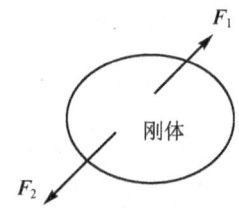

图 1-3　刚体平衡

$$|F_1|=|F_2|,\ F_1=-F_2 \tag{1-1}$$

需要注意的是:

(1)对刚体来说,二力平衡条件是其平衡的充分必要条件。

(2)对变形体或多体来说,二力平衡条件只是其平衡的必要条件,如图 1-4(a)和图 1-4(b)所示。

(3)当物体在两个力作用下处于平衡状态时,我们常把此物体称为二力体,如图 1-4(c)所示;当该物体是杆时,我们就称其为二力杆,如图 1-4(d)所示。

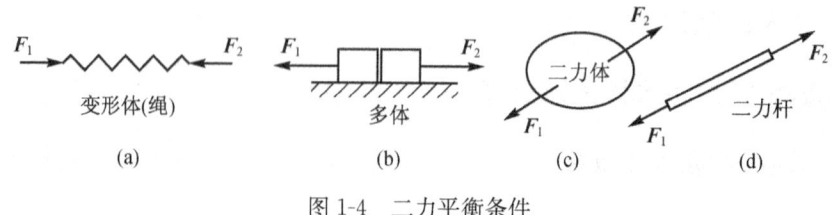

图 1-4　二力平衡条件

公理2　加减平衡力系原理

在已知力系上加上或减去任意一个平衡力系,并不改变原力系对刚体的作用。

推论1　力的可传性

作用于刚体上的力可沿其作用线移到同一刚体内的任一点,而不改变该力对刚体的作用,如图 1-5 所示。

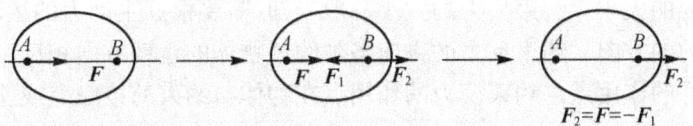

图 1-5 力的可传性

公理 3　力的平行四边形法则

作用于刚体上同一点的两个力可合成一个合力,此合力也作用于该点,合力的大小和方向由以原两力的力矢为邻边所构成的平行四边形的对角线来表示,即

$$\boldsymbol{F}_\text{R} = \boldsymbol{F}_1 + \boldsymbol{F}_2 \tag{1-2}$$

推论 2　三力平衡汇交定理

刚体受三力作用而平衡,若其中两力作用线汇交于一点,则另一力的作用线必汇交于同一点,且三力的作用线共面(在特殊情况——平行力系下,力在无穷远处汇交),如图 1-6 所示。

公理 4　作用力与反作用力定律

两物体间的作用力和反作用力总是成对出现,且大小相等,方向相反,沿着同一直线,分别作用在两个物体上。如图 1-7 所示,吊灯给绳子的力 $\boldsymbol{F}$ 与绳子给吊灯的力 $\boldsymbol{F}'$,以及吊灯的重力 $\boldsymbol{G}$(地球对吊灯的引力)与吊灯对地球的引力 $\boldsymbol{G}'$ 分别为一对作用力与反作用力。

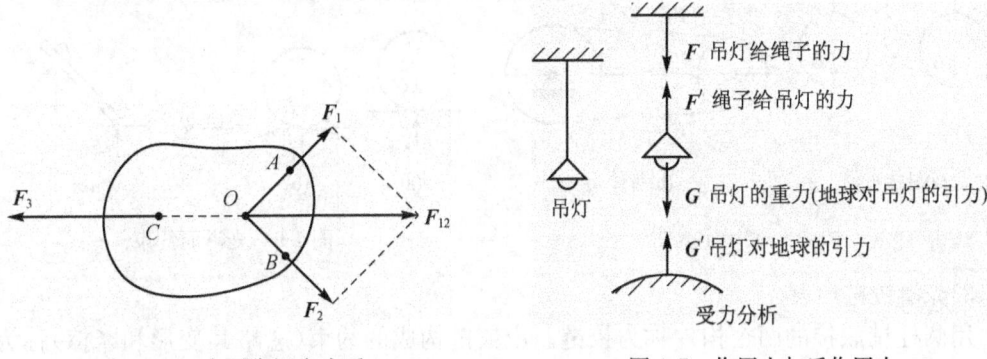

图 1-6　三力平衡汇交力系　　　　图 1-7　作用力与反作用力

二、约束与约束反力

1. 约束

可在空间中任意移动六个自由度(确定物体在空间位置所需要的独立的坐标参数)的物体,称为自由体。如果在一个自由度方向上限制物体的运动,则物体的自由度就会减少一个,这种限制物体自由运动的条件(其他物体)就称为约束。

2. 约束反力

约束对物体的作用力称为约束反力。

1)确定约束反力的原则

确定约束反力的原则是:哪里物体运动受到限制,哪里就有约束反力。

2)约束反力的三要素

约束反力的三要素是:

(1)约束反力的大小。约束反力的大小一般未知,需要根据主动力的运动情况来确定。
(2)约束反力的方向。约束反力的方向与被约束物体的运动方向相反。
(3)约束反力的作用点。约束反力的作用点在物体与约束的接触点或连接点处。

3. 约束的基本类型

约束的基本类型包括柔性体约束、光滑面约束、光滑铰链约束、轴承约束和固定端约束。

1) 柔性体约束

由柔软的绳索、链条或皮带等构成的约束,称为柔性体约束。绳索只能受拉,因此,它们的约束反力作用于接触点,方向沿绳索背离物体,用符号 F_T 表示,如图1-8(a)所示。图1-8(b)所示为带传动,柔性体约束反力作用于切点,方向沿柔性体(带)中线背离带轮。

2) 光滑面约束

当物体与约束的接触面之间摩擦很小可以忽略不计时,则认为接触面是光滑的,这种光滑的平面或曲面对物体的约束,称为光滑面约束。光滑面约束反力作用于接触点,方向沿接触面上接触点处的公法线方向,且指向被约束物体,如图1-9所示。

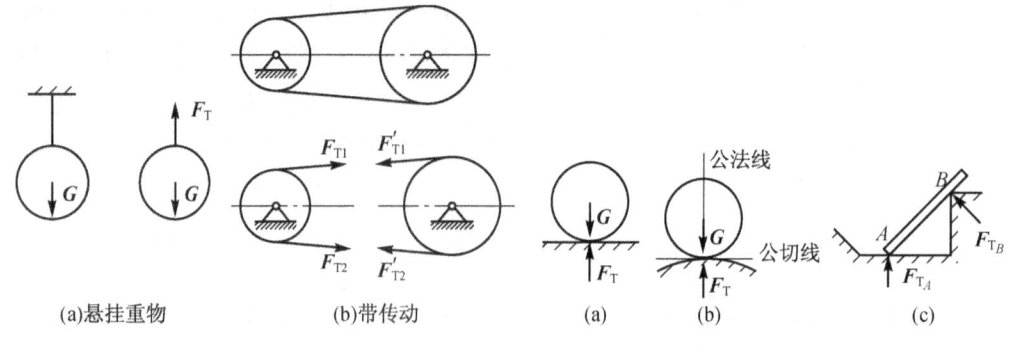

图1-8 柔性体约束   图1-9 光滑面约束

3) 光滑铰链约束

用圆柱销联接的两个构件称为铰链。由铰链构成的约束(忽略其变形和摩擦)称为光滑铰链约束。光滑铰链约束反力的作用线通过圆柱销轴心作用于圆柱销孔的接触点上,方向沿铰链和圆柱销孔接触点的公法线方向(类似光滑面约束)。

常用的光滑铰链包括固定铰链支座和活动铰链支座。

(1) 固定铰链支座。固定铰链支座限制构件沿垂直于圆柱销轴线(相当于径向)的平面内任意方向移动,不限制转动。固定铰链支座约束反力的方向根据构件受力情况而定,可分解为两个互相垂直的力,如图1-10所示。

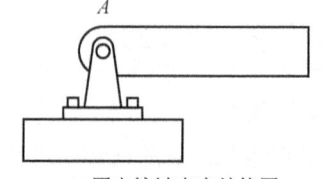

(a)固定铰链支座结构图

(2) 活动铰链支座。活动铰链支座限制构件脱离支承面,但允许构件沿支承面滑动。活动铰链支座约束反力的方向垂直于支承面,指向构件,如图1-11所示。

4) 轴承约束

轴承约束的特点与光滑铰链约束的特点相同,只是将约束和被约束物体相互交换,即光滑铰链内部销钉固定,

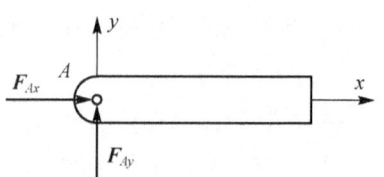

(b)固定铰链支座的受力分析

图1-10 固定铰链支座

外部构件被约束;而轴承外部轴套固定,内部轴被约束,如图 1-12 所示。

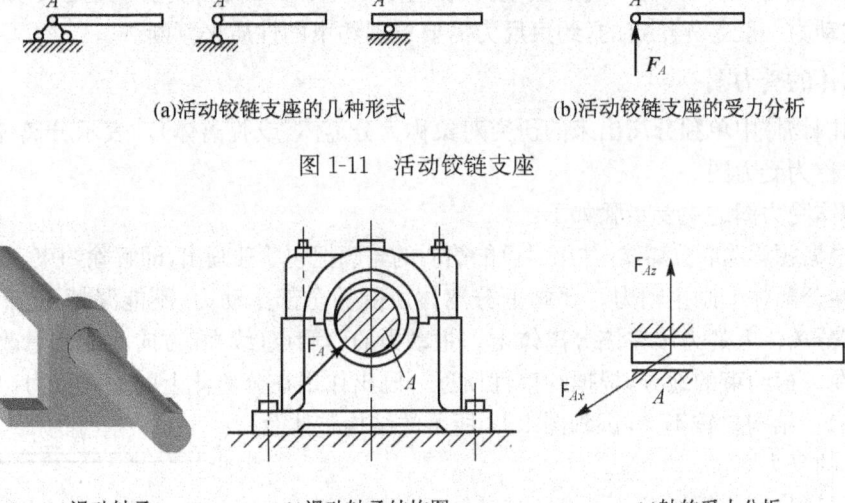

(a)活动铰链支座的几种形式　　(b)活动铰链支座的受力分析

图 1-11　活动铰链支座

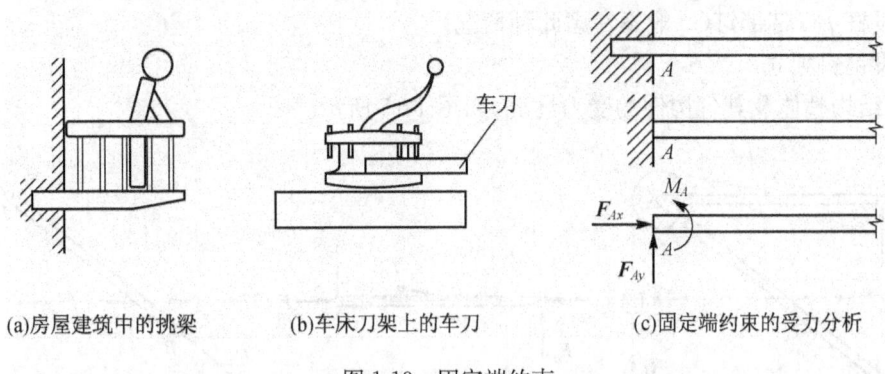

(a)滑动轴承　　(b)滑动轴承结构图　　(c)轴的受力分析

图 1-12　轴承约束

5)固定端约束

固定端约束限制构件沿任意方向的移动和转动。固定端约束反力的作用点为约束和构件的交界处,方向根据构件受力情况而定,在空间中可分解为互相垂直的三个力和三个力偶矩,在平面上可分解为两个互相垂直的力和一个力偶矩,如图 1-13 所示。

(a)房屋建筑中的挑梁　　(b)车床刀架上的车刀　　(c)固定端约束的受力分析

图 1-13　固定端约束

图 1-13(a)为房屋建筑中的挑梁,它的一端嵌固在墙壁内,墙壁对挑梁的约束,既限制它沿任意方向移动,又限制它的转动;图 1-13(b)为装在车床刀架上的车刀,当旋紧螺钉后,刀杆被牢固地固定在刀架上,使车刀相对于刀架不能做任意方向的移动和转动;图 1-13(c)为固定端约束的受力分析。

三、物体的受力分析及受力图

1. 物体的受力分析

解决力学问题时,首先要选定需要进行研究的物体,即选择研究对象;然后根据已知条件、约束类型,并结合基本概念和公理分析它的受力情况,这个过程称为物体的受力分析。作用在物体上的力有两类:一类是主动力,如重力、风力和压力等;另一类是被动力,即约束反力。主动力一般是先给定的,约束反力需要根据约束的性质来判断。

2. 物体的受力图

从周围物体中单独分离出来的研究对象称为分离体(或脱离体)。表示分离体所受全部力的图形称为受力图。

画物体受力图的主要步骤如下:

(1)根据题意选取分离体,并用尽可能简明的轮廓把它单独画出,即解除约束,取分离体。

(2)在分离体上画主动力。要画上分离体所受的全部主动力,不能漏掉,也不能把不是作用在该分离体上的力画在该分离体上。主动力的作用点(线)和方向不能任意改变。

(3)在去掉约束的地方,根据约束性质逐一画出作用在分离体上的约束反力。

例 1-1 结构自重不计,试画图 1-14 所示的结构整体及其各构件的受力图。

解 (1)具体分析如下:

①设轮 C 带销钉,此时,杆 AC、BC 互不接触,都与销钉(即轮 C)接触,杆 AC、BC 对销钉的作用力都作用在轮 C 上。

②设杆 AC 带销钉,此时,轮 C、杆 BC 互不接触,都与销钉(即杆 AC)接触,轮 C、杆 BC 对销钉的作用力都作用在杆 AC 上。

③设杆 BC 带销钉(一般不考虑此种情况)。

④设销钉独立。

(2)结构整体及其各构件的受力情况,如图 1-15 所示。

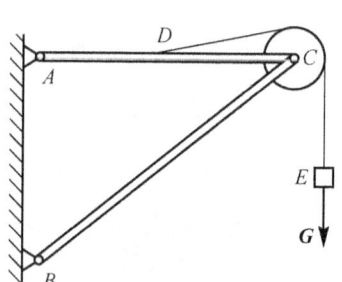

图 1-14 起重机

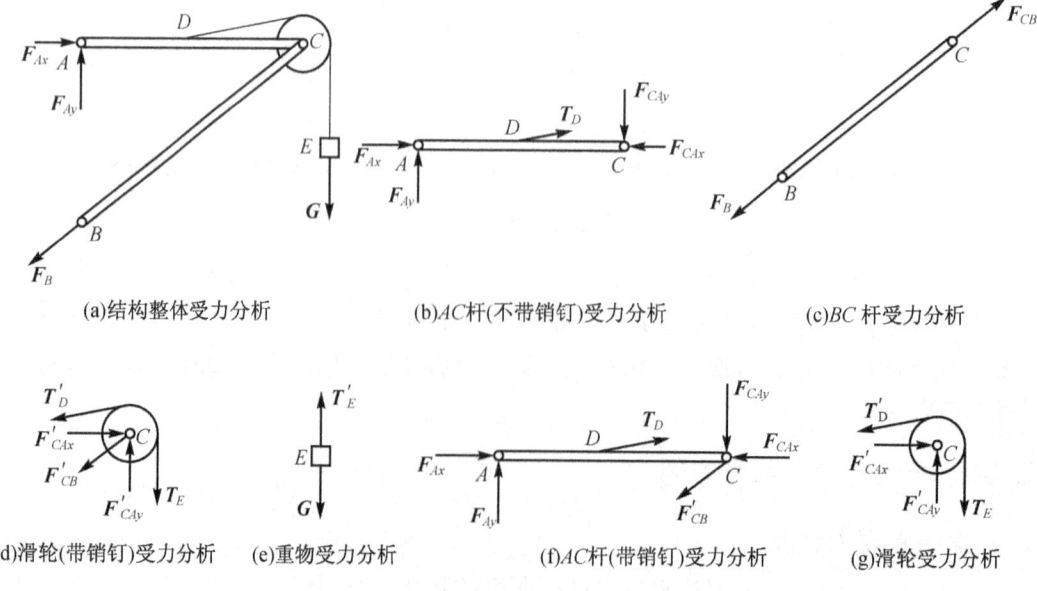

图 1-15 结构整体及其各构件的受力图

例 1-2 画出图 1-16 所示机构各构件的受力图(杆件 1、2 自重不计)。

解 图 1-16 中各构件的受力图如图 1-17 所示。

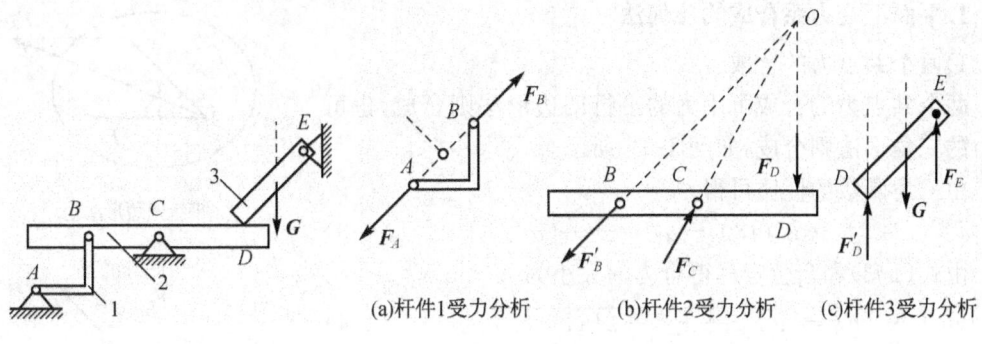

图 1-16 机构图　　　　　图 1-17 各构件的受力图

3. 注意事项

在画受力图时要注意以下几点：

(1) 为便于受力分析，首先应在整体中找出二力杆(注意：二力杆受力方向有时不可假定)，然后从已知力作用的构件入手，逐个画出分离体的受力图。

(2) 不要漏画，一般要先画主动力，再画约束反力。

(3) 不要错画力的方向，约束反力的方向应根据约束类型来画。

(4) 不要多画，只画研究物体所受的力，不画其对其他物体的反作用力。

(5) 只画外力，不画内力。

学习情境二　平面汇交力系

学习目标

掌握平面汇交力系合成的几何法与平衡的几何条件；
掌握平面汇交力系合成的解析法与平衡的解析条件。

课堂导入

如图 1-18 所示，某工业厂房立柱的底部是杯形基础，立柱底部用混凝土与杯形基础固连在一起。若已知吊车梁传来的铅垂载荷为 $P=100$ kN，风压集度 $q=5$ kN/m，立柱自重 $G=500$ kN，长度 $a=0.5$ m，高 $h=10$ m，如何求出立柱底部的约束反力？通过学习本节知识，就会找到答案。

基本知识

各力的作用线都在同一平面内并且汇交于一点的力系称为平面汇交力系。分析平面汇交力系一般有几何法和解析法两种方法。

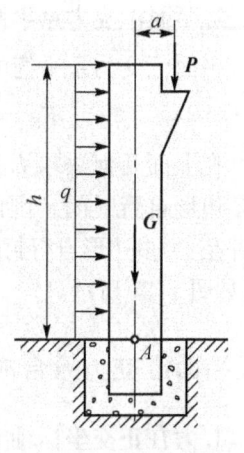

图 1-18 工业厂房中的立柱

一、平面汇交力系合成的几何法与平衡的几何条件

1. 平面汇交力系合成的几何法

1) 两个共点力的合成

两个共点力的合成可用力的平行四边形法则合成,也可用力的三角形法则合成,如图1-19所示。

由三角函数的性质可得

$$\cos(180°-\alpha) = -\cos\alpha \quad (1-3)$$

由式(1-3)和余弦定理得合力的大小为

$$F_R = \sqrt{F_1^2 + F_2^2 + 2F_1F_2\cos\alpha} \quad (1-4)$$

由正弦定理得合力的方向为

$$\frac{F_1}{\sin\varphi} = \frac{F_R}{\sin(180°-\alpha)} \quad (1-5)$$

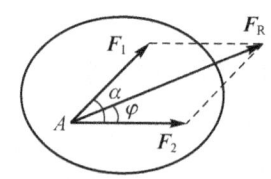

(a)平行四边形法则

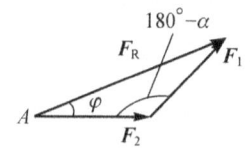

(b)三角形法则

图1-19 两个共点力的合成

2) 任意个共点力的合成(力多边形法)

如图1-20所示,力的合成推广至 n 个力,结论为

$$\bm{F}_R = \bm{F}_1 + \bm{F}_2 + \bm{F}_3 + \cdots + \bm{F}_n$$

即

$$\bm{F}_R = \sum \bm{F} \quad (1-6)$$

图1-20 任意个共点力的合成

平面汇交力系的合力等于各分力的矢量和,合力的作用线通过各分力的汇交点。

2. 平面汇交力系平衡的几何条件

平面汇交力系平衡的几何条件(充要条件)是

$$\bm{F}_R = \sum \bm{F} = 0 \quad (1-7)$$

在上面几何法求力系的合力中,合力为零意味着力多边形自行封闭。因此,平面汇交力系平衡的充要条件是:力多边形自行封闭或力系中各力的矢量和等于零,如图1-21所示。

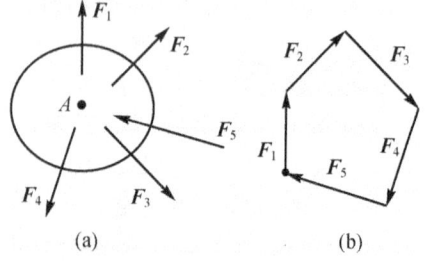

图1-21 平面汇交力系平衡的几何条件

二、平面汇交力系合成的解析法与平衡的解析条件

1. 力在正交坐标轴上的投影与力的解析表达式

如图1-22所示,力 $\bm{F}$ 在 x,y 轴上的投影分别为

$$X = F\cos\alpha \brace Y = F\cos\beta = F\sin\alpha \} \quad (1-8)$$

力的投影是代数量。力 F 的分力与其投影之间有下列关系

$$F_x = Xi, F_y = Yj$$

其解析表达式为

$$F = Xi + Yj \quad (1-9)$$

若已知力 F 在平面内两正交轴上的投影 X 和 Y，则由式(1-9)可求出力 F 的大小和方向余弦，即

$$F = \sqrt{X^2 + Y^2}, \cos(F, i) = \frac{X}{F}, \cos(F, j) = \frac{Y}{F}$$
$$(1-10)$$

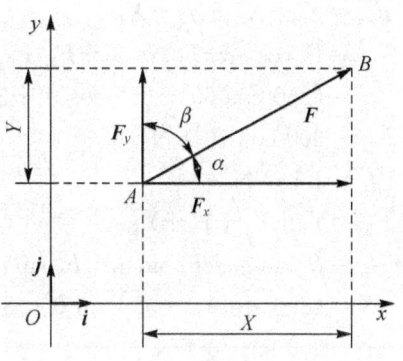

图 1-22　力在坐标轴上的投影

2. 平面汇交力系合成的解析法

平面汇交力系合成的解析法是以力在坐标轴上的投影分析力系的合成及其平衡的方法。

如图 1-23 所示，力系合力 F_R 的解析表达式为

$$F_R = F_{Rx}i + F_{Ry}j \quad (1-11)$$

合力投影定理为：合力在某坐标轴上的投影等于各分力在同一坐标轴上投影的代数和。将合力 F_R 向 x, y 轴上投影，得

$$F_{Rx} = X_1 + X_2 + \cdots + X_n = \sum X \brace F_{Ry} = Y_1 + Y_2 + \cdots + Y_n = \sum Y \} \quad (1-12)$$

由式(1-12)可求出合力 F_R 的大小和方向，即

$$F_R^2 = F_{Rx}^2 + F_{Ry}^2 \brace \tan\alpha = \left|\frac{F_{Ry}}{F_{Rx}}\right| \} \quad (1-13)$$

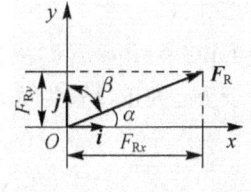

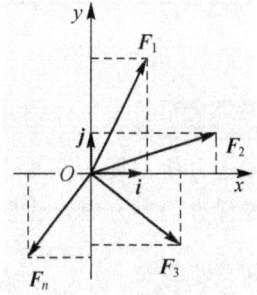

图 1-23　力系合力的解析式分析图

合力 F_R 的指向可由 F_{Rx} 和 F_{Ry} 值的正负来判断。

3. 平面汇交力系平衡的解析条件

平面汇交力系平衡的解析条件（充要条件）是：各力在两个坐标轴上的投影的代数和分别为零，即

$$\sum X = 0 \brace \sum Y = 0 \} \quad (1-14)$$

两个独立的平衡方程可解两个未知量。

例 1-3 如图 1-24 所示，作用于吊环螺钉上的四个力 F_1, F_2, F_3 和 F_4 构成平面汇交力系。已知各力的大小和方向为 $F_1 = 360$ N，$\alpha_1 = 60°$；$F_2 = 550$ N，$\alpha_2 = 0°$；$F_3 = 380$ N，$\alpha_3 = 30°$；$F_4 = 300$ N，$\alpha_4 = 70°$。试用解析法求合力的大小和方向。

解　选取图 1-24 中的坐标系 xOy。由式(1-12)和式(1-13)得

$F_{Rx} = X_1 + X_2 + X_3 + X_4$
$= F_1 \cos\alpha_1 + F_2 \cos\alpha_2 + F_3 \cos\alpha_3 + F_4 \cos\alpha_4$
$= (360\cos 60° + 550\cos 0° + 380\cos 30° + 300\cos 70°)$ N
$= 1\,162$ N

$F_{Ry} = Y_1 + Y_2 + Y_3 + Y_4$
$= F_1 \sin\alpha_1 + F_2 \sin\alpha_2 - F_3 \sin\alpha_3 - F_4 \sin\alpha_4$
$= (360\sin 60° + 550\sin 0° - 380\sin 30° - 300\sin 70°)$ N
$= -160$ N

合力的大小和方向分别为

$F_R = \sqrt{F_{Rx}^2 + F_{Ry}^2}$
$= \sqrt{(1\,162)^2 + (-160)^2}$ N
$= 1\,173$ N

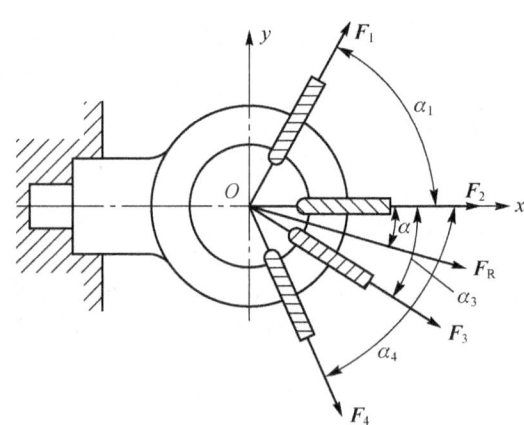

图 1-24 解析法求力系合力

由 $\tan\alpha = |F_{Ry}/F_{Rx}| = |-160/1\,162| = 0.138$，得 $\alpha = 7°51'$。

由于 F_{Rx} 为正，F_{Ry} 为负，因而合力 F_R 在第四象限，指向见图 1-24。

学习情境三　力矩与平面力偶

掌握力矩的概念及其计算；
掌握力偶和力偶矩的概念及力偶的性质。

如图 1-25 所示为钳工用丝锥攻螺纹，实际操作时为何经常用双手同时施力？通过学习本节知识，就会找到答案。

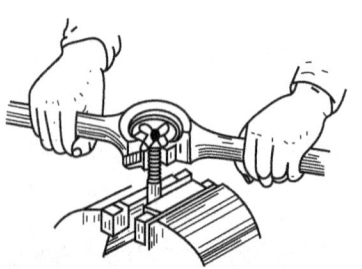

图 1-25　钳工用丝锥攻螺纹

一、力矩的概念及其计算

力矩就是力对点的矩，力对点的矩是力使物体绕某点转动效应的度量。

1. 在平面中力对点的矩

图 1-26 所示的平面 OAB 中，O 点为转动中心，称为矩心。矩心 O 到力 $\boldsymbol{F}$ 作用线的垂直距离为 d，该垂直距离称为力臂。由扳手拧螺母的情形可知，力 $\boldsymbol{F}$ 使矩心 O 转动的效应，与力的大小 F 和力臂 d 成正

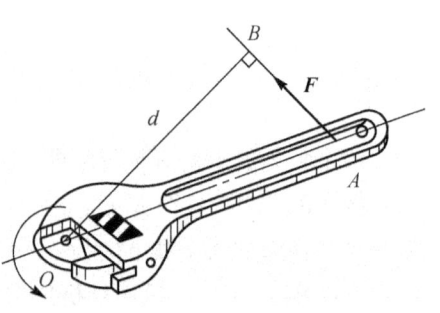

图 1-26　扳手拧螺母

比(因为所有力矩的作用面都在同一平面内,只要确定了力矩的大小和转向,就可以完全表明力使物体绕矩心转动的效应),其大小等于力的大小 F 与力臂 d 的乘积,即

$$M_O(\boldsymbol{F}) = \pm Fd \tag{1-15}$$

式中,$M_O(\boldsymbol{F})$ 为力矩($N \cdot m$)。

当 $F=0$ 或 $d=0$ 时,$M_O(\boldsymbol{F})=0$。力矩的方向用右手螺旋定则确定,即以使物体做逆时针转动为正,做顺时针转动为负。

2. 在空间中力对点的矩

在空间中,力对点的矩为矢量。为了表示力使物体绕矩心的转动效应,需表示出三个要素,即力矩的大小、力矩作用面在空间的方位及力矩在作用面内的转向,这三个要素必须用一个矢量表示。这种方法特别适合于解决轴类零件的空间受力平衡问题。

二、力偶和力偶矩

1. 力偶的概念

大小相等、方向相反、作用线平行但不重合的两个力称为力偶。它是一种常见的特殊力系,如图 1-27 所示。

2. 力偶矩

力偶矩是组成一给定力偶的两个力对空间任意一点之矩的矢量和,如图 1-28 所示。

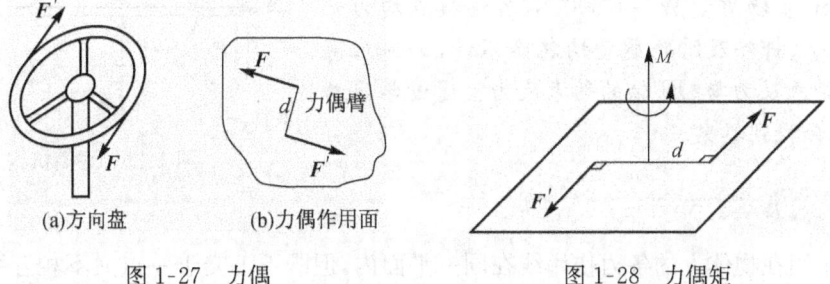

图 1-27 力偶   图 1-28 力偶矩

平面力偶矩为代数量,其大小等于力偶中的力的大小与力偶臂的乘积,即

$$M = M(\boldsymbol{F},\boldsymbol{F}') = \pm Fd \tag{1-16}$$

式中,M 为力偶矩($N \cdot m$),力偶矩的方向也用右手螺旋定则确定,即以使物体做逆时针转动为正,做顺时针转动为负。

空间力偶矩是矢量,其对物体的作用取决于力偶矩的三要素,即力偶矩的大小、力偶作用面在空间的方位及力偶矩在作用面内的转向。

3. 力偶的性质

力偶是一个基本力学量。它没有合力,不能与单个的力平衡,只能与力偶平衡,其基本性质如下:

(1)力偶对其所在平面内任意一点的矩恒等于力偶矩,而与矩心的位置无关。

(2)平面力偶等效定理。作用在同一平面内的两个力偶,只要它们的力偶矩的大小相等,转向相同,则这两个力偶彼此等效。

如图 1-29 所示,设在物体的某一平面上作用一个力偶($\boldsymbol{F},\boldsymbol{F}'$),现沿力偶臂 AB 方向加

一对平衡力 Q、Q'，将力 Q、F 合成力 R，将力 Q'、F' 合成力 R'，得到新力偶 (R,R')，将力 R、R' 移到 A'、B' 点，则新力偶 (R,R') 取代了原力偶 (F,F') 并与原力偶等效。比较 (F,F') 和 (R,R') 可得

$$M(F,F') = 2\triangle ABD = M(R,R')$$
$$= 2\triangle ABC \quad (1\text{-}17)$$

即

$$\triangle ABD = \triangle ABC$$

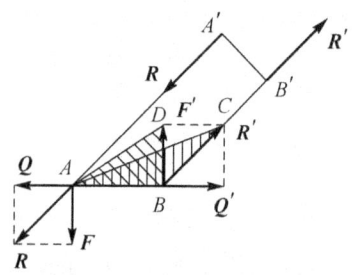

图 1-29 平面力偶的等效图

学习情境四　平面任意力系

学习目标

掌握力的平移定理和简化平面任意力系的方法；
能熟练应用平面任意力系的平衡方程求解平面任意力系的平衡问题。

课堂导入

图 1-30 所示的平衡机构中，$AB=50$ cm，$R=10$ cm，$OA=20$ cm，重物质量 $W=1\,500$ N，各连接点均为光滑铰链，绳子、杆件及滑轮质量均忽略不计，如何求得 A、C 点的约束反力与 OB 轴的约束反力？通过学习本节知识，就会找到答案。

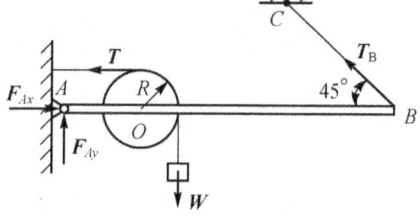

图 1-30 平衡机构

基本知识

如果作用在物体上的各力作用线在同一平面内，但既不汇交于一点又不相互平行，这种力系称为平面任意力系。

一、力的平移定理

根据力的可传性可知，力沿其作用线移动时，不会改变它对刚体的作用效应。若将力平移到作用线外一点，则具体情况分析如下：

如图 1-31 所示，设在刚体上的 A 点作用一个力 F，见图 1-31(a)。在刚体上取一点 O，在 O 点加上两个等值、反向的力 F'、F''，并使这两个力与力 F 平行，且大小相等，即 $F'=F''=F$，见图 1-31(b)。因此，当作用在 A 点的力 F 平移到 O 点时，若要使其与作用在 A 点时等效，必须同时加上一个相应的力偶，这个力偶称为附加力偶，见图 1-31(c)。其力偶矩等于力 F 对 O 点的矩，即

$$M(F,F'') = M_O(F) = Fd \quad (1\text{-}18)$$

力的平移定理：作用在刚体上某点的力可以平移到刚体上任意一点，平移时需附加一个力偶，附加力偶的力偶矩等于力对平移点的力矩。

在图 1-31(a)中，若 O 点在力 F 的作用线上，则附加力偶的力偶矩 $M=0$，可见力的可传

性可以看做是力的平移定理的特殊情况。力的平移定理是将力 F 转化为力 F' 和力偶 M。反之,在同平面内的力 F' 和力偶 M 也可以简化为力 F,即由图 1-31(c)简化为图 1-31(a),则力 F 与力 F' 大小相等、方向相同、作用线平行,作用线间的垂直距离为力偶臂 d 的长度。

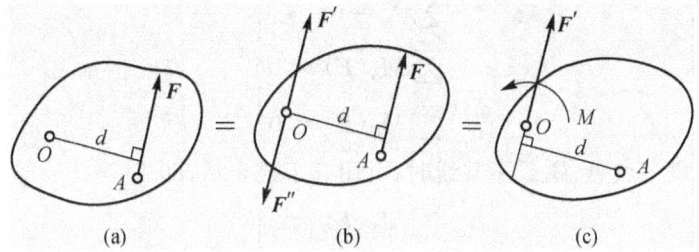

图 1-31　刚体上力的平移

力的平移定理是力系简化的重要依据,它揭示了力对刚体的力矩与力偶的两种运动效应。

二、平面任意力系的简化

平面任意力系简化的实质是将一个平面任意力系分解为一个平面汇交力系和一个平面力偶系。如图 1-32 所示,根据力的平移定理,此平面任意力系可以简化为一个力和一个力偶,这个力等于原力系中各力的矢量和,称为平面任意力系的主矢;这个力偶的力偶矩等于原力系中各力对简化中心力偶矩的代数和,称为平面任意力系的主矩。主矢与主矩的共同作用与原力系作用等效,即

$$F_{RO} = F_1 + F_2 + F_3 = \sum F \tag{1-19}$$

$$M_O = M_1 + M_2 + M_3 \tag{1-20}$$

式中,F_{RO} 为平面任意力系的主矢(N),其大小和方向与简化中心 O 的位置无关;M_O 为平面任意力系的主矩(N·m),其大小与简化中心 O 的位置有关。

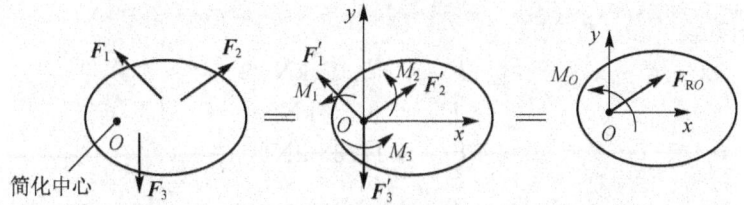

图 1-32　平面任意力系的简化

三、平面任意力系的平衡

若平面任意力系是平衡力系,则该力系向平面任意一点简化的主矢和主矩都必然为零。因此,平面任意力系平衡的充分必要条件为 $F_{RO}=0$,$M_O=0$,转换成解析式为

$$\left.\begin{array}{l} \sum X = 0 \\ \sum Y = 0 \\ \sum M_O(F) = 0 \end{array}\right\} \tag{1-21}$$

式(1-21)称为平面任意力系的平衡方程,也称为一矩式。它有两个投影式,是平面任意

力系平衡方程的基本形式,可分别求得平衡的平面任意力系中的三个未知量。除上述基本形式外,还有二矩式和三矩式。

当平面内任意两点 A、B 的连线不垂直于 x 轴时,可用二矩式表示,即

$$\left.\begin{array}{r}\sum X = 0 \\ \sum M_A(\boldsymbol{F}) = 0 \\ \sum M_B(\boldsymbol{F}) = 0\end{array}\right\} \quad (1-22)$$

当平面内任意三点 A、B、C 不共线时,可用三矩式表示,即

$$\left.\begin{array}{r}\sum M_A(\boldsymbol{F}) = 0 \\ \sum M_B(\boldsymbol{F}) = 0 \\ \sum M_C(\boldsymbol{F}) = 0\end{array}\right\} \quad (1-23)$$

例 1-4 如图 1-33 所示的简易吊车,A、C 处为固定铰链支座,B 处为铰链。已知 AB 梁重 $P=4$ kN,重物重 $Q=10$ kN。求拉杆 BC 和支座 A 的约束反力。

解 以 AB 梁及重物作为研究对象,经受力分析后,画出受力图(见图 1-33),列平衡方程得

$$\sum M_A(\boldsymbol{F}) = 0$$
$$F_{BC} AB \sin 30° - P \cdot AD - Q \cdot AE = 0$$
$$\sum M_B(\boldsymbol{F}) = 0$$
$$P \cdot DB + Q \cdot EB - F_{Ay} AB = 0$$
$$\sum M_C(\boldsymbol{F}) = 0 \quad F_{Ax} AC - P \cdot AD - Q \cdot AE = 0$$

代入数据得

$$F_{Ax} = 15.01 \text{ kN}$$
$$F_{Ay} = 5.33 \text{ kN}$$
$$F_{BC} = 17.33 \text{ kN}$$

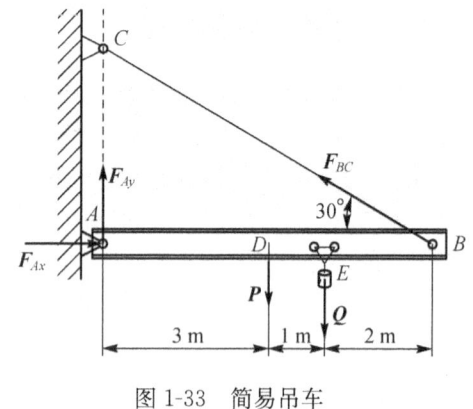

图 1-33 简易吊车

在用平面任意力系的平衡方程解题前,应先判断系统中的二力构件或二力杆;在解决具体问题时,应根据已知条件和便于解题的原则,选用三种平衡方程中的一种形式。为了使计算简化,一般应将矩心选在几个未知力的交点上,并尽可能使较多的力的作用线与投影轴垂直或平行。

四、平面平行力系的平衡

各力的作用线在同一平面内,并且互相平行的力系称为平面平行力系。如起重机、桥梁等结构上所受的力系,通常可以简化为平面平行力系。如图 1-34 所示,选取 y 轴与平面平行力系中各力的作用线平行,每个力在 x 轴上的投影均等于零,故平面平行力系只有两个独立的平衡方程,可解两个未知量。

一矩式方程的表达式为

$$\left.\begin{array}{l}\sum Y = 0 \\ \sum M_O(\boldsymbol{F}) = 0\end{array}\right\} \quad (1\text{-}24)$$

二矩式方程的表达式为

$$\left.\begin{array}{l}\sum M_A(\boldsymbol{F}) = 0 \\ \sum M_B(\boldsymbol{F}) = 0\end{array}\right\} \quad (1\text{-}25)$$

式中,A、B 连线不能与各力平行。

五、物系的平衡

在工程机械中,由若干物体组成的结构,称为物体系统,简称为物系。当物系平衡时,组成该系统的每一个物体都处于平衡状态。

在求解物系的平衡问题时,可以选整个物系作为研究对象,也可以选单个构件或部分构件作为研究对象。对于所选的每一种研究对象,一般情况下都可列出三个平衡方程。若所选研究对象中有平面汇交力系时,独立平衡方程的数目将相应地减少。

例 1-5 支架的横梁 AB 与斜杆 DC 彼此以铰链 C 连接,并各以铰链 A、D 连接于铅直墙上,如图 1-35(a)所示。已知杆 $AC=CB$,斜杆 DC 与水平线呈 $45°$,载荷 $F=10$ kN,作用于 B 处。设横梁与斜杆的重量忽略不计,求铰链 A 的约束反力和斜杆 DC 所受的力。

解 (1)选取该物系中的杆 AB 为研究对象,去除其 A、C 点的约束,代之以相应的约束反力。

(2)画受力图,见图 1-35(b)。

(3)列出平衡方程,即

$$\sum X = 0 \quad F_{Ax} + F_C \cos 45° = 0$$
$$\sum Y = 0 \quad F_{Ay} + F_C \sin 45° - F = 0$$
$$\sum M_A(\boldsymbol{F}) = 0 \quad F_C l \cos 45° - F2l = 0$$

(4)解平衡方程得

$$F_C = \frac{2F}{\cos 45°} = \frac{2 \times 10}{\cos 45°} \text{ kN} = 28.28 \text{ kN}$$

$$F_{Ax} = -F_C \cos 45° = -2F = -2 \times 10 \text{ kN} = -20 \text{ kN}$$

$$F_{Ay} = F - F_C \sin 45° = -F = -10 \text{ kN}$$

若将力 $\boldsymbol{F}_{Ax}$ 和 $\boldsymbol{F}_{Ay}$ 合成,得

$$F_{RA} = \sqrt{F_{Ax}^2 + F_{Ay}^2} = \sqrt{(-20)^2 + (-10)^2} \text{ kN} = 22.36 \text{ kN}$$

由于斜杆 DC 为二力杆,因而所受轴向压力大小为 $F_C=28.28$ kN。

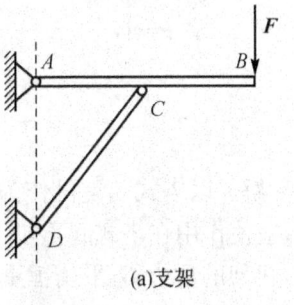

图 1-34 平面平行力系

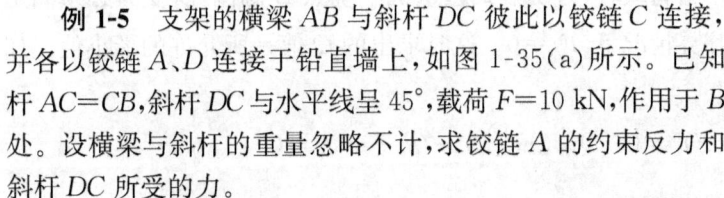

(a)支架

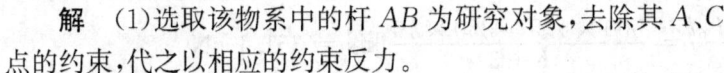

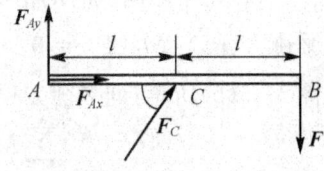

(b)受力分析

图 1-35 铰链支架

例 1-6 塔式起重机的受力情况和尺寸如图 1-36(a)所示。已知塔式起重机的机架重 $G=500$ kN，重心在 O 点，其作用线至右轨的距离为 $b=1.5$ m。塔式起重机的最大起重量为 $F_p=250$ kN，其作用线至右轨的距离为 $l=10$ m。塔式起重机的平衡锤重为 Q，其重心至左轨的距离为 $x=6$ m。左右轨相距为 $a=3$ m。求保证塔式起重机在满载时不向右倾倒，空载时不向左倾倒的平衡锤重 Q 的大小范围。

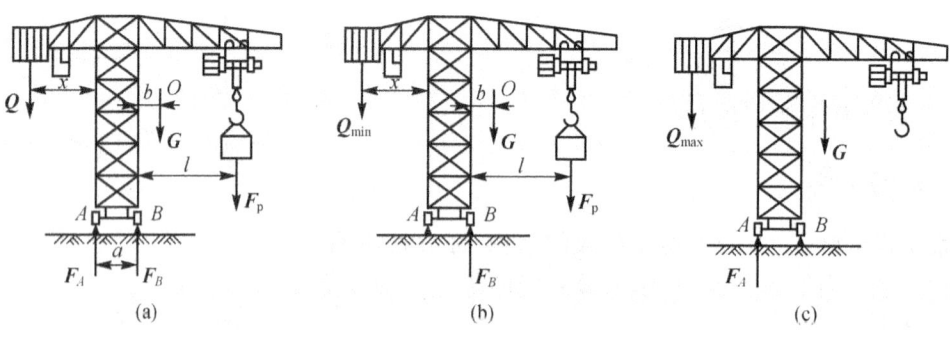

图 1-36 塔式起重机

解 以塔式起重机作为研究对象，经受力分析后，画出受力图。要使塔式起重机不翻倒，应使作用在塔式起重机上的所有力满足平衡条件。塔式起重机所受的力有载荷的重力 F_p，机架的重力 G，平衡锤重 Q，以及轨道的约束反力 F_A 和 F_B。

(1) 先考虑满载时的情况。当满载时，为使塔式起重机不绕点 B 翻倒，所受力必须满足平衡方程 $\sum M_B(F)=0$。在临界情况下，$F_A=0$。这时求出的 Q 值是所允许的最小值。如图 1-36(b)所示，列平衡方程得

$$\sum M_B(F)=0 \quad Q_{\min}(x+a)-Gb-F_p l=0$$

可解得

$$Q_{\min}=\frac{Gb+F_p l}{x+a}=\frac{500\times1.5+250\times10}{6+3}\text{ kN}=361.1\text{ kN}$$

(2) 再考虑空载时的情况。当空载时，$F_p=0$。为使塔式起重机不绕 A 点翻倒，所受力必须满足平衡方程 $\sum M_A(F)=0$。在临界情况下，$F_B=0$。这时求出的 Q 值是所允许的最大值。如图 1-36(c)所示，列平衡方程得

$$\sum M_A(F)=0 \quad Q_{\max}x-G(a+b)=0$$

可解得

$$Q_{\max}=\frac{G(a+b)}{x}=\frac{500\times(3+1.5)}{6}\text{ kN}=375\text{ kN}$$

起重机实际工作时不允许处于极限状态，要使起重机不会翻倒，平衡荷重 Q 应在这两者之间，即

$$361.1\text{ kN}<Q<375\text{ kN}$$

六、考虑摩擦时的平衡

在分析物体平衡时的受力，考虑摩擦时的平衡，需要注意以下几个问题。

1. 静摩擦力

在受力分析中,除画出法向应力 F_N 外,还应注意最大静摩擦力 F_{max} 的方向与物体运动方向相反。

2. 平衡范围

摩擦力 F_N 与作用力平衡。其随作用力的大小、方向的变化而变化,范围为 $-F_{max} \sim F_{max}$。

3. 补充方程

在临界平衡时,列出静滑动摩擦定律作为补充方程,即可解决考虑摩擦的平衡问题,即

$$F_{max} = fF_N \tag{1-26}$$

式中,f 为静摩擦系数。

1. 什么是刚体?
2. 试述二力平衡的条件。
3. 试举出几个工程或生活中常见的平面汇交力系的实例。
4. 平面汇交力系平衡的几何条件是什么?
5. 若某力在 x 轴上的投影为负值,在 y 轴上的投影为零,试判断该力的指向。
6. 什么是力对点的矩?
7. 力偶是指大小相等、方向相反、作用线平行但不重合的两个力,这与作用力与反作用力有什么不同? 与二力平衡又有什么不同?
8. 起重机重 $P_1 = 10$ kN,可绕铅直轴 AB 转动,起吊 $P_2 = 40$ kN 的重物,如图题 1-8 所示。求止推轴承 A 和轴承 B 处的约束反力。
9. 图题 1-9 所示的三铰拱桥由两部分组成,这两部分用铰链 A 连接,再分别用铰链 B 和 C 固接在两岸的桥墩上;每一部分重 $P_1 = 40$ kN,其重心分别在 D 点和 E 点。三铰拱桥上载荷 $P = 20$ kN。求铰链 A、B、C 三处的约束反力。

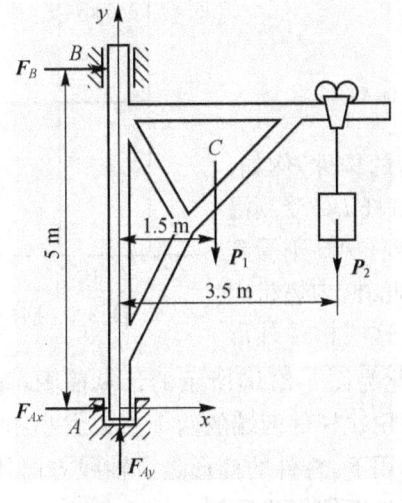

图题 1-8 起重机的平衡

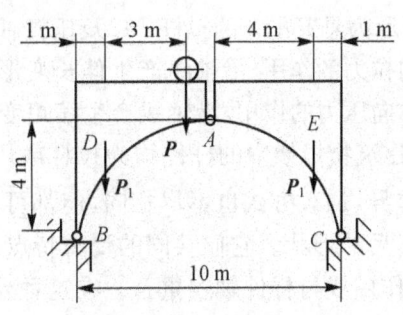

图题 1-9 三铰拱桥的平衡

单元二 材料力学

本章研究的是物体在外力作用下的变形和破坏规律,因而不能把构件看成刚体,应将其看做是在外力作用下的变形固体,即材料力学研究的是力的内效应。

学习情境一 杆件轴向拉伸和压缩

🎯 学习目标

掌握轴力图的绘制及利用轴力图分析杆件的危险截面的方法;
掌握轴向拉压时的变形计算方法;
掌握材料在轴向拉压时的力学性能;
掌握轴向拉压时的强度计算方法。

课堂导入

截面面积为 $S=10\,000\,mm^2$ 的钢杆,其两端固定,载荷如图 2-1 所示,如何求得钢杆各段内的应力?通过学习本节知识,就会找到答案。

基本知识

一、轴向拉伸和压缩的概念

在机械结构中,经常会遇到承受拉伸或压缩的构件,例如,图 2-2 所示为悬臂吊车的拉杆 BC 及压杆 AB。拉杆 BC 受到沿轴线方向拉力的作用,沿轴线产生伸长变形;而压杆 AB 则受到沿轴线方向压力的作用,沿轴线产生缩短变形。此外,内燃机中的连杆,建筑物桁架中的杆件均为拉杆或压杆。这些构件外形

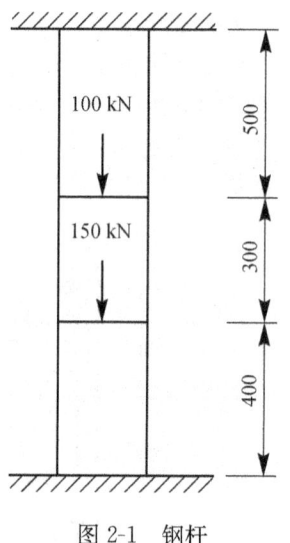

图 2-1 钢杆

虽各有差异,加载方式也不尽相同,但都可以简化为图 2-2(b)所示的计算简图,图中虚线表示变形后的形状。它们共同的受力特点是:作用在杆件两端的两个外力大小相等,方向相反,且作用线与杆件轴线重合。在这种外力作用下,杆件的变形是沿轴线方向伸长或缩短。这种变形形式称为轴向拉伸或压缩,这类杆件即拉杆或压杆。

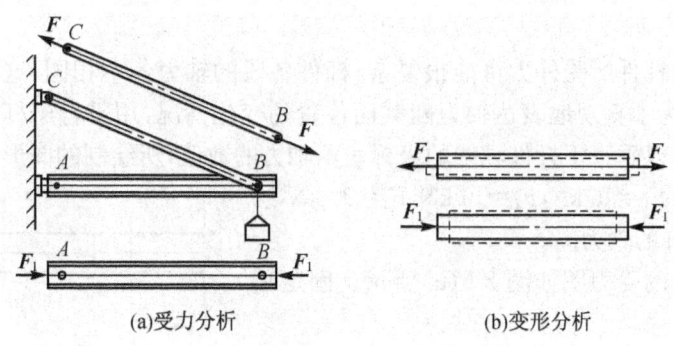

(a)受力分析　　　　　　(b)变形分析

图 2-2　悬臂吊车的压杆及拉杆

二、轴向拉压时的应力

1. 轴力

所谓轴力是指当构件受外力作用而发生变形时,构件的一部分对另一部分的作用力。求解轴力的普遍方法是截面法,即"假想截开、任意留取、平衡求力"。

为了显示杆件轴向拉压时的内力,以截面 $m—m$ 将一杆件切为左、右两段,如图 2-3(a)所示。在分离的截面上,有使杆件产生轴向变形的内力分量,即轴力 $\boldsymbol{F}_N$。

以杆件左段为研究对象,列平衡方程 $\sum X = 0$,即得轴力 $F_N = F$。轴力 $\boldsymbol{F}_N$ 的作用线与杆件的轴线重合,方向如图 2-3(b)所示。若以杆件右段为研究对象,轴力 $\boldsymbol{F}_N$ 的方向如图 2-3(c)所示。

由于截面 $m—m$ 左右两侧的轴力互为作用力和反作用力,因而它们大小相等、方向相反。为使截面 $m—m$ 左右两侧的轴力具有相同的正负号,必须规定轴力的正负。轴力的正负由杆件的变形确定。当轴力的方向与截面的外法线方向一致时,杆件受拉伸长,其轴力为正;反之,当轴力的方向与截面的外法线方向相反时,杆件受压缩短,其轴力为负。通常未知轴力按正向假设,再由计算结果确定实际指向,如图 2-4 所示。

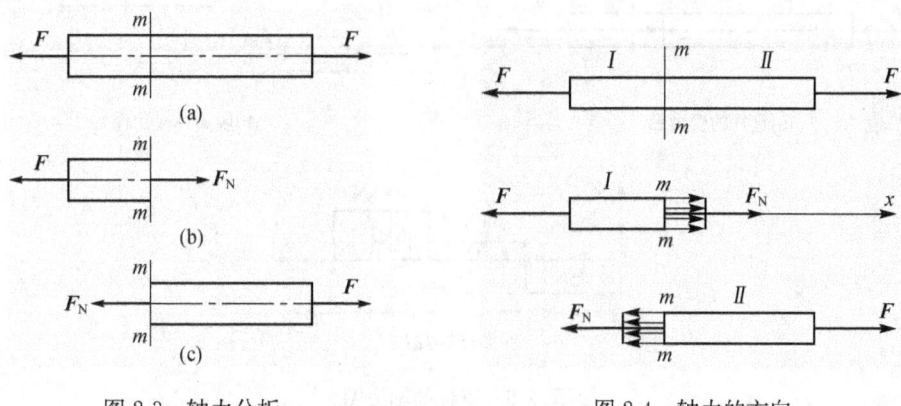

图 2-3　轴力分析　　　　　　图 2-4　轴力的方向

由此可知,杆件轴力的确定方法完全与静力分析的方法相同,而且在建立平衡方程时无需考虑杆件变形的形式。

2. 轴力图

工程实际中,杆件所受外力可能很复杂,杆件各段的轴力各不相同,这时需要分段用截面法计算轴力。为了直观地表达轴力随截面位置的变化情况,用平行于杆件轴线的坐标表示各截面的位置,以垂直于杆件轴线的坐标表示轴力的数值,所绘制的图形称为轴力图。

例 2-1 已知 $F_1=16$ kN,$F_2=10$ kN,$F_3=20$ kN,绘制图 2-5 所示直杆的轴力图。

解 (1)直杆的受力图如图 2-6(a)所示。固定端的约束反力为

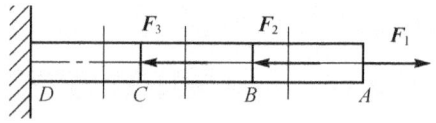

图 2-5 直杆

$$\sum X = 0 \quad F_D + F_1 - F_2 - F_3 = 0$$

$$F_D = F_2 + F_3 - F_1 = (10 + 20 - 16) \text{ kN} = 14 \text{ kN}$$

(2)分段计算轴力。按外力的作用位置分段,将直杆分为三段,分析图 2-6(b)所示的脱离体受力图,由 $\sum X = 0$ 列出平衡方程式

$$F_1 - F_{N1} = 0$$
$$F_1 - F_2 - F_{N2} = 0$$
$$F_{N3} + F_D = 0$$

代入数据得

$$F_{N1} = F_1 = 16 \text{ kN}$$
$$F_{N2} = F_1 - F_2 = (16 - 10) \text{ kN} = 6 \text{ kN}$$
$$F_{N3} = -F_D = -14 \text{ kN}$$

轴力 F_{N3} 为负值,说明实际受力方向与假设方向相反,应为压力。

(3)绘制轴力图。根据所求得轴力的数值,绘制图 2-6(c)所示的轴力图。由轴力图可见最大轴力 $F_{max}=16$ kN,发生在 AB 段内。

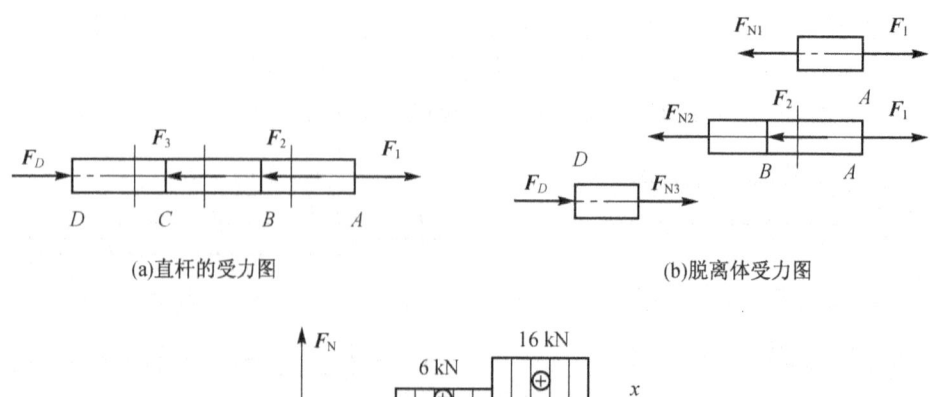

图 2-6 直杆的轴力图

3. 杆件轴向拉压时截面上的正应力

应力是指轴力在截面上的分布集度,通常将应力分解为垂直于截面的分量——正应力 σ

和相切于截面的分量——切应力 τ。

为了求得截面上任意一点的应力,必须了解轴力在截面上的分布规律。如图 2-7(a)所示,取一等截面杆件,在杆件上画出与杆件轴线垂直的横线 ab 和 cd,再画出与杆件轴线平行的纵线,然后沿杆件的轴线施加拉力 F,使杆件产生拉伸变形,拉伸后如图 2-7(b)所示。此时,可以观察到横线在拉伸变形前后均为直线,且都垂直于杆件的轴线;纵线在拉伸变形前后也均为直线,且都平行于杆件的轴线,只是横线间距增大,纵线间距减小,因此,网格由正方形变成面积大小相等的长方形。根据杆件表面的变形情况可对杆件做出假设,即杆件截面在变形后仍保持为平面,且仍与杆件轴线垂直。这个假设称为平面假设。

由平面假设可以得出如下结论:

(1)杆件截面上各点只产生垂直于杆件截面方向的变形。

(2)将杆件想象成是由无数纵向纤维组成的,则任意两个截面间的纵向纤维伸长均相等,即变形相同。

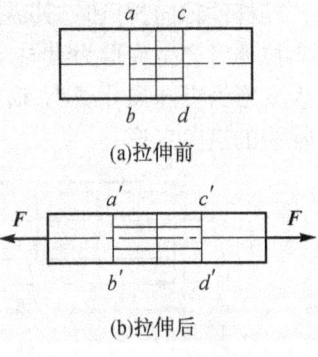

(a)拉伸前

(b)拉伸后

图 2-7 拉伸变形

由材料的均匀连续性假设可以推断每一根纤维所受轴力相等,即同一截面上的正应力处处相同。轴向拉压时,杆件截面上的应力均匀分布,即杆件截面上各点处的应力大小相等,方向与轴力相同,垂直于截面,故为正应力。杆件截面上的正应力分布如图 2-8 所示。其大小为

$$\sigma = \frac{F_N}{S} \qquad (2-1)$$

式中,S 为杆件截面积(mm^2);正应力的正负与轴力的正负相对应,即拉应力为正,压应力为负。

例 2-2 如图 2-9 所示,圆直杆的载荷 $P_1=20$ kN,$P_2=50$ kN,直径 $d_1=20$ mm,$d_2=30$ mm。试计算截面 $I-I$ 和 $II-II$ 的正应力。

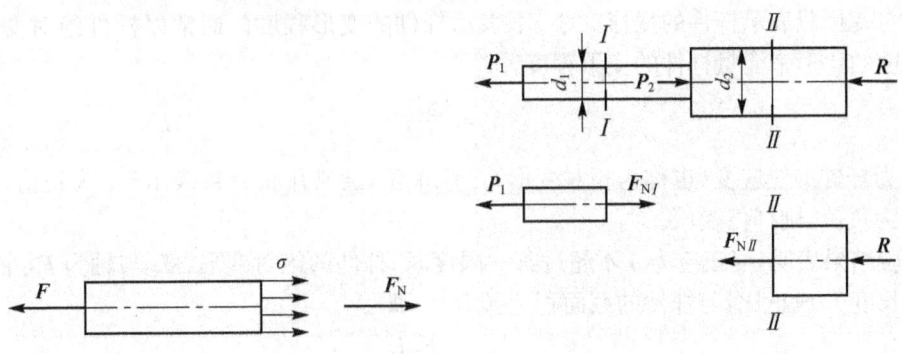

图 2-8 杆件截面上的正应力分布

图 2-9 圆直杆的受力图

解 (1)求未知外力 R。

根据 $\sum X=0$,即 $-P_1+P_2-R=0$,得 $R=P_2-P_1=(50-20)$ kN$=30$ kN。

(2)计算截面 $I-I$ 和 $II-II$ 的轴力。

根据 $\sum X=0$,即 $F_{NI}-P_1=0$,$-F_{NII}-R=0$,得 $F_{NI}=P_1=20$ kN,$F_{NII}=-R=-30$ kN。

(3)计算截面 $I-I$ 和 $II-II$ 的正应力。截面 $I-I$ 和 $II-II$ 的面积分别为

$$S_I = \frac{1}{4}\pi d_1^2, \quad S_{II} = \frac{1}{4}\pi d_2^2$$

根据式(2-1),截面 $I-I$ 和 $II-II$ 的正应力分别为

$$\sigma_I = \frac{F_{NI}}{S_I} = \frac{4F_{NI}}{\pi d_1^2} = \frac{4 \times 20 \times 10^3}{3.14 \times 20^2} \text{ MPa} = 63.7 \text{ MPa} \quad (\text{拉应力})$$

$$\sigma_{II} = \frac{F_{NII}}{S_{II}} = \frac{4F_{NII}}{\pi d_2^2} = \frac{4 \times (-30 \times 10^3)}{3.14 \times 30^2} \text{ MPa} = -42.5 \text{ MPa} \quad (\text{压应力})$$

三、轴向拉压时的变形和胡克定律

杆件轴向拉压时,其纵向尺寸和横向尺寸都要发生变化。如图 2-10(a)所示,杆件受轴向拉伸时产生变形为纵向尺寸增大,横向尺寸减小;如图 2-10(b)所示,杆件受轴向压缩时产生变形为纵向尺寸减小,横向尺寸增大。因此,杆件的变形包括沿轴线的纵向变形和垂直于轴线的横向变形。

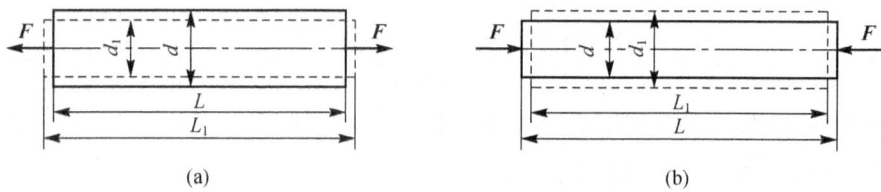

图 2-10 杆件轴向拉压变形

以 ΔL 表示杆件沿轴向的伸长(或缩短)量,则有

$$\Delta L = L_1 - L \tag{2-2}$$

式中,L 为杆件原长度(mm);L_1 为杆件变形后的长度(mm);ΔL 为杆件的绝对变形(mm)。ΔL 为正值,则杆件受拉;ΔL 为负值,则杆件受压。

绝对变形只表示杆件的变形大小,不表示杆件的变形程度。通常以杆件绝对变形与杆件原长度的比值来衡量杆件的变形程度,即

$$\varepsilon = \frac{\Delta L}{L} \tag{2-3}$$

式中,ε 为杆件的线应变(也称为相对变形),ε 无单位,通常用百分数表示。ε 为正值,则杆件受拉;ε 为负值,则杆件受压。

试验结果表明,当正应力 σ 不超过某一限度时,杆件的绝对变形 ΔL 与轴力 F_N 的大小、杆件原长度 L 成正比,与杆件的截面积 S 成反比,即

$$\Delta L \propto \frac{F_N L}{S} \tag{2-4}$$

引入比例常数 E,得

$$\Delta L = \frac{F_N L}{ES} \tag{2-5}$$

式(2-5)称为胡克定律。比例常数 E 称为材料的弹性模量,是材料固有的力学性质,与泊松比 μ 同为表征材料弹性的常数。对同一种材料,E 为常数。弹性模量具有应力的单位,常用 GPa 表示;分母 EA 称为杆件的抗拉压刚度,是衡量材料抵抗弹性变形能力的一个指标。将式(2-3)和式(2-5)代入式(2-1),得到胡克定律的另一种表达式为

$$\sigma = E\varepsilon \qquad (2-6)$$

因此，胡克定律又可简述为：若应力未超过某一极限值，则应力与应变成正比。

四、材料在轴向拉压时的力学性能

在外力作用下，构件内部产生的应力称为工作应力。工作应力越大，构件破坏的可能性越大。但构件是否破坏，还与构件材料的力学性能有关。材料在外力作用下所表现出来的各种性能称为材料的力学性能，由试验测定。

在室温下，以缓慢平稳的加载方式进行的拉伸试验是确定材料力学性能的基本试验。试验在万能试验机上进行。为了便于比较不同材料的试验结果，金属常温拉伸试验的试件应按国家规定的试验标准进行加工。国家标准试件

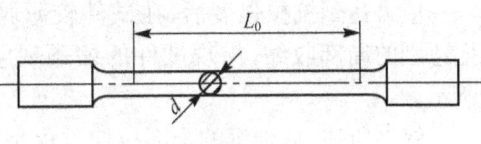

图 2-11 国家标准试件

如图 2-11 所示。L_0 称为原始标距，它与标准试件直径 d 存在两种规格关系，即 $L_0 = 10d$ 和 $L_0 = 5d$。

工程中常用的材料种类很多，例如，低碳钢是常用的塑性材料，铸铁是常用的脆性材料。下面以低碳钢为例来介绍材料在轴向拉压时的力学性能。

1. 低碳钢拉伸时的力学性能

图 2-12 所示为低碳钢拉伸时的 ε-σ 曲线，由图可见，整个拉伸过程大致可分为四个阶段。

1）弹性阶段

图 2-12 中 Oa 段成直线，表明该段应力和应变成正比，即遵循胡克定律。直线部分的最高点 a 所对应的应力值称为规定非比例延伸强度 R_p。直线 Oa 的倾斜角为 α，其正切值为低碳钢的弹性模量，即 $E = \tan \alpha$。低碳钢的 $R_p \approx 200$ MPa，弹性模量 $E \approx 210$ GPa。

当应力值超过 R_p 后，低碳钢 ε-σ 曲线已不是直线，胡克定律不再适用。此时，若将外力卸去，试件的变形也随之完全消失，这种变形即为弹性变形，R_e 称为弹性极限。

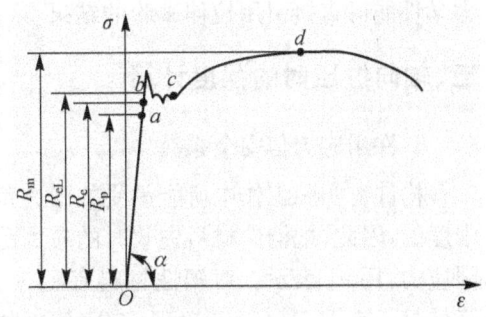

图 2-12 低碳钢拉伸时的 ε-σ 曲线

R_p 和 R_e 的概念不同，但实际上 a 点和 b 点非常接近，通常对两者不作严格区分，统称为弹性极限。在工程应用中，一般应使构件在弹性范围内工作。

2）屈服阶段

当应力超过弹性极限后，低碳钢 ε-σ 曲线上出现一段近似水平的小锯齿形波动段，见图 2-12 中 bc 段，在此阶段内，应力几乎不变，而应变却急剧增加，低碳钢失去继续抵抗外力的能力。这种现象称为屈服或流动。bc 段所对应的过程称为屈服阶段，屈服阶段的最低应力值 R_{eL} 称为低碳钢的下屈服强度，最高应力值 R_{eH} 称为低碳钢的上屈服强度。低碳钢的屈服强度为 220~240 MPa。如果试件表面光滑，可以看到试件表面有与轴线大约成 45°的条纹，称为滑移线。在屈服阶段材料将产生较大的塑性变形，在机械零件的正常工作状态下是

不允许出现这种现象的,因此,屈服强度是衡量材料强度的一个重要指标。

3) 强化阶段

经过屈服阶段后,低碳钢又恢复了抵抗变形的能力,图 2-12 中 cd 段表现为应力又随着应变的增加而增加,这种现象称为低碳钢的强化,即 cd 段为低碳钢的强化阶段。强化阶段最高点 d 所对应的应力值用 R_m 表示,称为低碳钢的抗拉强度,它规定了材料所能承受的最大应力,是衡量材料强度的另一个重要指标。低碳钢的抗拉强度为 370～460 MPa。

4) 缩颈断裂阶段

应力达到抗拉强度后,在试件较薄弱的截面处发生急剧的局部收缩,出现试件的缩颈现象,如图 2-13 所示。

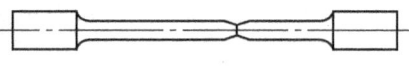

图 2-13 试件的缩颈现象

综上所述,低碳钢的全部拉伸过程是经历了弹性阶段、屈服阶段、强化阶段和缩颈断裂阶段四个阶段,并存有三个特征点。三个特征点相应的应力分别为规定非比例延伸强度、屈服强度和抗拉强度。试件拉断后,弹性变形消失,会残留较大的塑性变形(或称为残余变形)。

2. 低碳钢压缩时的力学性能

金属材料的压缩试件常做成短圆柱体,其长度为直径的 1.5～3 倍,以免试件在压缩过程中丧失稳定。

图 2-14 所示为低碳钢压缩时的 ε-σ 曲线,屈服阶段中两线重合(拉伸、压缩),进入强化阶段后越压越扁,压缩曲线上升。低碳钢压缩时的弹性阶段与拉伸时相同,比例极限也相同;屈服阶段中,低碳钢压缩时的屈服强度与拉伸时相同,即 $R_{eL}^- = R_{eL}^+$;屈服阶段后,试件越压越扁无颈缩现象,测不出抗拉强度 R_m。因此,对低碳钢一般不进行压缩试验,其压缩时的力学性能可直接引用拉伸试验的结果。

五、轴向拉压时的强度计算

1. 许用应力与安全系数

构件在实际工作中所能承受的应力都是有限度的,因此,把构件材料失效时的应力称为极限应力,用 σ_u 表示。对塑性材料有 $R_{eL} = \sigma_u$,对脆性材料有 $R_m = \sigma_u$。为确保安全,构件材料应有适当的强度储备,特别是一旦破坏会造成停产、人身或设备事故等严重后果的重要构件。因此,构件的工作应力必须小于其材料的极限应力(工作应力的最大允许值称为构件材料的许用应力,用 $[\sigma]$ 表示)。

塑性材料(下)屈服强度与安全系数的关系为

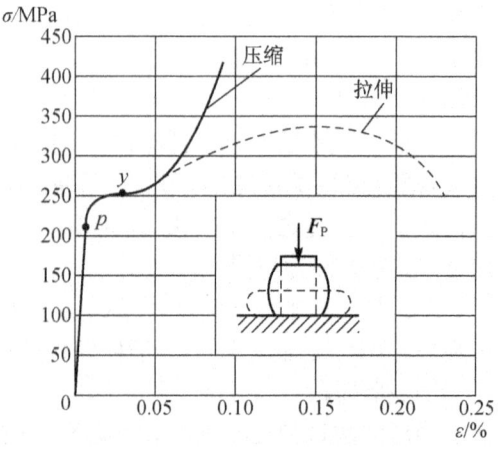

图 2-14 低碳钢压缩时的 ε-σ 曲线

$$[\sigma] = \frac{R_{eL}}{n_{eL}} \tag{2-7}$$

脆性材料抗拉强度与安全系数的关系为

$$[\sigma] = \frac{R_\mathrm{m}}{n_\mathrm{m}} \quad (2\text{-}8)$$

式(2-7)和式(2-8)中,n_eL、n_m 为大于 1 的数,称为安全系数。各种材料在不同工作条件下的安全系数可查表获得。一般在机械工程中,塑性材料的安全系数为 1.2~2.5,脆性材料的安全系数为 2.5~3.5。

2. 拉压杆强度计算

拉压杆的强度条件为

$$\sigma_\max = \frac{F_\mathrm{Nmax}}{S} \leqslant [\sigma] \quad (2\text{-}9)$$

式中,$\sigma_\max$ 为最大工作应力(MPa);F_Nmax 为最大拉力(N)。

利用拉压杆的强度条件可解决工程中的三类问题:

(1) 校核强度。当拉压杆所受最大外力、截面积和材料的许用应力已知时,可以检验是否满足式(2-9),从而确定拉压杆是否满足强度要求。

(2) 选择截面尺寸。若已知拉压杆所受载荷和材料的许用应力,根据强度条件,可以确定该杆的截面积,其值为

$$S \geqslant \frac{F_\mathrm{Nmax}}{[\sigma]} \quad (2\text{-}10)$$

(3) 确定许用载荷$[F]$。已知拉压杆截面积和材料的许用应力时,式(2-10)可改写成 $F_\mathrm{Nmax} \leqslant A[\sigma]$,再通过受力分析确定许用载荷$[F]$。

例 2-3   图 2-15 所示为三角形托架,其 AB 杆由两个等边角钢组成。已知 $F=F_\mathrm{Nmax}=75$ kN,$[\sigma]=160$ MPa。试选择等边角钢的型号。

解 (1)求 AB 杆的轴力。取 B 点为脱离体,其受力图如图 2-15(b)所示,列平衡方程得

$$\sum X = 0 \quad F_{NBC} \cos 45° - F_{NBA} = 0$$
$$\sum Y = 0 \quad F_{NBC} \sin 45° - F = 0$$

解方程得 $F_{NBC} = \sqrt{2} F = \sqrt{2} \times 75$ kN = 106.1 kN,$F_{NBA} = F = 75$ kN。

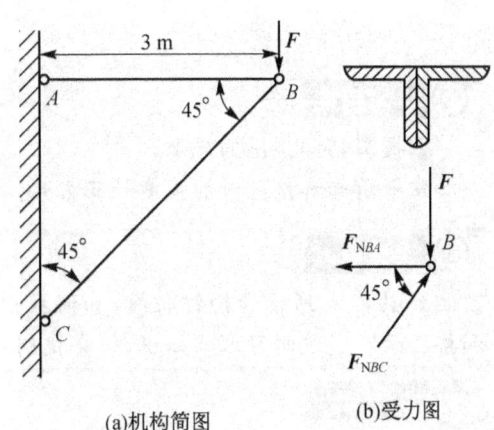

(a)机构简图   (b)受力图

图 2-15 三角形托架

(2)由强度条件设计截面积。由式(2-10)得

$$S \geqslant \frac{F_\mathrm{Nmax}}{[\sigma]} = \frac{75 \times 10^3}{160 \times 10^6} \text{ m}^2$$
$$= 0.468\,75 \times 10^{-3} \text{ m}^2 = 468.75 \text{ mm}^2$$

选用 3 mm 厚的 4 号等边角钢的截面积为 235.9 mm²。选用两个相同的角钢,其总面积为 2×235.9 mm² = 471.8 mm² > A = 468.75 mm²,能满足要求。

例 2-4   图 2-16(a)所示的支架简图中,BC 和 CA 都是圆截面钢杆,它们的直径均为 $d=20$ mm,许用应力$[\sigma]=160$ MPa。求此结构的许用载荷$[F]$。

解 (1)求 BC、CA 杆的轴力,确定危险截面。取 C 点为脱离体,其受力图如图 2-16(b)所示。列平衡方程得

$$\sum X = 0$$
$$F_{NCA}\sin 30° - F_{NCB}\sin 45° = 0$$
$$\sum Y = 0$$
$$F_{NCA}\cos 30° + F_{NCB}\cos 45° - F = 0$$

解方程得 $F_{NCB}=0.518F$,$F_{NCA}=0.732F$。

由此可见,BC 杆受力比 CA 杆受力小,而两杆的材料及截面积又相同,若 CA 杆的强度得到满足,则 BC 杆的强度也一定足够,故应由 CA 杆的强度确定许用载荷 $[F]$。

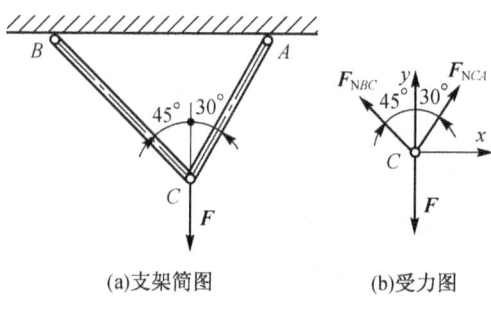

(a)支架简图　　(b)受力图

图 2-16　杆件支架

(2)确定许用载荷 $[F]$。由式(2-9)得
$$\sigma_{\max} = \frac{F_{NCA}}{S} = \frac{0.732F}{\frac{\pi d^2}{4}} \leqslant [\sigma]$$

$$F \leqslant \frac{\pi d^2 [\sigma]}{4 \times 0.732} = \frac{3.14 \times 20^2 \times 10^{-6} \times 160 \times 10^6}{4 \times 0.732}\text{ N} = 68.6 \times 10^3 \text{ N} = 68.6 \text{ kN}$$

故许用载荷 $[F]=68.6$ kN。

学习情境二　杆件剪切和挤压

学习目标

掌握剪切和挤压的概念;
掌握剪切和挤压时的强度计算方法。

课堂导入

如图 2-17 所示的铆钉联接,如何找出其剪切面和挤压面?通过学习本节知识,就会找到答案。

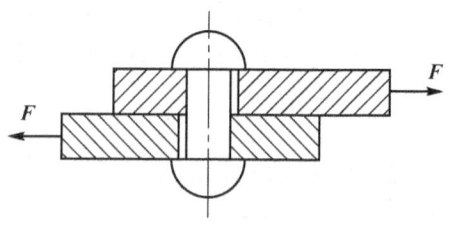

图 2-17　铆钉联接

基本知识

一、剪切和挤压的概念

1. 剪切的概念

在一对相距很近、方向相反的横向外力作用下,杆件的截面沿外力方向发生的错动变形称为剪切。剪切变形是杆件的基本变形之一。如图 2-18(a)所示,截面 cd 相对于截面 ab 发生相对错动,即剪切变形。若剪切变形过大,杆件将在两个外力作用面之间的某一截面 m—m 处被剪断,被剪断处的截面称为剪切面,如图 2-18(b)所示。

在外力 F 作用下,杆件截面内将有内力产生,求内力的方法仍然是截面法。在截面上一定有一个作用线与外力 F 平行的内力 F_Q 来平衡外力 F。内力 F_Q 作用在截面内,方向与截面相切。这个内力 F_Q 便是剪切时截面上的内力,称为剪力。单位面积上剪力的大小称为剪应力。

工程中有一些联接件,如铆钉联接中的铆钉和销轴联接中的销,都是以剪切变形为主的构件,如图 2-19 所示。

为了保证铆钉等受剪构件安全可靠地工作,要求剪切面上的名义剪应力不超过材料许用值,因此,得剪切强度条件为

$$\tau = \frac{F_Q}{S} \leqslant [\tau] \tag{2-11}$$

式中,$[\tau]$ 为材料的许用剪应力(N/mm^2)。

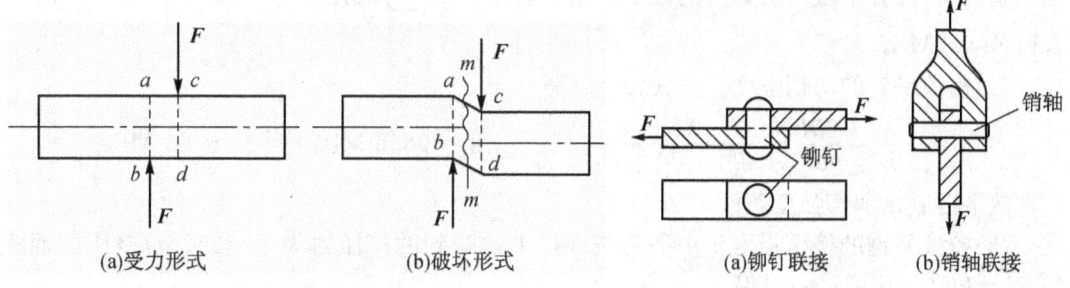

图 2-18　杆件的剪切变形　　　　图 2-19　联接件的剪切变形

2. 挤压的概念

两个构件在受剪切的同时,在其接触面上,因互相压紧会产生局部受压,称为挤压。图 2-20 所示的铆钉联接中,作用在钢板上的拉力 F 通过钢板与铆钉的接触面传递给铆钉,接触面上就产生了挤压。两个构件的接触面称为挤压面,作用于挤压面的压力称为挤压力,挤压面上的压应力称挤压应力,用 σ_{bs} 表示。当挤压力过大时,孔壁边缘将受压起皱,见图 2-20(a),铆钉局部被压扁,使圆孔变成椭圆,联接松动,见图 2-20(b),这就是挤压破坏。因此,联接件除需计算剪应力外,还要计算挤压应力。为了保证构件的正常工作,要求挤压应力不超过某一许用值,即

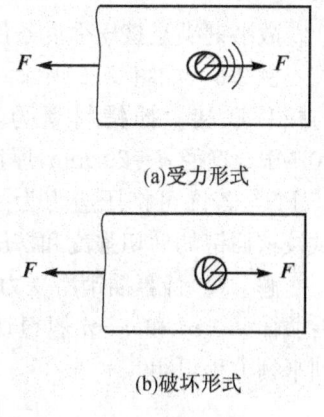

图 2-20　挤压变形

$$\sigma_{bs} = \frac{F}{S_{bs}} \leqslant [\sigma_{bs}] \tag{2-12}$$

式中,F 为挤压面上挤压力(N);S_{bs} 为挤压面面积(mm^2);$[\sigma_{bs}]$ 为材料的许用挤压应力(N/mm^2),其值可从有关设计规范中查得。

二、剪切和挤压时的强度计算

本章所讨论的剪切和挤压时的强度计算与其他章节的一般分析方法不同。由于剪切和挤压问题的复杂性,很难得出与实际情况相符的理论分析结果,因而工程中主要采用以试验为基础建立起来的强度计算方法。

例 2-5　如图 2-21 所示齿轮用平键与轴联接(图中只画了轴与键,没有画出齿轮)。已知轴的直径 $d=70$ mm,键的尺寸 $b \times h \times l = 20$ mm $\times 12$ mm $\times 100$ mm,传递的扭转力偶矩 $M=$

$2\ kN\cdot m$,键的许用剪应力$[\tau]=60\ MPa$,许用挤压应力$[\sigma_{bs}]=100\ MPa$。试校核平键的强度。

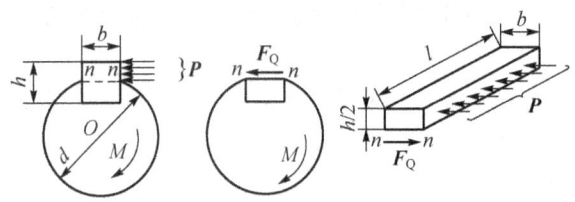

图 2-21 平键与轴联接

解 (1)计算平键所受剪力的大小。由平衡条件得$\sum M_O(\boldsymbol{F})=0$,即$F_Q\cdot d/2-M=0$,得$F_Q=2M/d$。

(2)校核平键的剪切强度。由式(2-11)得

$$\tau=\frac{F_Q}{S}=\frac{2M}{bld}=\frac{2\times 2\times 10^3}{20\times 100\times 70\times 10^{-9}}\ Pa=28.6\ MPa<[\tau]=60\ MPa$$

故平键满足剪切强度条件。

(3)校核平键的挤压强度。由平衡条件得平键受到的挤压力为$P=2M/d$,挤压面面积为$S_{bs}=hl/2$。由式(2-12)得

$$\sigma_{bs}=\frac{P}{S_{bs}}=\frac{2M/d}{hl/2}=\frac{4M}{hld}=\frac{4\times 2\times 10^3}{12\times 100\times 70\times 10^{-9}}\ Pa=95.2\ MPa<[\sigma_{bs}]=100\ MPa$$

故平键满足挤压强度条件。

例 2-6 如图 2-22 所示,拖车挂钩由插销与板件联接。插销材料为 20 号钢,$[\tau]=30\ MPa$,直径$d=20\ mm$,厚度$t=8\ mm$,$P=15\ kN$。若许可挤压应力为$[\sigma_{bs}]=100\ MPa$,试校核插销的剪切强度和挤压强度。

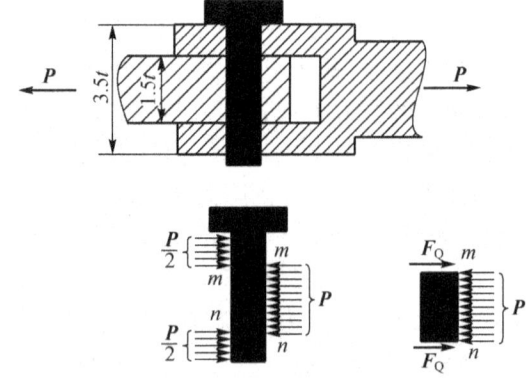

图 2-22 拖车挂钩

解 (1)计算插销所受力的大小。将插销沿截面$m-m$和$n-n$假想切开(双剪切面)。列平衡方程可得

$$F_Q=\frac{P}{2}$$

(2)校核插销的剪切强度。由式(2-11)得

$$\tau=\frac{F_Q}{S}=\frac{\dfrac{P}{2}}{\dfrac{\pi d^2}{4}}=\frac{15\times 10^3}{2\times\dfrac{\pi}{4}(20\times 10^{-3})^2}\ Pa=23.9\ MPa<[\tau]=30\ MPa$$

故插销满足剪切强度条件。

(3)校核插销的挤压强度。考虑插销中段的直径面积小于其上段和下段直径面积之和$2dt$,故应校核其中段的挤压强度。由式(2-12)得

$$\sigma_{bs}=\frac{P}{S_{bs}}=\frac{P}{1.5dt}=\frac{15\times 10^3}{1.5\times 20\times 10^{-3}\times 8\times 10^{-3}}\ Pa=62.5\ MPa<[\sigma_{bs}]=100\ MPa$$

故插销满足挤压强度条件。

学习情境三 圆轴扭转

学习目标

掌握圆轴扭转时扭矩图的绘制方法；
掌握圆轴扭转时强度和刚度的计算方法。

课堂导入

如图 2-23 所示,传动轴的主动轮 B 的输入功率 $P_B=80$ kW,从动轮 A、C、D 的输出功率分别为 $P_A=38$ kW, $P_C=20$ kW, $P_D=22$ kW。轴的转速 $n=500$ r/min,如何绘制轴的扭矩图？通过学习本节知识,就会找到答案。

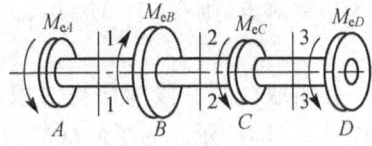

图 2-23 传动轴

基本知识

一、圆轴扭转的内力

1. 扭转的概念

在日常生活及工程实际中有很多承受扭转的杆件,如汽车转向轴。当汽车转向时,驾驶员通过方向盘把力偶作用在转向轴的上端,在转向轴的下端则受到来自转向器的阻力偶作用。当钳工攻螺纹时,加在手柄上的两个等值反向的力组成力偶作用于锥杆的上端,工件的反力偶作用在锥杆的下端。又如轴承传动系统的传动轴工作时,电动机通过皮带轮把力偶作用在传动轴的一端,在另一端传动轴则受到齿轮的阻力偶作用。上述杆件的受力情况可以简化为图 2-24 所示的情形。

杆件的受力特点是:杆件两端受到一对大小相等、转向相反、作用面与轴线垂直的力偶作用。其变形特点是:杆的各截面都绕轴线发生相对转动。这种变形称为扭转变形。以扭转变形为主的杆件称为轴。

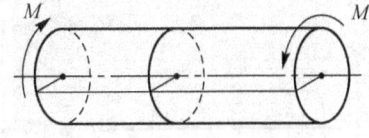

图 2-24 圆轴扭转简图

在生产实际中圆轴(截面为圆形或圆环形)用得较多,本章只研究圆轴的扭转问题。

2. 扭矩

1) 外力偶矩的计算

研究圆轴扭转的强度和刚度问题时,首先要知道作用在轴上的外力偶矩的大小。在工程实际中,作用在轴上的外力偶矩通常并不直接给出,而轴所传递的功率和轴的转速是已知的。功率、转速和力偶矩之间的关系为

$$M = 9\,550 \frac{P}{n} \quad (2\text{-}13)$$

式中,M 为外力偶矩(N·m); P 为轴传递的功率(kW); n 为轴的转速(r/min)。

由式(2-13)可以看出,轴所承受的外力偶矩与所传递的功率成正比,而与轴的转速成反比。因此,在传递同样大小的功率时,低速轴所受的外力偶矩比高速轴大,所以,在传动系统中,低速轴的直径要比高速轴的直径粗一些。

2) 扭矩的计算

圆轴扭转时的内力用截面法来确定。如图 2-25(a)所示的受扭圆轴,假想沿截面 m—m 处将轴切成两段,原来的轴是处于平衡状态的,则其任意一段也应处于平衡状态。任取一段为研究对象,根据力偶只能与力偶平衡,在截面 m—m 上必然存在内力构成一个力偶才能与外力偶 M 平衡。这个内力偶矩称为扭矩,用 T 表示,它的大小由平衡条件确定。若取左段为研究对象,则有 $T-M=0$,即

$$T = M \tag{2-14}$$

若取截面右段为研究对象,则求得的扭矩数值相等而转向相反(作用与反作用),如图 2-25(b)所示。为了使从左、右两段求得同一截面上的扭矩正负号相同,通常对扭矩的正负号作如下规定:按右手螺旋定则,若以四指表示扭矩的转向,则大拇指指向离开截面时的扭矩为正,大拇指指向截面时的扭矩为负。

3) 扭矩图的绘制

如图 2-26 所示,为形象地表示扭矩随截面位置变化的情况,可画出扭矩沿轴线变化的图线,该图线称为扭矩图。

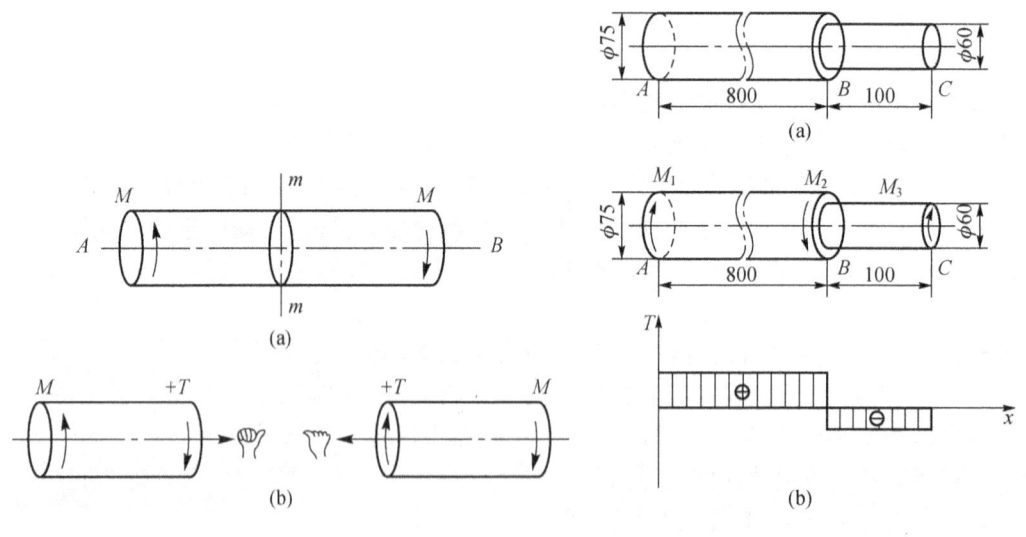

图 2-25 圆轴扭矩　　图 2-26 扭矩图的绘制

截面上扭矩的大小,等于截面一侧右段或左段上所有外力偶矩的代数和。在计算外力偶矩的代数和时,将与所设扭矩同向的外力偶矩取为负值,反之取为正值。求得各段扭矩后,以横坐标表示截面的位置,以纵坐标表示相应截面上的扭矩,画出扭矩随截面变化的图线,即得扭矩图。

二、圆轴扭转时的变形与应力

1. 圆轴扭转时的变形

为了观察圆轴的扭转变形,在圆轴表面上画出许多间距很小的纵向线和垂直于轴线的

圆周线,如图 2-27(a)所示。

在两端外力偶矩作用下,使轴产生扭转变形,如图 2-27(b)所示。可以观察到下列现象:
(1)所有圆周线的形状、大小及相互距离均无变化,只是它们绕轴线旋转了不同的角度。
(2)所有纵向线都倾斜了同一个角度 γ,使原来的矩形格子变成平行四边形。

根据上述现象,可得出关于圆轴扭转的基本假设:在扭转变形中,圆轴的截面就像刚性平面一样,绕轴线旋转了一个角度。这一假设称为平面假设,由此假设可知,圆轴扭转变形时,轴的截面仍保持为平面,其形状和大小均不变,半径也保持为直线,且长度不变。

2. 圆轴扭转时的应力

由圆轴的变形研究可知,其截面上各点无轴向变形,故其截面上没有正应力。圆轴截面上存在剪应力,且各截面半径不变,所以剪应力方向与截面径向垂直。纵向线倾斜的角度 γ 表现了圆轴变形的剧烈程度,即为圆轴的切应变。

如图 2-28 所示,从圆轴中截取长为 dx 的微段,对其进行应力分析,由剪切胡克定律可知,当切应力不超过某一极限值时,切应力与切应变成正比,即

$$\tau_\rho = G \cdot \gamma_\rho = G \cdot \rho \cdot \frac{d\varphi}{dx} \tag{2-15}$$

式中,G 为材料的切变模量(GPa)。

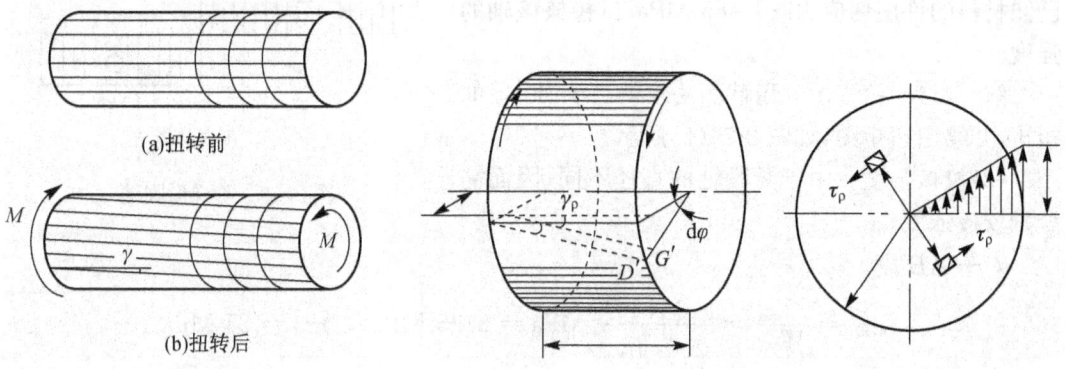

图 2-27　圆轴扭转变形　　　　图 2-28　圆轴横截面上的应力分析

截面上任意一点的切应力 τ_ρ 的大小与该点到圆心的距离 ρ 成正比,切应力的方向垂直于该点和转动中心的连线。

三、圆轴扭转的强度和刚度计算

1. 圆轴扭转时的强度计算

圆轴扭转时的强度条件为

$$\tau_{max} \leqslant [\tau] \tag{2-16}$$

对于等直径圆轴,其强度条件为

$$\tau_{max} = \frac{T_{max}}{W_P} \leqslant [\tau] \tag{2-17}$$

式中,W_P 为抗扭截面系数(mm³)。

圆轴扭转强度条件可用来解决下面三类问题:

(1) 校核强度。已知材料的许用剪应力$[\tau]$、截面尺寸以及所受载荷,直接检查构件是否满足强度要求。

(2) 选择截面尺寸。已知圆轴所受载荷及所用材料,由$W_P \geqslant T_{max}/[\tau]$确定截面尺寸。

(3) 确定许可载荷。已知圆轴所用材料和尺寸,按强度条件计算出构件所能承受的扭矩$[T_{max}]$,再根据扭矩与外力偶矩的关系,计算出圆轴所能承受的最大外力偶矩,即$[M_{max}] \leqslant [\tau]W_P$。

2. 圆轴扭转时的刚度计算

圆轴扭转时的刚度条件为

$$\theta_{max} = \frac{T_{max}}{GI_P} \leqslant [\theta] \qquad (2\text{-}18)$$

式中,GI_P称为圆轴的扭转刚度;$[\theta]$为单位长度许用扭转角(rad/m),工程中,单位长度许用扭转角$[\theta]$的单位常用(°/m)。

例2-7 阶梯形圆轴如图2-29(a)所示,AB段直径$d_1 = 100$ mm,BC段直径$d_2 = 80$ mm。扭转力偶矩$M_A = 16$ kN·m,$M_B = 26$ kN·m,$M_C = 10$ kN·m。已知材料的许用切应力$[\tau] = 85$ MPa,试校核该轴的强度。

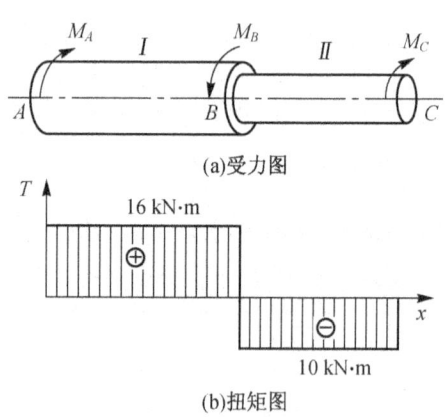

图2-29 阶梯形圆轴

解 (1) 作扭矩图。用截面法求得AB、BC段的扭矩,并绘出扭矩图,如图2-29(b)所示。

(2) 校核强度。由于两段轴的直径不同,因而需分别校核强度。

对于AB段

$$\tau_{max1} = \frac{T_{max1}}{W_{P1}} = \frac{16 \times 10^6}{\frac{\pi}{16} \times 100^3} \text{ MPa} = 81.5 \text{ MPa} < [\tau] = 85 \text{ MPa}$$

对于BC段

$$\tau_{max2} = \frac{T_{max2}}{W_{P2}} = \frac{10 \times 10^6}{\frac{\pi}{16} \times 80^3} \text{ MPa} = 99.5 \text{ MPa} > [\tau] = 85 \text{ MPa}$$

计算结果表明,该轴的BC段不满足强度要求。

学习情境四 杆件(直梁)弯曲

学习目标

了解平面弯曲的概念;

掌握剪力与弯矩的概念、正负号规定和计算方法,会绘制剪力图和弯矩图;

掌握梁弯曲时截面上的应力和梁弯曲时强度的计算;

了解提高弯曲强度的主要措施。

课堂导入

丁字尺的截面为矩形,为何当施加图2-30(a)所示的外力时,丁字尺容易变形或折断;当施加图2-30(b)所示的外力时,丁字尺不易变形或折断?通过学习本节知识,就会找到答案。

基本知识

一、平面弯曲的概念

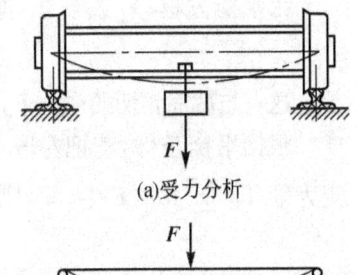

图2-30 丁字尺

工程实际中,存在大量的弯曲问题,如火车轮轴、桥梁、桥式吊车梁等的受力弯曲。如图2-31(a)所示,当直杆受到垂直于轴线的外力作用时,其轴线将由直线变成曲线,这样的变形称为弯曲变形,以弯曲变形为主的杆件称为梁。梁的受力特点是在轴线平面内受到力偶矩或垂直于轴线方向的外力作用。

若作用在梁上的外力都位于纵向对称面内,且力的作用线垂直于梁的轴线,则变形后的曲线为平面曲线,且仍位于纵向对称面内,这种弯曲称为平面弯曲。平面弯曲是最常见且最简单的弯曲变形。

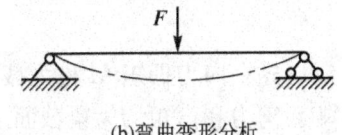

(a)受力分析

(b)弯曲变形分析

图2-31 火车轮轴

1. 梁的简化

由于梁上的载荷和支承情况一般比较复杂,为便于分析和计算,在保证足够精度的前提下,需要对梁进行力学简化。为了绘图的方便,首先对梁本身进行简化,通常用梁的轴线来代替实际的梁,如图2-31(b)所示。

2. 梁的分类

作用在梁上的载荷通常可以简化为简支梁、悬臂梁和外伸梁三种类型。

1)简支梁

可以简化成一端为固定铰链支座,另一端为活动铰链支座的梁称为简支梁,如图2-32所示。

2)悬臂梁

可以简化成一端为固定端,另一端为自由端,固定端可阻止梁移动和转动的梁称为悬臂梁,如图2-33所示。悬臂梁有一对约束反力和一对反力偶。

3)外伸梁

可以简化成一端与简支梁具有一样的形式,但另一端向支座外伸出,并在外伸端有载荷作用,这种梁称为外伸梁,如图2-34所示。

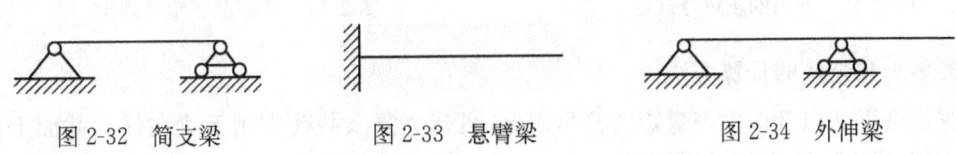

图2-32 简支梁　　图2-33 悬臂梁　　图2-34 外伸梁

二、剪力与弯矩

1. 剪力与弯矩的概念

剪力是指作用线位于所切截面的内力；弯矩是指矢量位于所切截面的内力偶矩。

如图 2-35(a)所示的简支梁，其两端的支座反力 F_A、F_B 可由梁的静力平衡方程求得。用假想截面将梁分为两部分，并以左段为研究对象，如图 2-35(b)所示。由于梁整体处于平衡状态，因而其各个部分也应处于平衡状态。据此，截面 $I-I$ 上将产生内力，这些内力将与外力 P_1、F_A 在梁的左段构成平衡力系。

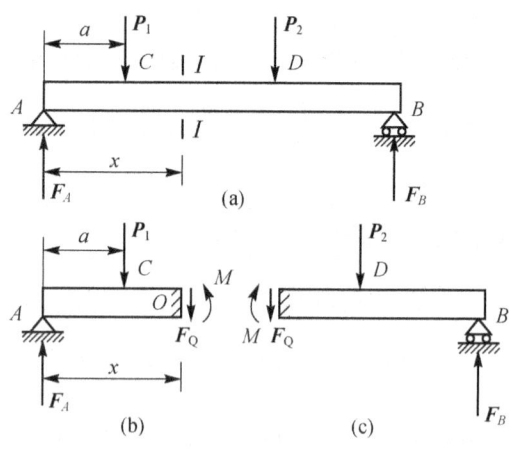

图 2-35 简支梁

由平衡方程 $\sum Y = 0$，得 $F_A - P_1 - F_Q = 0$，即

$$F_Q = F_A - P_1 \tag{2-19}$$

这一与截面相切的内力 F_Q 称为截面 $I-I$ 上的剪力，它是与截面相切的分布内力系的合力。

根据平衡条件，若把左段上的所有外力和内力对截面 $I-I$ 的形心 O 取矩，其力矩总和应为零，即 $\sum M_O(F) = 0$，则 $M + P_1(x-a) - F_A x = 0$，即

$$M = F_A x - P_1(x-a) \tag{2-20}$$

这一内力偶矩 M 称为截面 $I-I$ 上的弯矩。它是与截面垂直的分布内力系的合力偶矩。剪力和弯矩均为梁截面上的内力，它们可以通过梁的局部平衡来确定。

2. 剪力与弯矩的正负号规定

梁某截面剪力与弯矩的正负号由该截面附近的变形情况确定。

1）剪力的正负号规定

如图 2-36 所示，当截面发生变形时，使梁绕研究对象顺时针转动的为正剪力；反之为负剪力。

2）弯矩的正负号规定

如图 2-37 所示，当截面发生变形时，使梁变成凹形的为正弯矩，使梁变成凸形的为负弯矩。

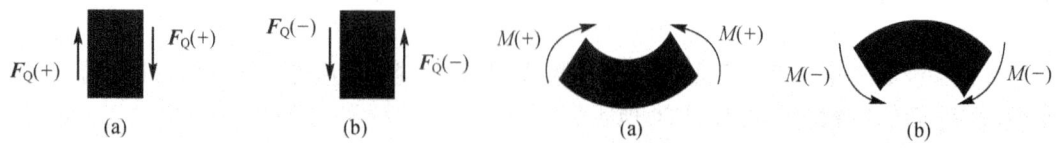

图 2-36 剪力的正负号规定　　图 2-37 弯矩的正负号规定

3. 剪力与弯矩的计算方法

根据截面法以及剪力与弯矩的符号规定，可建立复杂载荷作用下梁在任意截面上的剪力和弯矩计算公式，举例说明如下。

例 2-8 如图 2-38(a)所示,外伸梁的受集中力偶 M 和均布载荷 q 的作用。求梁的 1—1、2—2、3—3、4—4 截面上的剪力和弯矩。

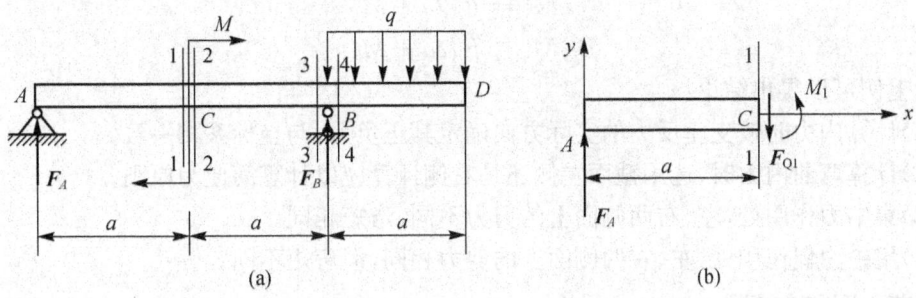

图 2-38 简支外伸梁

解 求任意截面 A 上的内力时,以 A 点左侧部分为研究对象,剪力与弯矩的计算如下:
(1)计算支座反力。

由 $\sum M_B(\boldsymbol{F}) = 0$ 得

$$-F_A 2a - M - \frac{1}{2}qa^2 = 0$$

$$F_A = -\frac{M}{2a} - \frac{1}{4}qa$$

由 $\sum Y = 0$ 得

$$F_A + F_B - qa = 0$$

$$F_B = \frac{M}{2a} + \frac{5qa}{4}$$

由 $\sum M_A(\boldsymbol{F}) = 0$ 校核(熟悉后可省略)得

$$-M - \frac{5qa^2}{2} + F_B 2a = 0$$

可据此判断支座反力计算是否正确。

(2)计算剪力。

如图 2-38(b)所示,设 1—1 截面上的剪力为 F_{Q1}(按规定其图示为正向),由 $\sum Y = 0$ 得

$$F_A - F_{Q1} = 0, \text{即 } F_{Q1} = F_A$$

同理可得

$$F_{Q2} = F_A$$
$$F_{Q3} = F_A$$
$$F_{Q4} = F_A + F_B$$

(3)计算弯矩。

图 2-38(b)中,设 1—1 截面上的弯矩为 M_1(按规定其图示为正向),由 $\sum M_C(\boldsymbol{F}) = 0$ 得

$$M_1 - F_A a = 0, \text{即 } M_1 = F_A a$$

同理可得
$$M_2 = F_A a + M$$
$$M_3 = F_A 2a + M$$
$$M_4 = F_A 2a + M$$

由上例可以得出结论：
(1)计算内力时按支座反力的实际方向确定其正负号,与坐标系相一致。
(2)计算弯曲内力时,选用截面左侧还是右侧计算应以计算简便为原则。
(3)集中力作用处,左、右两侧面上的剪力不同,弯矩相同。
(4)集中力偶作用处,左、右两侧面上的剪力相同,但弯矩不同。

4. 剪力图和弯矩图

一般情况下,梁横截面上的剪力、弯矩随截面位置的变化而变化。若以梁的轴线为 x 轴,坐标 x 表示横截面的位置,则剪力和弯矩可表示为 x 的函数,即
$$F_Q = F_Q(x), M = M(x)$$

这种内力随截面位置变化的函数关系式,分别称为梁的剪力方程和弯矩方程。梁的内力随截面位置变化的图线,称为梁的内力图,包括剪力图和弯矩图。由内力图可以确定梁的最大剪力和最大弯矩及其所在截面(危险截面)的位置,以便进行梁的强度计算。

根据内力方程画梁内力图的步骤为：求支座约束反力(悬臂梁可以不求)—分段(以集中力、集中力偶作用点及分布载荷的起、止点为分界点)—逐段列出内力方程—由内力方程判断各段剪力图、弯矩图的形状—求控制截面(分界点、极值点所在的截面)的剪力值、弯矩值—逐段作出剪力图、弯矩图。

5. 剪力图和弯矩图的规律

梁的内力是由外力产生的,因此梁的剪力图、弯矩图与梁所受外力之间存在着一定规律,现将外力与剪力图、弯矩图之间的规律总结如下：

(1)对于无分布载荷作用的梁段,剪力等于常数,剪力图是一条水平直线;弯矩图是一条斜直线,其斜率等于剪力。若 $F_Q(x)$ 为常数且大于 0,则 M 图为一条上斜直线(/);若 $F_Q(x)$ 为常数且小于 0,则 M 图为一条下斜直线(\);若 $F_Q(x)$ 为常数且等于 0,则 M 图为一条水平直线。

(2)对于均布载荷作用的梁段,剪力图是一条斜直线,其斜率等于载荷集度,弯矩图为二次抛物线。若均布载荷向下,则剪力图为下斜直线,弯矩图为上凸的二次抛物线(∩);若均布载荷向上,则剪力图为上斜直线,弯矩图为下凹的二次抛物线(∪)。

(3)在剪力等于零的截面上,弯矩取极值。

(4)在集中力作用的截面上,剪力发生突变,突变值等于集中力的大小,自左向右突变的方向与集中力的指向相同,弯矩图出现尖点。

(5)在集中力偶作用的截面上,剪力图无变化,弯矩图发生突变,突变值等于集中力偶矩的大小。当集中力偶为顺时针时,自左向右弯矩图向上突变;反之,则向下突变。

剪力图和弯矩图的规律见表 2-1。

表 2-1 剪力图和弯矩图的规律

载荷类型	无载荷段 $q(x)=0$		均布载荷段 $q(x)=$ 常数		集中力		集中力偶	
			$q<0$	$q>0$ 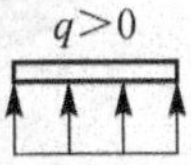	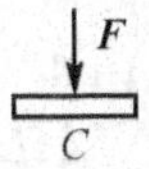	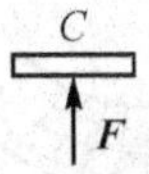	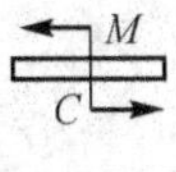	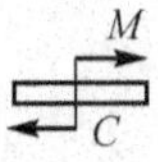
F_Q 图			倾斜线		产生突变		无影响	
			＼	／				
M 图	$F_Q>0$	$F_Q=0$	$F_Q<0$	二次抛物线 $F_Q=0$ 处有极值	在 C 处有折角		产生突变	
	倾斜线 	水平线 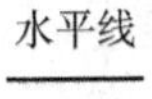	倾斜线 					

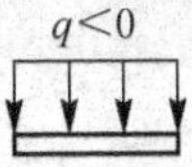

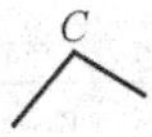

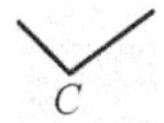

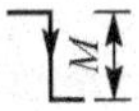

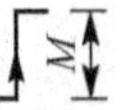

利用上述规律,既可以校核梁的内力图是否正确,也可以不列内力方程直接画出内力图。这种利用内力图的规律画梁的剪力图和弯矩图的方法,称为作梁内力图的控制截面法或简捷法。

控制截面法或简捷法作梁内力图的步骤为:求梁的支座约束反力(悬臂梁可不求)—分段—判断各段剪力图、弯矩图的形状—求控制截面(分界点、极值点所在的截面)的剪力值和弯矩值—逐段画出剪力图和弯矩图。

三、梁弯曲时截面上的应力

为了研究梁弯曲时截面上的正应力分布规律,取一矩形截面等直梁,在表面画一些平行于梁轴线的纵线和垂直于梁轴线的横线。在梁的两端施加一对位于梁纵向对称面内的力偶,梁则发生弯曲。梁任意截面上的内力只有弯矩而无剪力,这种弯曲称为纯弯曲,这种梁称为纯弯曲梁。

通常由变形的几何关系、物理关系来推导出纯弯曲梁截面上的正应力公式。

如图 2-39 所示,梁发生弯曲变形后,可以观察到以下现象:

(1)横向线仍是直线且仍与梁的轴线正交,只是相互倾斜了一个角度。

(2)纵向线(包括轴线)都变成了弧线。

(3)梁截面的宽度发生了微小变形,在压缩区变宽一些,在拉伸区变窄一些。

根据上述现象,可对梁的变形提出以下假设:

(1)平面假设。梁弯曲变形时,其截面仍保持为平面,且绕某轴转过了一个微小的角度。

(2)单向受力假设。设梁由无数纵向纤维组成,则这些纤维处于单向受拉或单向受压状态。如图 2-40 所示,梁下部的纵向纤维受拉伸长,上部的纵向纤维受压缩短,其间必有一层纤维既不伸长,也不缩短,这层纤维称为中性层。中性层和截面的交线称为中性轴,即图 2-40 中的 z 轴。梁的横截面绕 z 轴转动一个微小角度。

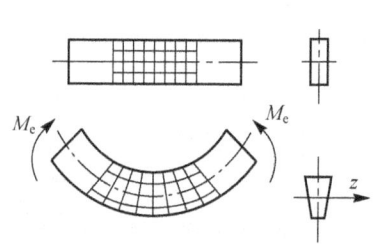

图 2-39 梁的弯曲变形

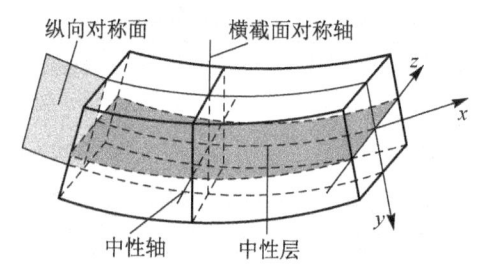

图 2-40 梁的弯曲变形分析

1. 变形的几何关系

如图 2-41 所示,梁的两个截面之间的距离为 dx,变形后中性层纤维长度仍为 dx,且 $dx=\rho d\theta$。距中性层为 y 的某一纵向纤维的线应变 ε 为

$$\varepsilon = \frac{\overline{b'b'} - dx}{dx} = \frac{(\rho+y)d\theta - \rho d\theta}{\rho d\theta} = \frac{y}{\rho} \tag{2-21}$$

由式(2-21)可知,梁内任一纵向纤维的线应变 ε 与它到中性层的距离 y 成正比。

2. 变形的物理关系

由单向受力假设,当正应力不超过材料的比例极限时,将式(2-21)代入胡克定律得

$$\sigma = E\varepsilon = E\frac{y}{\rho} \tag{2-22}$$

由式(2-22)可知,矩形截面梁在纯弯曲时的正应力的分布有以下特点:

(1)中性轴上的线应变为零,所以其正应力也为零。

(2)到中性轴距离相等的各点,其线应变相等。根据胡克定律,它们的正应力也相等。

(3)在图 2-42 所示的受力情况下,中性轴上部各点正应力为负值,中性轴下部各点正应力为正值。

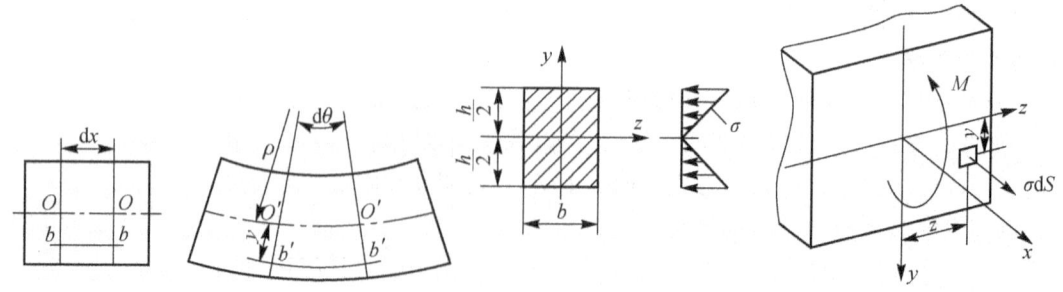

图 2-41 梁变形的几何关系　　　图 2-42 梁变形的物理关系

(4)正应力沿 y 轴线性分布。最大正应力(绝对值)在离中性轴最远的上、下边缘处。

四、梁弯曲时的强度计算

在进行梁的强度计算时,首先应确定梁的危险截面和危险点。一般情况下,对于等截面直梁,其危险点在弯矩最大的截面的上下边缘处,即最大正应力所在处。

危险点的最大工作应力应不大于材料在单向受力时的许用应力,强度条件为

$$\sigma_{\max} = \frac{M}{I_z} y_{\max} = \frac{M}{W_z} \leqslant [\sigma] \tag{2-23}$$

式中,W_z 为抗弯截面系数(m^3 或 mm^3),它只与截面的形状和大小有关。

考虑到材料的力学性能和截面的几何性质,判定危险点的位置是建立强度条件的关键所在。

当横截面形状对称于中性轴时,如矩形、圆形、工字钢等截面,其受拉和受压边缘离中性轴 z 的距离相等,即 $y_1 = y_2 = y_{\max}$,最大拉应力 $\sigma_{\max}^+$ 等于最大压应力 $\sigma_{\max}^-$。

如果梁的横截面只有一根对称轴,且加载方向与对称轴一致,则中性轴过截面形心并垂直于对称轴。此时,横截面上最大拉应力与最大压应力绝对值不相等,可由下式计算

$$\sigma_{\max}^+ = \frac{M y_{\max}^+}{I_z}, \sigma_{\max}^- = \frac{M y_{\max}^-}{I_z} \tag{2-24}$$

例 2-9 如图 2-43 所示为 T 形截面铸铁外伸梁,其许用拉应力 $[\sigma]^+ = 30$ MPa,许用压应力 $[\sigma]^- = 60$ MPa,其截面对中性轴 z 的惯性矩 $I_z = 763$ mm^4,且 $y_1 = 52$ cm,试校核该梁的强度。

解 (1)求支座反力。T 形截面铸铁外伸梁的受力图见图 2-43(a),由静力学平衡方程可得
$$F_A = 2.5 \text{ kN}, F_B = 10.5 \text{ kN}$$

弯矩图的绘制见图 2-43(b),其中,最大正弯矩在 C 点,最大负弯矩在 B 点,即 C 点为上压下拉,B 点为上拉下压。

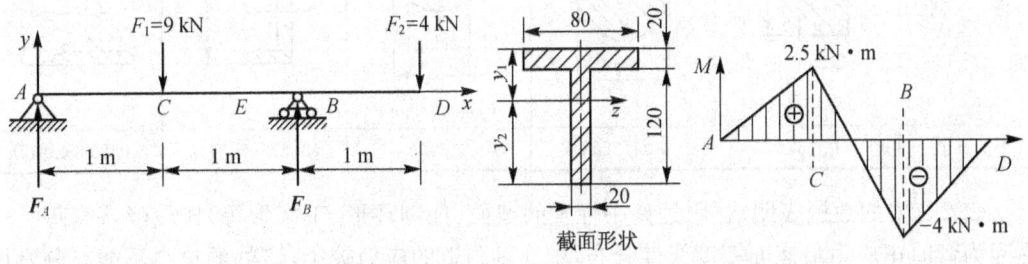

(a)受力分析和截面形状   (b)弯矩图的绘制

图 2-43 T 形截面铸铁外伸梁

(2)求出截面 B 的最大应力。

①最大拉应力(上边缘)
$$\sigma_B^+ = \frac{M_B \cdot y_1}{I_z} = \frac{4 \times 10^6 \times 52}{763 \times 10^4} \text{ MPa} = 27.26 \text{ MPa}$$

②最大压应力(下边缘)
$$\sigma_B^- = \frac{M_B \cdot y_2}{I_z} = \frac{4 \times 10^6 \times (120 + 20 - 52)}{763 \times 10^4} \text{ MPa} = 46.13 \text{ MPa}$$

(3)求出截面 C 的最大应力。

①最大拉应力(下边缘)
$$\sigma_C^+ = \frac{M_C \cdot y_2}{I_z} = \frac{2.5 \times 10^6 \times 88(120 + 20 - 52)}{763 \times 10^4} \text{ MPa} = 28.83 \text{ MPa}$$

②最大压应力(上边缘)
$$\sigma_C^- = \frac{M_C \cdot y_1}{I_z} = \frac{2.5 \times 10^6 \times 52}{763 \times 10^4} \text{ MPa} = 17.04 \text{ MPa}$$

最大拉应力在 C 点,且 $\sigma_{C\max}=28.83$ MPa$<[\sigma]^+=30$ MPa。
最大压应力在 B 点,且 $\sigma_{B\max}=46.13$ MPa$<[\sigma]^-=60$ MPa。
故梁强度足够。

五、提高弯曲强度的主要措施

1. 减小最大弯矩

梁的最大弯矩 $M_{\max}$ 不仅取决于载荷的大小,还取决于载荷在梁上的分布,所以合理安排加载方式和支座的布置,可明显减小梁的最大弯矩。

2. 选用合理的截面形状

在截面积 A 相同的条件下,抗弯截面系数 W_z 越大,梁的承载能力越高。常见截面的 W_z/S 值见表 2-2。

表 2-2 常见截面的 W_z/S 值

名 称	矩形	圆形	环形	槽钢	工字钢
图 例			内径 $d=0.8h$		
W_z/S 值	$0.167h$	$0.125h$	$0.205h$	$(0.27\sim0.31)h$	$(0.29\sim0.31)h$

表 2-2 中的数据表明,材料远离中性轴的截面(如圆环形、工字形等)比较经济合理。这是因为弯曲正应力沿截面高度线性分布,中性轴附近的应力较小,该处的材料不能充分发挥作用,将这些材料移置到离中性轴较远处,则可使它们得到充分利用,形成"合理截面"。工程中的吊车梁、桥梁常采用工字形、槽形或箱形截面,房屋建筑中的楼板常采用空心圆孔板,道理就在于此。需要指出的是,对于矩形、工字形等截面,增加截面高度虽然能有效地提高抗弯截面系数,但若高度过大,宽度过小,则在载荷作用下梁会发生扭曲,从而使梁过早地丧失承载能力。

3. 提高材料的力学性能

构件选用何种材料,应综合考虑安全、经济等因素。近年来,低合金钢生产发展迅速,如 16Mn 钢、15MnTi 钢等。这些低合金钢的生产工艺和成本与普通钢相近,但强度高、韧性好。南京长江大桥广泛地采用了 16Mn 钢,与低碳钢相比节约了 15% 的钢材。铸铁抗拉强度较低,但价格低廉。铸铁经球化处理成为球墨铸铁后,提高了抗拉强度和塑性。不少工厂用球墨铸铁代替钢材制造曲轴和齿轮,取得了较好的经济效益。

六、弯曲刚度

工程上的一些梁虽然强度足够,但由于弯曲变形过大,也会影响其正常工作。图 2-44 所示的车床主轴中,梁在发生弯曲变形时,若其最大工作应力不超过材料的弹性极限,其轴线由原来的直线变为曲线,变形后梁的轴线称为弹性曲线。梁的变形可以用挠度和转角表示。

挠度是梁轴线上的一点在垂直于轴线方向上的位移,用 ω 表示,如图 2-45 所示;转角是梁的各截面相对原来位置转过的角度,用 θ 表示,它也是弹性曲线上各点切线与 x 轴的夹角,如图 2-46 所示。

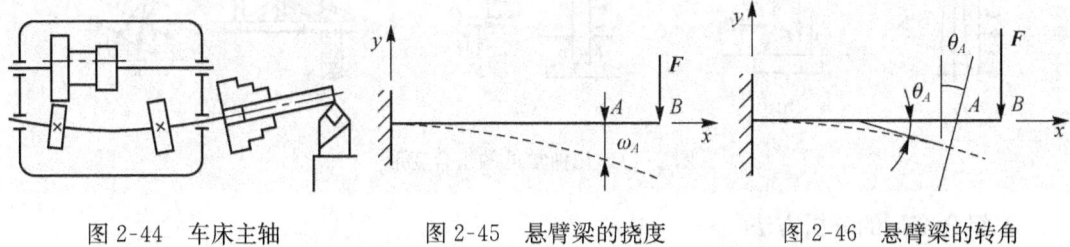

图 2-44　车床主轴　　　　图 2-45　悬臂梁的挠度　　　　图 2-46　悬臂梁的转角

为了使梁具有足够的刚度,要限制梁的最大挠度和最大转角不超过某一规定值,即满足弯曲刚度条件

$$\omega_{\max} \leqslant [\omega], \theta_{\max} \leqslant [\theta] \tag{2-25}$$

式中,$[\omega]$、$[\theta]$ 为许用挠度和许用转角,工作条件不同,它们所规定的数值不同,具体可查相关资料获得。

学习情境五　组合变形

学习目标

掌握组合变形的概念及分析方法;
掌握拉伸(压缩)弯曲组合变形的强度计算。

课堂导入

图 2-47 所示为传动轴的受力简图。如果已知该传动轴由电动机带动,且已知电动机的功率、转速,齿轮的分度圆直径、压力角,材料的许用应力等条件,能否分析出该传动轴承受几种载荷?属于哪种组合变形?通过学习本节知识,就会找到答案。

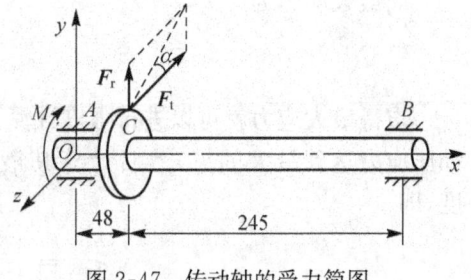

图 2-47　传动轴的受力简图

基本知识

一、组合变形的概念及分析方法

1. 组合变形的概念

前面几节介绍了杆件的拉伸、压缩、剪切、挤压、扭转和弯曲等基本变形。工程中,构件往往因受力比较复杂而同时产生几种基本变形。这类由两种或两种以上的基本变形组合的

变形,称为组合变形。几种常见的组合变形如图 2-48 所示。

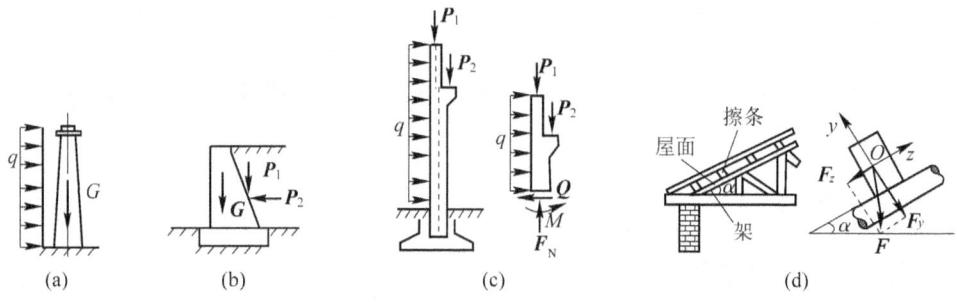

图 2-48 几种常见的组合变形

2. 组合变形的分析方法

组合变形的分析方法如下:
(1)将构件的组合变形分解为基本变形。
(2)计算构件在每一种基本变形情况下的应力。
(3)将同一点的应力叠加起来,即可得到构件在组合变形情况下的应力。

叠加原理是解决组合变形计算的基本原理。在小变形和材料服从胡克定律的前提下,可以认为组合变形中的每一种基本变形都是各自独立、互不影响的,因而对在组合变形下的构件进行强度计算时可以应用叠加原理,即首先将组合变形分解为基本变形,然后分别考虑在每一种基本变形情况下构件内的应力和变形,最后再分别叠加起来。

二、拉伸(压缩)弯曲组合变形的强度计算

拉伸(压缩)弯曲组合变形的总应力为两项应力的叠加,即

$$\sigma = \sigma_M + \sigma_N = \frac{M}{I_z}y + \frac{F_N}{S}$$

而最大应力为

$$\sigma_{\max} = \frac{F_N}{S} \pm \frac{M_{\max}}{W_z} \tag{2-26}$$

求得最大应力就可以进行强度计算。因此,首先要在危险截面上确定危险点,即拉应力和压应力达到最大的点,然后计算其最大拉应力和最大压应力,再按照强度条件计算强度,即

$$\sigma_{\max} = \left| \frac{F_N}{S} \pm \frac{M_{\max}}{W_z} \right|_{\max} \leqslant [\sigma] \tag{2-27}$$

若材料的许用拉应力和许用压应力不同,则必须分别对最大拉应力和最大压应力进行强度计算。

应当指出,上述按叠加原理计算组合应力是基于假定梁的弯曲刚度较大,引起的挠度较小来考虑的,因而可以不计轴力 F_N 乘以挠度 ω 所得的附加弯矩 M_{F_N}。

例 2-10 简易吊车的结构如图 2-49(a)所示。当电动滑车行走到距梁端还有 0.4 m 处时,吊车横梁处于最不利位置,已知电动滑车起吊重物 $P=20$ kN,横梁采用 22a 号工字钢,许用应力 $[\sigma]=160$ MPa。试对吊车横梁进行强度校核。

解 (1)计算外力与内力。

吊车横梁的受力图如图 2-49(b)所示。由静力平衡条件得
$$F_{Ax} = 49.7 \text{ kN}, F_{Ay} = -8.7 \text{ kN}$$
$$F_{Bx} = 49.7 \text{ kN}, F_{By} = -28.7 \text{ kN}$$

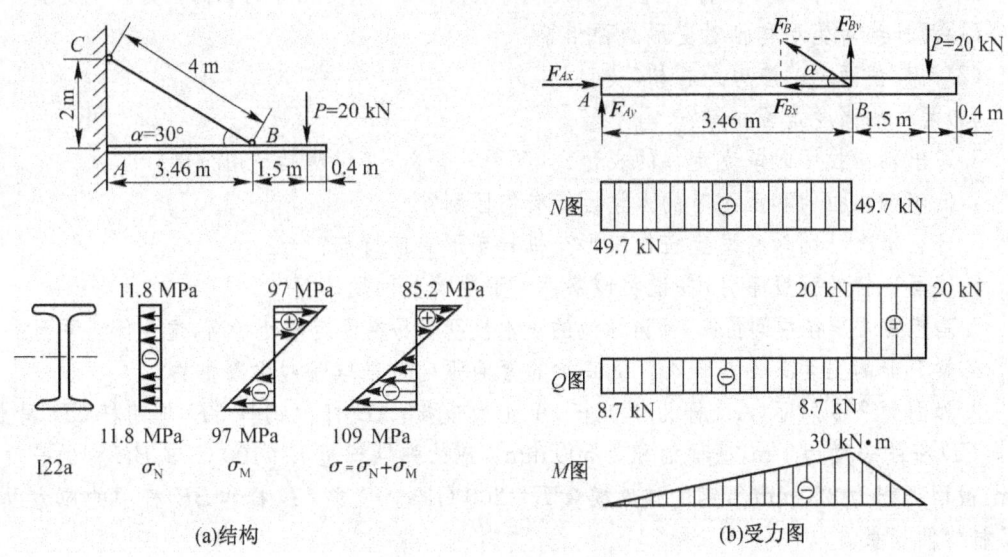

图 2-49 简易吊车横梁

作吊车横梁的内力图。由图 2-49(b)的内力图可知,B 点左截面是危险截面,在该截面上有轴向力 $F_N = -49.7$ kN。

(2)校核强度。

查型钢表,得 22a 号工字钢截面上的 $S = 42$ cm², $W_z = 309$ cm³。轴力 F_N 引起的正应力为

$$\sigma_N = \frac{F_N}{S} = -\frac{49.7 \times 10^3}{42 \times 10^{-4}} \text{ Pa} = -11.8 \text{ MPa}$$

弯矩 M 引起的最大拉应力和最大压应力分别发生在 B 点左截面的上、下边缘处,根据计算结果得出 B 左截面上的正应力分布规律,最大压应力发生在该截面的下边缘,其值为

$$\sigma_M = \pm \frac{M_{max}}{W_z} = \pm \frac{30 \times 10^3}{309 \times 10^{-6}} \text{ Pa} = \pm 97 \text{ MPa}$$

由式(2-27)得

$$\sigma_{max} = \left| \frac{F_N}{S} \pm \frac{M_{max}}{W_z} \right|_{max} = |-11.8 \pm 97|_{max} \text{ MPa}$$
$$= 108.8 \text{ MPa} < [\sigma] = 160 \text{ MPa}$$

所以该横梁满足强度条件。

思考与练习

1. 什么是内力？什么是截面法？如何用截面法求内力？
2. 两根不同材料的等直杆，它们的截面积与长度相等，承受相等的轴向拉力。试说明：
 (1)两杆绝对变形和相对变形是否相等？
 (2)两杆截面上的应力是否相等？
 (3)两杆的强度是否相等？
3. 写出轴向拉压时胡克定律的表达式，解释其含义，并说明其适用范围。
4. 低碳钢在拉伸和压缩时的力学性能有何区别？
5. 什么情况下圆轴将发生扭转变形？扭转变形有何特点？
6. 试写出扭转强度条件，并说明该条件可解决哪些问题。
7. 扁担常常是在中间折断，而游泳池的跳水板则容易在固定端处折断，这是什么原因？
8. 梁弯曲的强度条件是什么？提高梁的弯曲强度可采取哪些主要措施？
9. 如图题2-9所示，AB杆为刚性杆，A处为铰接，AB杆由钢杆BE与铜杆CD吊起。已知CD杆的长度为1 m，截面面积为500 mm^2，铜的弹性模量$E=100\text{ GPa}$；BE杆的长度为2 m，截面面积为250 mm^2，钢的弹性模量$E=200\text{ GPa}$。试求CD杆和BE杆中的应力以及BE杆的伸长量。

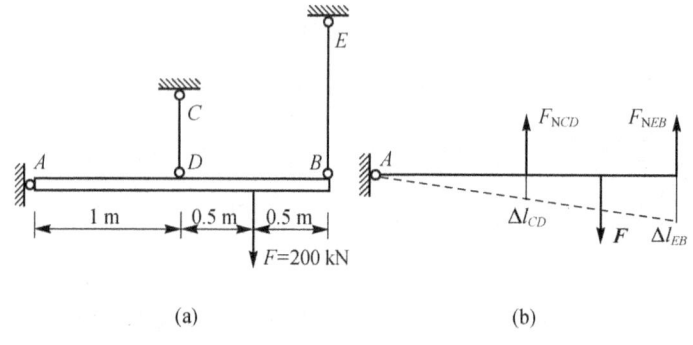

图题2-9

10. 如图题2-10所示，一个三角架在节点B受铅垂载荷F作用，其中钢拉杆AB长$l_1=2\text{ m}$，截面面积$S_1=600\text{ mm}^2$，许用应力$[\sigma]_1=160\text{ MPa}$，木压杆$BC$的截面面积$S_2=1\,000\text{ mm}^2$，许用应力$[\sigma]_2=7\text{ MPa}$。试确定许用载荷$[F]$。

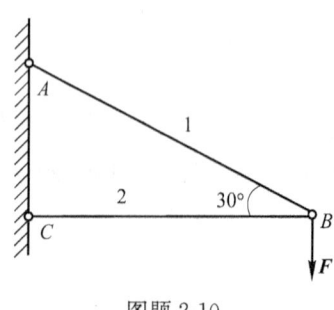

图题2-10

11. 如图题2-11所示，一铆钉联接件受轴向拉力F作用，图中三根铆钉同在力F的作用线上。已知 $F=100$ kN,钢板厚 $\delta=8$ mm,宽 $b=100$ mm,铆钉直径 $d=16$ mm,许用切应力 $[\tau]=140$ MPa,许用挤压应力 $[\sigma_{bs}]=340$ MPa,钢板许用拉应力 $[\sigma]=170$ MPa。试校核该联接件的强度。

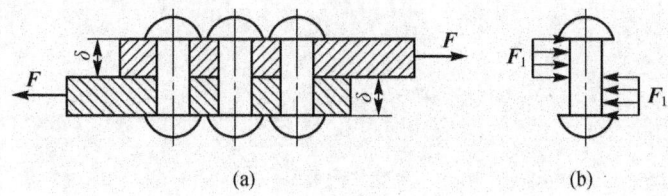

图题 2-11

12. 如图题 2-12 所示,一钢制圆轴受一对外力偶的作用,其力偶矩 $M_e=2.5$ kN·m,已知轴的直径 $d=60$ mm,许用切应力 $[\tau]=60$ MPa。试对该轴进行强度校核。

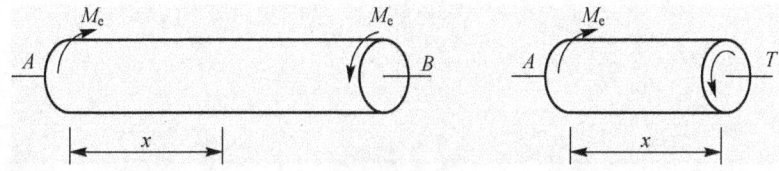

图题 2-12

13. T 形梁尺寸及所受载荷如图题 2-13 所示,已知 $[\sigma]^-=100$ MPa,$[\sigma]^+=50$ MPa,$[\tau]=50$ MPa,$y_{max}=17.5$ mm,$I_z=18.2\times 10^4$ mm^4。试校核该梁的强度。

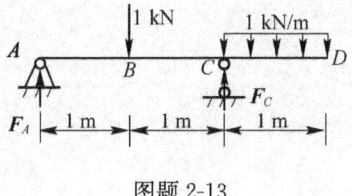

图题 2-13

第二篇

工程材料基础

单元三
工程材料的基本知识

人们制造和生产的产品都是以各种材料(如塑料、金属、木材、玻璃等)作为坯料加工而成的。材料、能源、信息和生物工程已成为当代技术的四大支柱,而材料又是能源与信息发展的物质基础。本章主要介绍常用工程材料的一些基本知识。

学习情境一 金属材料

学习目标

掌握金属材料的力学性能;
理解铁碳合金相图的特性点和特性线的含义。

课堂导入

在日常的生产生活中,我们会发现形状相同而材料不同的金属棍棒,当受到相同的力时,有的会断裂,有的会出现不同程度的变形,有的却能保持原状不变。各种金属材料的性能到底怎么样?通过学习本节知识,就会找到答案。

基本知识

金属材料是现代机械制造业中使用的基本材料,由于它具有良好的性能,因而在生产和生活用品制造业中得到广泛应用。了解和熟悉金属材料的性能是合理选材、充分发挥金属材料内在性能潜力的重要前提。

金属材料的性能,是指用来表征金属材料在给定外界条件下的行为参量。当外界条件发生变化时,同一种金属材料的某些性能也会随之变化。金属材料的性能包括使用性能和工艺性能两个方面。

(1)使用性能。使用性能是指金属材料在使用过程中表现出来的性能,包括金属材料的力学性能、物理性能和化学性能等。

(2)工艺性能。工艺性能是指金属材料在制造加工过程中表现出来的性能,包括铸造性能、焊接性能、切削加工性能和热处理性能等。

一、金属材料的力学性能

金属材料的力学性能,不仅是设计零件、选择金属材料的重要依据,还是验收、鉴定金属材料性能的重要依据之一。所谓力学性能是指金属材料在外力作用下所表现出来的抵抗力的性能。金属材料的力学性能包括强度、硬度、塑性、冲击韧性和疲劳强度等。

1. 强度

强度是指金属材料在外力作用下抵抗变形和断裂的能力。强度越高,金属材料抵抗变形和断裂的能力越强。按所受外力状况不同,强度可分为抗拉强度、抗压强度、抗弯强度和抗剪强度等,一般情况下以抗拉强度作为最基本的强度指标。

如图 3-1 所示,将一定尺寸和形状的金属试样(即标准试件)装夹在试验机上,在其两端逐渐施加拉伸力,直到把试样拉断为止。根据试样在拉伸过程中承受的拉力和产生的变形量之间的关系,可测出有关的力学性能。

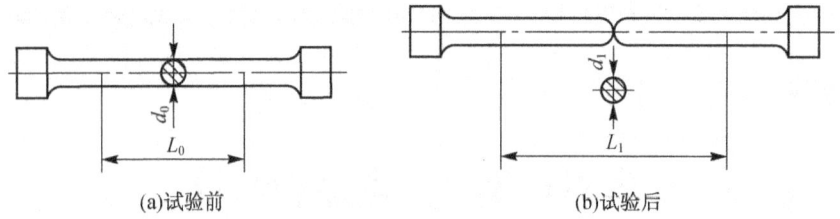

图 3-1 试样的拉伸

1)拉伸曲线

拉伸曲线的形状会因金属材料性质的不同而不同。图 3-2 所示为低碳钢的拉伸曲线,纵坐标表示载荷 F,单位为 N;横坐标表示伸长量 ΔL,单位为 mm。前面第 2 章从应力和应变的角度作介绍,此处从载荷和伸长量的角度来作介绍。

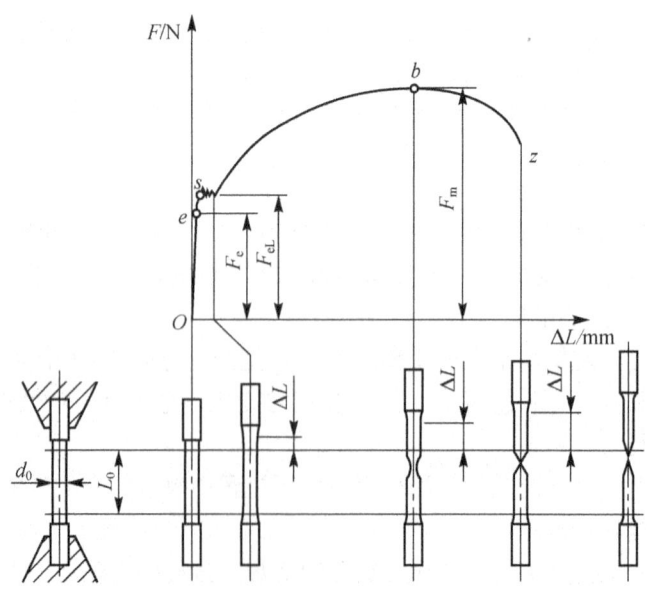

图 3-2 低碳钢的拉伸曲线

图 3-2 中的拉伸曲线分为四个阶段:

(1)Oe 称为弹性变形阶段。当载荷 F 小于 F_e 时,试样的伸长量与载荷成正比关系,此时若卸载,试样将完全恢复原长,这种变形称为弹性变形。

(2)es 称为屈服变形阶段。当载荷 F 大于 F_e 时,试样除发生弹性变形外,还发生部分不能消失的永久变形,称为塑性变形;当载荷 F 增加到 F_{eL} 时,图形上出现平台,说明即使不增加载荷,试样也会继续伸长,材料丧失了抵抗变形能力的现象称为屈服。

(3)sb 称为均匀塑性变形阶段。当载荷 F 大于 F_{eL} 时,随载荷 F 的增大,试样的塑性变形急剧增加,伸长量也随之增大。

(4)bz 称为缩颈断裂阶段。当载荷 F 大于 F_m 时,试样的某一部分急剧变细,此现象称为缩颈现象,此时,试样横截面积减小,其变形所需载荷减小,且最后在 z 点处发生断裂。

工程上使用的金属材料多数没有明显的屈服现象。脆性材料在弹性变形后会马上发生断裂。

2)强度指标

利用拉伸曲线可以求得金属材料的强度指标。强度指标用载荷来度量,包括屈服强度和抗拉强度。

(1)屈服强度。屈服强度是指金属材料产生屈服时的载荷,分上屈服强度和下屈服强度。下屈服强度用 R_{eL} 表示,即拉伸曲线中 s 点的载荷

$$R_{eL} = \frac{F_{eL}}{S_0} \tag{3-1}$$

式中,R_{eL} 为下屈服强度(N/mm² 或 MPa);F_{eL} 为屈服时的最小载荷(N);S_0 为试样的原始横截面积(mm²)。

对于无明显屈服现象的金属材料,不会产生缩颈现象,因此,其屈服强度很难测量。屈服极限是表征金属材料发生明显塑性变形的抗力,因此,它是机械设计的主要依据,也是评定金属材料优劣的重要指标。例如,机械零件在工作时如受力过大,会因过量变形而失效。

(2)抗拉强度。抗拉强度是指金属材料在拉断前所承受的最大载荷,即拉伸曲线中 b 点的载荷,用 R_m 表示,即

$$R_m = \frac{F_m}{S_0} \tag{3-2}$$

式中,R_m 为抗拉强度(N/mm² 或 MPa);F_m 为试样断裂前所承受的最大载荷(N)。

零件在工作中所承受的载荷不允许超过抗拉强度,否则会产生断裂。

R_{eL}/R_m 的值称为屈强比,是一个很有意义的指标,一般其值为 0.65~0.75。

2. 硬度

硬度是指金属材料表面抵抗外部压力的能力,分为布氏硬度、洛氏硬度和维氏硬度。硬度值越高,金属材料越硬。只有硬度高的物体才能压入硬度低的物体中,如冲头、凹模等,其硬度一定比被加工金属材料的高,硬度高的物体耐磨性往往比较好。

1)布氏硬度

(1)测试原理。如图 3-3 所示,使用一定直径的球体,以规定的试验载荷压入试样表面,经规定的保持时间后卸载,通过测量试样表面的压痕直径来计算硬度值。布氏硬度用符号 HBW 表示,

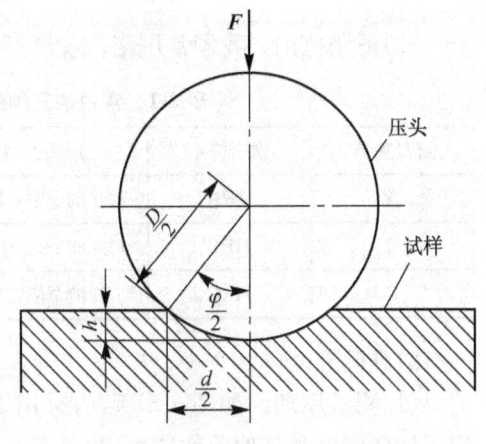

图 3-3 布氏硬度测试原理

计算公式为

$$\text{HBW} = 0.102 \times \frac{2F}{\pi D(D - \sqrt{D^2 - d^2})} \tag{3-3}$$

式中,F 为试验载荷(N);D 为硬质合金球的直径(mm);d 为压痕的平均直径(mm)。

金属材料越软,压痕的直径越大,布氏硬度越低。

(2)适用范围。布氏硬度测试主要用于测量灰铸铁、有色金属、各种软钢等硬度不是很高的材料。因压痕较大,布氏硬度测试不适宜检验薄件或成品。

2)洛氏硬度

(1)测试原理。如图 3-4 所示,以压痕的深度来计算洛氏硬度,用金刚石压头进行测试,先加初载荷 F_0,压入深度 h_1,以消除试样表面不平而引起的误差;然后再加载荷 F_1,在总载荷 F(即 $F_0 + F_1$)的作用下,压入深度为 h_2,经规定的保持时间后卸载,由于金属弹性变形的恢复,压头回升到 h_3,此时,压痕深度 $h = h_3 - h_1$。显然,h 值越大,洛氏硬度越低。根据 h 的大小计算洛氏硬度值,定义每 0.002 mm 相当于一个硬度单位。为适应习惯上数值越大硬度越高的概念,采用 K 减去 $h/0.002$ 来表示洛氏硬度值的大小。洛氏硬度用符号 HR 表示,计算公式为

$$\text{HR} = K - \frac{h}{0.002} \tag{3-4}$$

式中,K 为常数,金刚石取 $K = 0.2$,钢球取 $K = 0.26$;h 为压痕深度(mm)。

洛氏硬度没有单位,其值可以从洛氏刻度盘上直接读出。

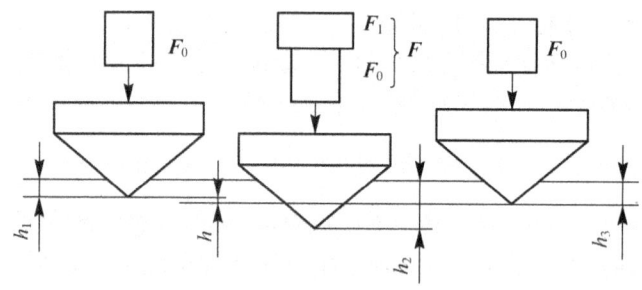

图 3-4 洛氏硬度测试原理

(2)适用范围。我国常用洛氏硬度有 HRA、HRB、HRC 三种,见表 3-1。

表 3-1 常用的三种洛氏硬度的测试条件及适用范围

标尺种类	硬度符号	压头类型	总载荷 F/N	适用范围
A	HRA	120°的金刚石圆锥	588.4	硬质合金,表面淬硬、渗碳、特硬材料等
B	HRB	φ1.588 mm 的钢球	980.7	退火钢、正火钢、有色金属及较软材料等
C	HRC	120°的金刚石圆锥	1 471.1	淬火钢、调质钢等

3)维氏硬度

(1)测试原理。如图 3-5 所示,采用 136°正棱角锥形金刚石作为试样,载荷 F 的大小可根据试样厚度和其他条件选用,载荷 F 一般可取 10~1 000 N,经规定的保持时间后卸载,用测量压痕对角线的长度来计算。维氏硬度用符号 HV 表示,计算公式为

$$HV = 0.189 \frac{F}{d^2} \tag{3-5}$$

式中，F 为试验载荷(N)；d 为压痕两对角线的平均长度(mm)。

(2)适用范围。维氏硬度测试中所加载荷小，压入深度浅，可测量较薄的材料和渗碳层、渗氮层的硬度；因维氏硬度具有连续性，则从很软到很硬的各种金属材料的硬度都可测量，且准确性高。维氏硬度的缺点是测量压痕对角线的长度较复杂，压痕小，对试样的表面质量要求较高。

3. 塑性

塑性是指在外载荷作用下，金属材料断裂前产生永久性变形的能力。常用断后伸长率 A 和断面收缩率 Z 来表示，其计算公式分别为

$$A = \frac{L_u - L_0}{L_0} \times 100\%$$
$$Z = \frac{S_0 - S_u}{S_0} \times 100\% \tag{3-6}$$

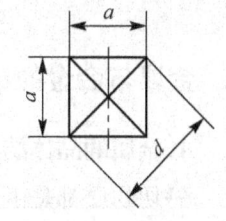

图3-5 维氏硬度测试原理

式中，A、Z 分别为断后伸长率和断面收缩率(%)；L_0、L_u 分别为试样原始标距和试样断裂后的标距(mm)；S_0、S_u 分别为试样原始横截面积和试样断后最小横截面积(mm^2)。

断后伸长率和断面收缩率数值越大，表明金属材料的塑性越好。良好的塑性对机械零件加工和使用都具有重要意义，例如，塑性良好的金属材料易于进行压力加工(如轧制、冲压、锻造等)，如果过载，金属材料由于产生塑性变形而不致突然断裂，可以避免事故发生。

4. 冲击韧性

冲击韧性是指金属材料抵抗动载荷冲击的能力，常用摆锤冲击试验来测量。如图3-6所示，将带有缺口的试样安放在支座上，让摆锤从一定高度 h_1 落下，将试样冲断，随后摆锤继续上升至 h_2，冲断试样所消耗的功为 $A_k = mg(h_1 - h_2)$。冲击韧性值为试样单位截面积所消耗的冲击吸收功，用符号 a_k 表示，计算公式为

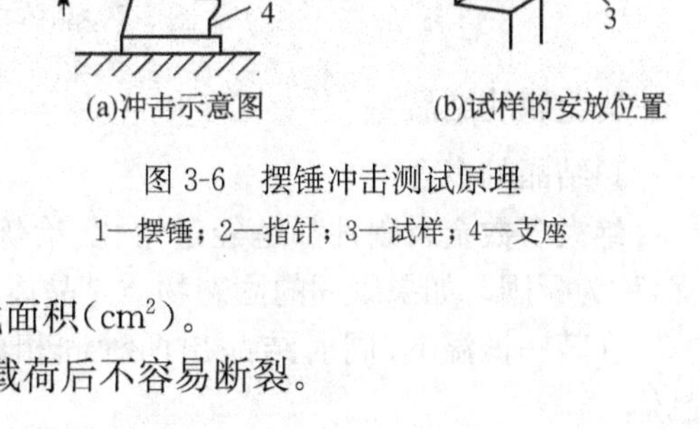

$$a_k = \frac{A_k}{S} \tag{3-7}$$

(a)冲击示意图　(b)试样的安放位置

图3-6 摆锤冲击测试原理
1—摆锤；2—指针；3—试样；4—支座

式中，A_k 为冲击吸收功(J)；S 为试样缺口处横截面积(cm^2)。

a_k 越大，冲击韧性越好，即金属材料受冲击载荷后不容易断裂。

5. 疲劳强度

疲劳强度(又称为疲劳极限)是指金属材料在无限多次交变载荷作用下而不被破坏的最大应力。实际上，金属材料不可能做无限多次交变载荷试验。一般试验时规定，钢可经受 10^7 次交变载荷，有色金属材料可经受 10^8 次交变载荷。

许多机械零件,如轴、齿轮、轴承、叶片、弹簧等,在工作过程中各点的应力随时间作周期性的变化,这种随时间作周期性变化的应力称为交变应力(也称为循环应力)。在交变应力的作用下,虽然零件所承受的应力低于金属材料的屈服强度,但经过较长时间的工作后,金属材料会产生裂纹或突然发生完全断裂的现象,这种现象称为金属材料的疲劳破坏。

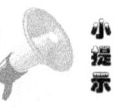
疲劳破坏是机械零件失效的主要原因之一。据统计,在机械零件失效中大约有80%以上是因为疲劳破坏,且疲劳破坏前没有明显的变形。因此,疲劳破坏经常造成重大事故。轴、齿轮、轴承、叶片、弹簧等承受交变载荷的零件要选择疲劳强度较好的金属材料来制造。

二、金属与合金的结构

1. 金属的晶体结构

一切物质都是由原子组成的,根据原子在固体物质内部聚集状态的不同,可将固体物质分为晶体和非晶体两类。如图3-7(a)所示,其内部原子呈周期性有规律排列的固体物质称为晶体,如纯铝、纯铁、纯铜等;反之,其内部原子呈不规则排列的固体物质称为非晶体,如松香、玻璃、沥青等。

为了便于理解和描述晶体中原子排列的情况,用假想的线条将各原子中心连接起来,构成一个空间格子。这种抽象的、用于描述原子在晶体中排列规律的空间格架称为晶格,如图3-7(b)所示。晶胞通常为六面体,是组成晶格的最小几何单元,如图3-7(c)所示。

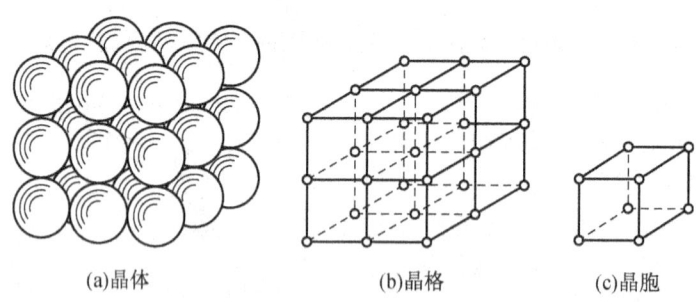

(a)晶体　　　　(b)晶格　　　　(c)晶胞

图3-7　晶体与晶体中原子的排列

2. 金属的结晶

1)结晶的概念

绝大多数金属制件都是经过熔化、冶炼和浇注而获得的,这种由液态转变为固态的过程,称为凝固。如果凝固的固态物质是晶体,则这种凝固又称为结晶。

在某一恒温下,同时结晶出两种固相的转变称为共晶转变,共晶转变的产物称为共晶体。

金属在固态下随温度的变化,由一种晶格变为另一种晶格的现象,称为金属的同素异构转变。由同素异构转变所得到的不同晶体,称为同素异构体。

2)结晶过程

液态金属的结晶是在一定低温下,从液体中首先形成一些微小而稳定的小晶体,这种小晶体称为晶核。在此晶核长大的同时,液体中又会不断产生新的晶核并不断长大,直到它们互相接触,使液体完全消失为止。因此,结晶过程是晶核的形成与长大的过程,如图3-8所示。

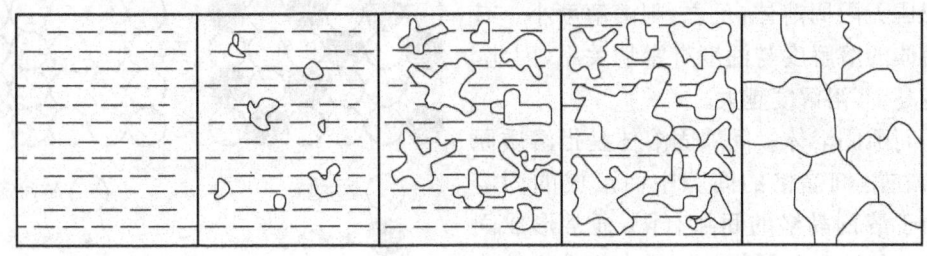

图3-8 液态金属结晶过程示意图

3. 合金的晶体结构

1)合金的基本概念

(1)合金。所谓合金是指由一种金属元素与一种或几种其他元素结合而形成的具有金属特性的新物质。绝大多数的合金都是通过熔化、精炼、浇注等工艺制成的,只有少数合金是在固态下通过制粉、混合、压制、烧结等工艺制成的。含有不同成分的合金可以显著地改变金属材料的结构、组织和性能,在强度、硬度、耐磨性等力学性能方面远远高于纯金属,并且在电、磁以及化学稳定性等方面也不逊于纯金属。所以工程上金属材料的应用大多以合金为主,特别是钢和铸铁,这两种现代工业中最重要的金属材料就是由铁和碳为基本成分组成的铁碳合金。

(2)组元。组成合金所必需的并能独立存在的物质称为组元。例如,普通黄铜是以铜元素和锌元素为主的合金,其组元是由铜和锌组成的。锰钢在铁碳合金的基础上加入锰元素,其组元是由铁、碳、锰组成的。此外,合金中的稳定化合物也可以作为组元,如铁碳合金中的渗碳体 Fe_3C 就是以铁碳合金中一个组元形式出现的。

(3)相。合金中具有相同的化学成分、相同的晶体结构、相同的物理和化学性能,并与该系统的其他部分以界面分开的组成部分称为相。如从成分均匀的液体合金结晶出某种晶体的过程中,合金系统是由两相——液相和固相组成的;当其全部凝固成一种晶体后,合金就由单一结构的晶体相组成。又如液体合金在结晶出两种结构各异的晶体过程中,合金是由三相——液相和两种固相组成的;当其全部凝固成两种晶体后,合金就由两种固相组成。

2)合金的相结构

合金的相结构是指合金组织中相的晶体结构。根据各组元之间的物理和化学性质的不同和相互作用关系,固态合金主要有固溶体和金属化合物两大类晶体相。

(1)固溶体。一种组元均匀地溶解在另一种组元中而形成的晶体相,称为固溶体。固溶体形成后,它的晶体结构就是在一种组元的晶格外分布着两种组元的原子。组成固溶体的组元也与溶液一样,有溶质和溶剂之分。其中晶格保持不变的组元称为溶剂,晶格消失的组元称为溶质。根据溶质原子在溶剂晶格的分布状态,固溶体可以分为置换固溶体与间隙固溶体,如图3-9所示。

①置换固溶体。置换固溶体是指溶质原子占据了溶剂晶格的某些结点而形成的固溶体。在置换固溶体中,溶质在溶剂中的溶解度主要取决于两者原子直径之差、晶格类型等因

素。一般来说,若两者晶格类型相同,电子结构相似,原子半径差别小,则其溶解度大,甚至可形成无限固溶体;反之,则溶解度小。有限固溶体的溶解度与温度有密切关系,因此,温度越高,其溶解度越大。

②间隙固溶体。间隙固溶体是指溶质原子分布在溶剂晶格的间隙中而形成的固溶体。由于溶剂晶格的间隙有限,通常形成间隙固溶体的溶质原子都是原子半径较小的非金属元素,如碳、氮、氢等非金属元素溶入铁中形成的均匀间隙固溶体。

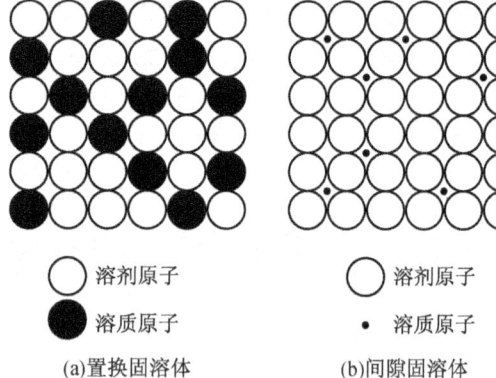

图 3-9 置换固溶体与间隙固溶体示意图

(2)金属化合物。合金组元间发生相互作用而形成一种具有金属特性的物质称为金属化合物。金属化合物的组成一般可用化学式来表示。金属化合物具有复杂的晶格结构,其性能特点是熔点高、硬度高、脆性大。当合金中出现金属化合物时,通常能提高合金的硬度和耐磨性,但会降低塑性和韧度。金属化合物是许多合金的重要组成相。

三、铁碳合金

铁碳合金是以铁和碳作为组元的二元合金,是机械制造中应用最广泛的金属材料。

1. 铁碳合金的基本组织

铁素体、奥氏体、渗碳体、珠光体、莱氏体是铁碳合金中的基本组织,是铁碳合金的组成物。

1)铁素体

碳溶于 α-Fe 中形成的间隙固溶体称为铁素体,用符号 F 表示,为体心立方晶格结构,如图 3-10 所示。α-Fe 间隙很小,溶碳能力极差,在 727 ℃时,溶碳量最大,其碳的质量分数为 0.021 8%;随着温度的降低,溶碳量逐渐减小,室温时溶碳量几乎为零。铁素体具有塑性好,强度、硬度低的特点。

2)奥氏体

碳溶于 γ-Fe 中形成的间隙固溶体称为奥氏体,用符号 A 表示,为面心立方晶格结构,如图 3-11 所示。γ-Fe 间隙较大,溶碳能力较强,在 1 148 ℃时溶碳量最大,其碳的质量分数为 2.11%;在 727 ℃时溶碳量降低,其碳的质量分数为 0.77%。奥氏体具有塑性好,强度、硬度略高于铁素体,无磁性的特点。

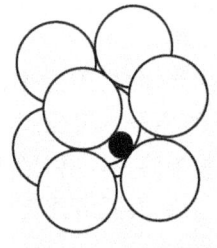 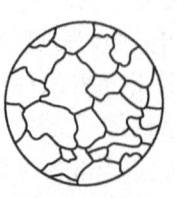 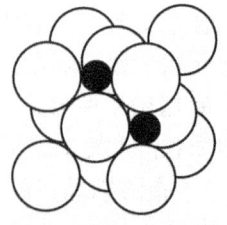 

(a)铁素体晶胞示意图　(b)铁素体显微组织　　(a)奥氏体晶胞示意图　(b)奥氏体显微组织

图 3-10　铁素体　　　　　　　　　图 3-11　奥氏体

3)渗碳体

如图 3-12 所示,渗碳体具有复杂的斜方晶格。渗碳体用符号 Fe_3C 表示,其碳的质量分数为 6.69%,熔点高,硬而脆,几乎没有塑性。在钢中,渗碳体以不同形态和大小的晶体出现在组织中,对钢的力学性能影响很大。

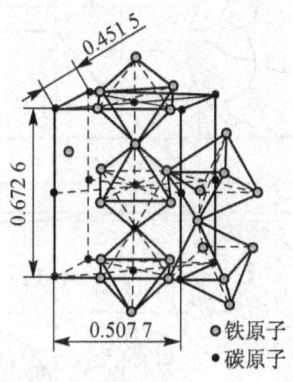

图 3-12 渗碳体的晶格示意图

4)珠光体

铁素体与渗碳体组成的机械混合物称为珠光体,用符号 P 表示,其碳的质量分数为 0.77%,其强度、硬度及塑性适中。珠光体的显微组织如图 3-13 所示。

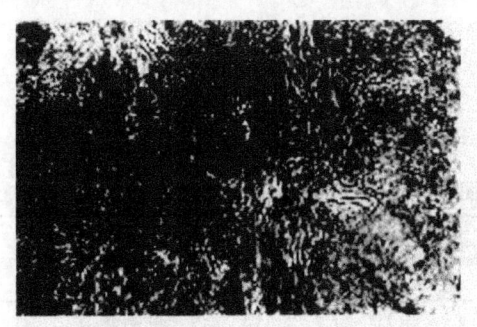
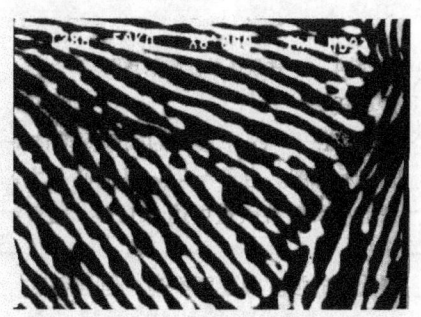

(a)用光学显微镜观察到的组织　　　　(b)用电子显微镜观察到的组织

图 3-13 珠光体的显微组织

5)莱氏体

铸铁在凝固过程中发生共晶转变所形成的奥氏体和渗碳体组成的机械混合物称为莱氏体,用符号 Ld 表示,其碳的质量分数为 4.3%。奥氏体仅能在 727 ℃以上稳定存在,当冷却到 727 ℃以下时,奥氏体将转变为珠光体。低温时莱氏体由珠光体和渗碳体组成,也称为低温莱氏体,用符号 Ld′ 表示。莱氏体中由于存在大量的渗碳体,塑性极差,因而属于硬而脆的组织。

2. 铁碳合金相图

铁碳合金相图是表示在缓慢冷却(或缓慢加热)的条件下,不同成分的铁碳合金的状态或组织随温度变化的图形,如图 3-14 所示。

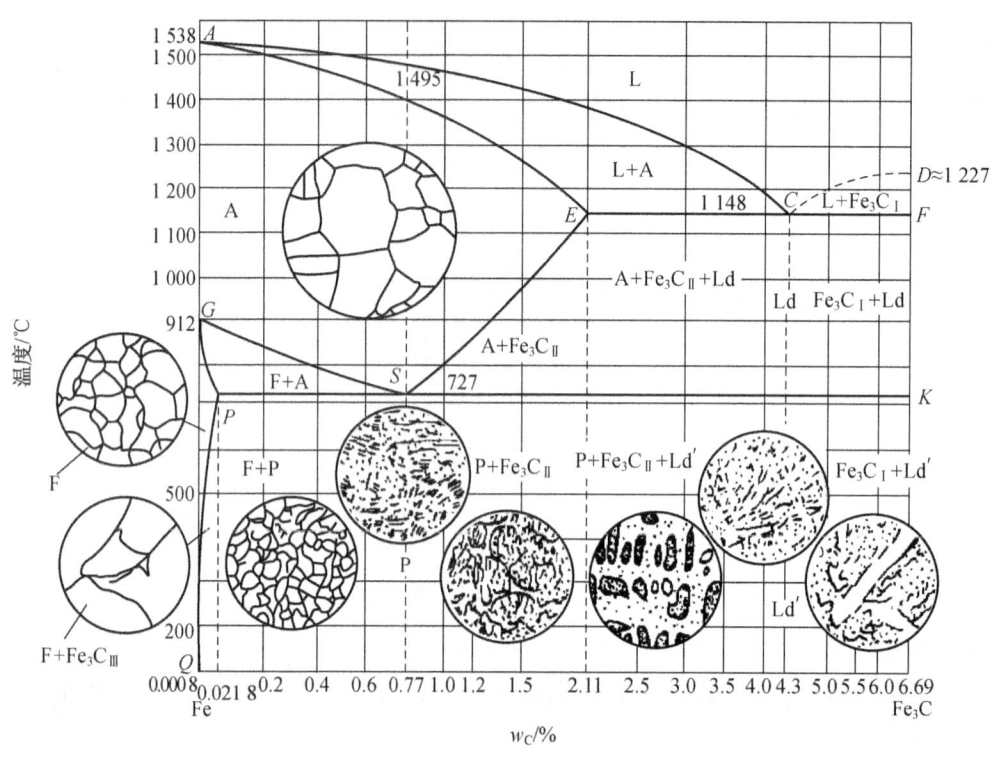

图 3-14 铁碳合金相图

1) 铁碳合金相图的特性点

铁碳合金相图中几个特性点的含义见表 3-2。

表 3-2 铁碳合金相图中几个特性点的含义

特性点	温度/℃	含碳量 w_C/%	含 义
A	1 538	0	纯铁的熔点
C	1 148	4.3	共晶点
D	1 227	6.69	渗碳体的熔点
E	1 148	2.11	碳在 γ-Fe 中的最大溶解度点
F	1 148	6.69	共晶渗碳成分点
G	912	0	纯铁的同素异构转变点
P	727	0.021 8	碳在 α-Fe 中的最大溶解度点
S	727	0.77	共析点
Q	室温	0.000 8	碳在 α-Fe 中的溶解度点

2) 铁碳合金相图的特性线

铁碳合金相图中几条特性线的含义见表 3-3。

表 3-3　铁碳合金相图中几条特性线的含义

特 性 线	含碳量 $w_C/\%$	含　义
ACD	0～6.69	液相线
AC	0～4.3	奥氏体结晶开始线
CD	4.3～6.69	一次渗碳体结晶开始线
AECF	0～6.69	固相线
AE	0～2.11	奥氏体结晶终了线
ECF	2.11～6.69	共晶线
GS	0～0.77	铁素体析出线
SE	0.77～2.11	二次渗碳体析出线
PSK	0.021 8～6.69	共析线
GP	0～0.021 8	铁素体转变终了线
PQ	0～0.021 8	三次渗碳体析出线

3) 铁碳合金相图的特性相区

铁碳合金相图中几个特性相区的含义见表 3-4。

表 3-4　铁碳合金相图中几个特性相区的含义

特性相区	特性相组成	含　义
ACD 线以上相区	L	液相区
ACEA 相区	L+A	液体与奥氏体共存区
CDFC 相区	L+Fe_3C_I	液体与一次渗碳体共存区
AESGA 相区	A	单一奥氏体区
EFKSE 相区	A+Fe_3C_{II}+Ld+Fe_3C_I	奥氏体、二次渗碳体、莱氏体和一次渗碳体共存区
GSPG 相区	F+A	铁素体与奥氏体共存区
GPQG 相区	F	单一铁素体区
QPSK 线以下相区	F+P+Fe_3C_{II}+Ld'+Fe_3C_I	铁素体、珠光体、二次渗碳体、低温莱氏体和一次渗碳体共存区

学习情境二　碳　　钢

学习目标

理解碳钢的分类；
掌握常用碳钢的牌号、性能和用途。

课堂导入

在机械加工中，操作工人会根据所要加工的材料选择不同钢号的刀具进行加工。在工程建筑业中，工程师会选择不同钢号的型材建筑楼房。能否用工程建筑业用钢来制造刀具进行机械加工呢？通过学习本节知识，就会找到答案。

基本知识

碳钢是指碳的质量分数小于 2.11%，并含有少量硅、锰、磷、硫等杂质的铁碳合金。工业上应用的碳钢中碳的质量分数一般不超过 1.4%。因为碳的质量分数超过 1.4% 后，钢会表现出很大的硬脆性,且加工困难,失去生产和使用价值。

一、碳钢的分类

1. 按碳的质量分数分

碳钢根据其碳的质量分数可分为低碳钢($w_C<0.25\%$)、中碳钢($0.25\%\leqslant w_C\leqslant 0.6\%$)和高碳钢($w_C>0.6\%$),碳的质量分数越高,硬度、强度越大,但塑性越低。

2. 按碳钢的质量分

碳钢的质量是以磷、硫的含量来划分的,可分为普通碳钢($w_S\leqslant 0.045\%$,$w_P\leqslant 0.045\%$)、优质碳钢($w_S\leqslant 0.035\%$,$w_P\leqslant 0.035\%$)和高级优质碳钢($w_S\leqslant 0.030\%$,$w_P\leqslant 0.030\%$)等。

3. 按用途分

按用途可将碳钢分为碳素结构钢和碳素工具钢等。碳素结构钢($w_C<0.70\%$)主要用于制造各种机械零件和工程构件,如桥梁、船舶、建筑构件、机器零件等。碳素工具钢($w_C>0.70\%$)主要用于制造各种刃具、模具、量具等。

二、常用碳钢的牌号、性能和用途

1. 碳素结构钢

碳素结构钢一般在供应状态下使用,必需时可进行锻造、焊接等热加工,也可通过热处理调整其力学性能,较典型的牌号是 Q235。常用碳素结构钢的牌号、化学成分和用途见表 3-5。常用碳素结构钢的力学性能见表 3-6。

表 3-5 常用碳素结构钢的牌号、化学成分和用途

牌号	质量等级	厚度(或直径)/mm	脱氧方法	化学成分/%			用途
				w_C	w_{Si}	w_{Mn}	
Q195	—	—	F、Z	≤0.12	≤0.30	≤0.50	Q195 钢和 Q215 钢的塑性好,用于承载不大的桥梁建筑等金属构件,也在机械制造中制作铆钉、螺钉、垫圈、地脚螺栓、冲压件及焊接件等
Q215	A	—	F、Z	≤0.15	≤0.35	≤1.20	
	B						
Q235	A	—	F、Z	≤0.22	≤0.35	≤1.40	Q235 钢的强度较高,塑性也较好,用于制作承载较大的金属构件等,也可制作转轴、心轴、拉杆、摇杆、吊钩、螺栓、螺母等。Q235C 钢和 Q235D 钢可用作重要的焊接件
	B			≤0.20			
	C		Z	≤0.17			
	D		TZ				
Q275	A	—	F、Z	≤0.24	≤0.35	≤1.50	Q275 钢的强度更高,可制作链、销、转轴、轧辊、主轴、链轮等承受中等载荷的零件
	B	≤40	Z	≤0.21			
		>40		≤0.22			
	C			≤0.20			
	D		TZ				

表 3-6　常用碳素结构钢的力学性能

牌号	质量等级	下屈服强度 R_{eL}/MPa 厚度(或直径)/mm					抗拉强度 R_m/MPa	断后伸长率 A/% 厚度(或直径)/mm				
		≤16	16~40	40~60	60~100	100~150	150~200		≤40	40~60	60~100	100~150	150~200
Q195	—	≥195	≥185	—	—	—	—	315~430	≥33	—	—	—	—
Q215	A B	≥215	≥205	≥195	≥185	≥175	≥165	335~450	≥31	≥30	≥29	≥27	≥26
Q235	A B C D	≥235	≥225	≥215	≥215	≥195	≥185	370~500	≥26	≥25	≥24	≥22	≥21
Q275	A B C D	≥275	≥265	≥255	≥245	≥225	≥215	410~540	≥22	≥21	≥20	≥18	≥17

2. 碳素工具钢

碳素工具钢一般用于制造刃具、模具和量具。碳素工具钢为高碳钢（$0.65\% \leq w_C \leq 1.35\%$），随着碳的质量分数的提高，碳素工具钢中碳化物增加，耐磨性提高，但韧度下降。常用碳素工具钢的牌号、化学成分、热处理和用途见表 3-7。

表 3-7　常用碳素工具钢的牌号、化学成分、热处理和用途

牌号	化学成分/%			热处理		用途
	w_C	w_{Si}	w_{Mn}	淬火温度	硬度 HRC	
T7	0.65~0.74	≤0.35	≤0.40	800℃~820℃ 水淬	≤62	T7、T8、T8Mn 钢用于制作受冲击，且硬度和耐磨性要求较高的工具，如木头用錾、冲头、钻头、模具等
T8	0.75~0.84			780℃~800℃ 水淬		
T8Mn	0.80~0.90		0.40~0.60			
T9	0.85~0.94		≤0.40	760℃~780℃ 水淬		T9、T10 钢用于制作受中等冲击的工具和耐磨机件，如刨刀、冲模、丝锥、板牙、手工锯条、卡尺等
T10	0.95~1.04					
T11	1.05~1.14					T11~T13 钢用于制作不受冲击，且硬度要求极高的工具和耐磨机件，如钻头、铁锉刀、刮刀、量具等
T12	1.15~1.24					
T13	1.25~1.35					

学习情境三　合　金　钢

学习目标

了解低合金高强度结构钢；

了解合金弹簧钢；

了解滚动轴承钢；
了解合金工具钢。

课堂导入

在制造弹簧时，如何在不增加弹簧丝截面积的情况下提高弹簧的拉力？通过学习本节知识，就会找到答案。

基本知识

合金钢是在碳钢的基础上有目的地加入一种或几种合金元素所形成的铁基合金。通常加入的合金元素有硅、锰、铬、镍、钼、钒、钛、铜、钨、铝、钴、铌、锆等。由于合金元素的加入，合金钢的性能比碳钢好，提高了淬透性和综合力学性能。但应注意，使用合金钢时应进行热处理，以便充分发挥合金元素的作用。

一、低合金高强度结构钢

低合金高强度结构钢有较高的强度，可以大幅度减轻结构重量，节约钢材，在工程结构中推广使用。

常用低合金高强度结构钢的牌号、化学成分、力学性能和用途见表 3-8。

表 3-8 常用低合金高强度结构钢的牌号、化学成分、力学性能和用途

牌号	质量等级	化学成分/%			力学性能			用途
		w_C	w_{Si}	w_{Mn}	下屈服强度 R_{eL}/MPa	抗拉强度 R_m/MPa	断后伸长率 A/%	
Q345	A	≤0.20	≤0.50	≤1.70	265~345	450~630	17~21	Q345 钢具有良好的综合力学性能，塑性和焊接性良好，冲击韧性较好，一般在热轧或正火状态下使用，用于制造桥梁、船舶、车辆、管道、锅炉、各种容器、油罐、电站、厂房结构、低温压力容器等结构件
	B							
	C							
	D	≤0.18						
	E							
Q390	A	≤0.20	≤0.50	≤1.70	310~390	470~650	18~20	Q390 钢具有良好的综合力学性能，焊接性及冲击韧性较好，一般在热轧状态下使用，用于制造锅炉汽包，中高压石油化工容器、桥梁、船舶、起重机、较高负荷的焊接件、连接构件等
	B							
	C							
	D							
	E							
Q420	A	≤0.20	≤0.50	≤1.70	340~420	500~680	18~19	Q420 钢具有良好的综合力学性能，优良的低温韧度，焊接性好，冷热加工性良好，一般在热轧或正火状态下使用，用于制造高压容器、重型机械、桥梁、船舶、机车车辆、锅炉及其他大型焊接结构件等
	B							
	C							
	D							
	E							

续表

牌号	质量等级	化学成分/%			力学性能			用途
		w_C	w_{Si}	w_{Mn}	屈服强度 R_{eL}/MPa	抗拉强度 R_m/MPa	断后伸长率 A/%	
Q460	C D E	≤0.20	≤0.60	≤1.80	380～460	530～720	16～17	Q460钢适用于制造中温高压容器(低于120 ℃)、锅炉、化工、石油高压厚壁容器(低于100 ℃),经过淬火、回火后可用于制造大型挖掘机、起重运输机械、钻井平台等

二、合金弹簧钢

弹簧是利用弹性变形储存能量或缓和冲击的零件。因此,要求弹簧钢必须具有高的弹性极限和屈强比、高的疲劳强度、足够的塑性和韧性。合金弹簧钢中碳的质量分数为0.45%～0.70%,若其含碳量低,则强度不够;若其含碳量高,则塑性、韧度降低。其主加元素为Mn、Si,作用是提高淬透性,强化铁素体;辅加元素为Cr、V、W等,主要作用是细化晶粒。常用合金弹簧钢的牌号、化学成分、力学性能和用途见表3-9。

表3-9 常用合金弹簧钢的牌号、化学成分、力学性能和用途

牌号	化学成分/%			力学性能		用途
	w_C	w_{Si}	w_{Mn}	下屈服强度 R_{eL}/MPa	抗拉强度 R_m/MPa	
55SiMnVB	0.52～0.60	0.70～1.00	1.00～1.30	≥1 225	≥1 375	55SiMnVB钢用于制造中、小型汽车的板簧,使用效果好,也可用来制造其他中等截面尺寸的板簧、螺旋弹簧等
60Si2Mn	0.56～0.64	1.50～2.00	0.70～1.00	≥1 180	≥1 275	60Si2Mn钢和60Si2MnA钢用于制造汽车、拖拉机的板簧、螺旋弹簧,安全阀及止回阀用弹簧,耐热弹簧等
60Si2MnA	0.56～0.64	1.60～2.00	0.70～1.00	≥1 375	≥1 570	
60Si2CrA	0.56～0.64	1.40～1.80	0.40～0.70	≥1 570	≥1 765	60Si2CrA钢和60Si2CrVA钢用于制造高负荷、耐冲击的重要弹簧及工作温度低于250 ℃的耐热弹簧,如高压水泵碟形弹簧等
60Si2CrVA	0.56～0.64	1.40～1.80	0.40～0.70	≥1 665	≥1 860	
55CrMnA	0.52～0.60	0.17～0.37	0.65～0.95	≥1 080	≥1 225	55CrMnA钢和60CrMnA钢用于制造汽车、拖拉机中大载荷的板弹簧和大尺寸的螺旋弹簧
60CrMnA	0.56～0.64	0.17～0.37	0.70～1.00	≥1 080	≥1 225	
30W4Cr2VA	0.26～0.34	0.17～0.37	≤0.40	≥1 325	≥1 470	30W4Cr2VA钢用于制造540 ℃蒸汽电站用弹簧及锅炉安全阀用弹簧等

三、滚动轴承钢

滚动轴承钢主要用于制造滚动轴承的滚动体和内外圈,通常在淬火状态下使用。滚动轴承在工作中需承受很高的交变载荷,滚动体与内外圈之间的接触应力高达 3 000～3 500 MPa,且承受周期性交变载荷引起的接触疲劳,频率达每分钟数万次,同时还承受摩擦,因此,要求轴承钢需具有高而且均匀的硬度和耐磨性、高的接触疲劳强度和弹性极限、足够的韧性、淬透性和耐蚀性。常用滚动轴承钢的牌号、化学成分、热处理和用途见表 3-10。

表 3-10 常用滚动轴承钢的牌号、化学成分、热处理和用途

牌 号	化学成分/%				热 处 理		回火后硬度 HRC	用 途
	w_C	w_{Cr}	w_{Si}	w_{Mn}	淬火	回火		
GCr6	1.05～1.15	0.40～0.70	0.15～0.35	0.20～0.40	800 ℃～820 ℃ 水淬、油淬	150 ℃～170 ℃	62～64	GCr6 钢用于制造球径小于 10 mm 的滚珠、滚柱及滚针
GCr9	1.00～1.10	0.90～1.20	0.15～0.35	0.20～0.40	800 ℃～820 ℃ 水淬、油淬	150 ℃～170 ℃	62～66	GCr9 钢用于制造球径小于 20 mm 的滚珠、滚柱及滚针
GCr9SiMn	1.00～1.10	0.90～1.20	0.40～0.70	0.90～1.20	810 ℃～830 ℃ 水淬、油淬	150 ℃～160 ℃	62～64	GCr9SiMn 钢和 GCr15 钢用于制造球径为 25～50 mm 的滚珠,直径小于 22 mm 的滚柱,壁厚小于 12 mm,外径小于 250 mm 的套圈
GCr15	0.95～1.05	1.30～1.65	0.15～0.35	0.20～0.40	820 ℃～840 ℃ 油淬	150 ℃～160 ℃	62～64	
GCr15SiMn	0.95～1.05	1.30～1.65	0.45～0.65	0.90～1.20	810 ℃～830 ℃ 油淬	150 ℃～200 ℃	61～65	GCr15SiMn 钢用于制造球径大于 50 mm 的滚珠,直径大于 22 mm 的滚柱,壁厚大于 12 mm,外径大于 250 mm 的套圈

四、合金工具钢

合金工具钢用于制造刃具、模具和量具,也可用于制造柴油机燃料泵的活塞、阀门、阀座以及燃料阀喷嘴等。与碳素工具钢比,它具有淬透性好、耐磨性好、热硬性高和热处理变形小等优点。其按用途大致可分为刃具钢、模具钢和量具钢三类。

1. 刃具钢

刃具钢是用来制造各种切削刀具的钢种。刃具包括车刀、铣刀、钻头、丝锥等,刃具硬度必须大于被切材料的硬度,一般要求其硬度大于 60 HRC。刃具钢经过适当热处理后应具有高的硬度和耐磨性、高的热硬性、足够的塑性和韧性。此外,刃具钢还要求具有良好的淬透性,使刃具经过淬火、回火处理后,整体具有均匀一致的力学性能,以延长其使用寿命。

2. 模具钢

模具是使金属材料或非金属材料成形的工具,其工作条件及性能要求与被成形材料的性能、温度及状态等有密切的关系。由于各种模具用途不同,工作条件复杂,因而对于模具钢,按其制造模具的工作条件应具有高的硬度、强度、耐磨性,足够的韧度,以及高的淬透性、淬硬性和其他工艺性能。

模具钢大致可分为冷作模具钢、热作模具钢和塑料模具钢三类,用于锻造、冲压、切型、压铸等。

3. 量具钢

量具钢用于制造各种测量工具,如千分尺、游标卡尺、量块、样板等。量具在使用过程中与被测零件接触,经常受到磨损和碰撞。因此,要求量具钢必须具备高硬度、高耐磨性、高的尺寸稳定性及足够的强度和韧性,同时还要求其热处理变形小等。量具钢属于高碳钢($0.9\% \leqslant w_C \leqslant 1.5\%$),且加入了提高淬透性的元素 Cr、W、Mn 等。量具钢热处理的关键在于保证量具的尺寸稳定性,因此,应尽量降低淬火温度,以减少残余奥氏体量;淬火后立即进行 −80 ℃~−70 ℃的冷处理,然后进行低温回火;精度要求高的量具,在淬火、冷处理和低温回火后还需进行时效处理。

学习情境四 铸 铁

学习目标

了解灰铸铁、球墨铸铁、蠕墨铸铁、可锻铸铁的牌号和用途。

课堂导入

为什么机床的床身、汽车上的一些零部件、家里用的暖气片都采用铸铁制造?通过学习本节知识,就会找到答案。

基本知识

铸铁是碳的质量分数大于 2.11% 的铁碳合金。工业用铸铁中碳的质量分数一般为 2%~4%。碳在铸铁中多以石墨形态存在,有时也以渗碳体形态存在。除碳外,铸铁中还含有 1%~3% 的硅,以及锰、磷、硫等元素。合金铸铁还含有镍、铬、钼、铝、铜、硼、钒等元素。碳、硅是影响铸铁显微组织和性能的主要元素。根据石墨的形态,铸铁可分为灰铸铁、球墨铸铁、蠕墨铸铁和可锻铸铁,如图 3-15 所示。

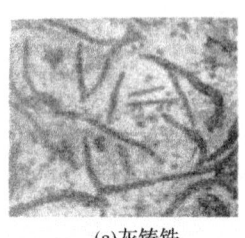 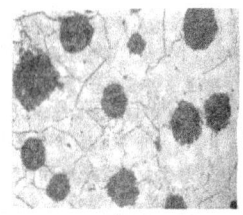 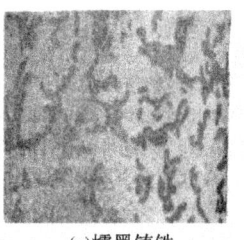 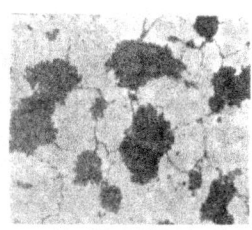

(a)灰铸铁　　　　　　(b)球墨铸铁　　　　　　(c)蠕墨铸铁　　　　　　(d)可锻铸铁

图 3-15　铸铁中石墨的形态

一、灰铸铁

灰铸铁的牌号用"HT"加一组数字表示，数字表示最低抗拉强度。常用的灰铸铁牌号为 HT150 和 HT200。灰铸铁中碳的质量分数为 2.7%～4.0%，碳主要以片状石墨形态存在，断口呈灰色，简称为灰铁；其熔点低(1 145 ℃～1 250 ℃)，凝固量小，抗压强度和硬度接近碳钢，减振性好，用于制造机床床身、气缸、箱体等结构件。灰铸铁常用的热处理工艺有以下几种：

(1)消除内应力退火。消除内应力退火又称为人工时效。采用该热处理方法主要是为了消除铸件在铸造过程中产生的内应力，防止铸件变形或开裂。该热处理方法常用于形状复杂的铸件，如机床机身、柴油机气缸等。其热处理工艺为加热—保温—炉冷—空冷。

(2)消除白口组织退火。铸件的表层和薄壁处由于铸造时冷却速度快，易产生白口组织，使灰铸铁硬度提高、加工困难，需进行退火以降低硬度。其热处理工艺也为加热—保温—炉冷—空冷。

(3)表面淬火。一些要求高硬度和高耐磨性的铸件，如机床导轨、缸体内壁等，可进行表面淬火处理。

二、球墨铸铁

球墨铸铁的牌号用"QT"加两组数字表示，两组数字分别表示最低抗拉强度和断后伸长率。球墨铸铁是将灰铸铁铁水经过球化处理后获得的，析出的石墨呈球状，简称为球铁。与灰铸铁相比，球墨铸铁中碳的质量分数较高，一般为过共晶成分，有利于石墨球化，且具有较高的强度，较好的塑性和韧度，用于制造内燃机、汽车零部件及农机具等。球墨铸铁常用的热处理工艺有以下几种：

(1)退火。退火的目的是为了获得铁素体。浇铸后铸件组织中常会出现不同数量的珠光体和渗碳体，使切削加工变得较难进行。为了改善其加工性能，同时消除铸造应力，需进行退火处理。

(2)等温淬火。等温淬火是获得高强度和超高强度球墨铸铁的重要热处理方法，等温淬火可以有效地防止变形和开裂。

(3)正火。正火可分高温正火和低温正火。高温正火所采用的温度一般为 880 ℃～920 ℃，保温 1～3 h，然后空冷；低温正火所采用的温度一般为 840 ℃～860 ℃，保温 1～4 h，然后空冷。正火的目的是为了得到珠光体，细化组织，提高强度和耐磨性。

(4)调质处理。调质处理的目的是为了获得球状石墨组织，从而获得良好的综合力学性能。

三、蠕墨铸铁

蠕墨铸铁的牌号用"RuT"加一组数字表示,数字表示最低抗拉强度。蠕墨铸铁是将灰铸铁铁水经蠕化处理后获得的,析出的石墨呈蠕虫状。其力学性能与球墨铸铁相近,铸造性能介于灰铸铁与球墨铸铁之间,常用于制造承受热循环载荷的零件和结构复杂、强度要求高的铸件,如钢锭模、柴油机气缸、气缸盖、排气阀、液压阀的阀体、耐压泵的泵体等。

四、可锻铸铁

可锻铸铁的牌号用"KT"加两组数字表示,两组数字分别表示最低抗拉强度和断后伸长率。可锻铸铁由白口铸铁经过退火处理后获得,石墨呈团絮状分布。其组织性能均匀,耐磨损,有良好的塑性和韧度,常用于制造形状复杂且能承受振动载荷的薄壁小型件,如汽车、拖拉机的前后轮壳、管接头、低压阀门等。

学习情境五　有色金属及其合金

学习目标

了解铝及铝合金;
了解铜及铜合金;
了解轴承合金。

课堂导入

在生产中,滑动轴承的轴瓦一般都采用铜来制造。在日常生活中也有一些铜制的洁具、餐具,铝制的门窗和生活用品。为了提高这些金属的使用性能,有时还会加入一些其他的物质制成合金。这些有色金属与前面介绍的钢和铁有什么区别?通过学习本节知识,就会找到答案。

基本知识

金属通常分为黑色金属和有色金属。工业上,将铁、锰、铬及其合金称为黑色金属,而把除黑色金属以外的其他金属称为有色金属。有色金属与黑色金属的特性不同,如铝、镁、钛及其合金的密度小,铜、铝及其合金的导电性好,钨、钼及其合金的耐高温性好等。因此,在机械制造、电器制造、航空航天及国防等工业部门,除大量使用黑色金属外,有色金属也得到广泛应用。

一、铝及铝合金

1. 铝

纯铝具有银白色金属光泽,密度为 2.7 g/cm³,熔点为 660 ℃,具有面心立方晶格结构,无同素异构转变,具有良好的导电性和导热性,电导率仅次于银、铜、金,具有良好的耐大气腐蚀能力,但不耐酸、碱、盐的腐蚀。纯铝的强度较低(仅为 80～100 MPa),但塑性极高,易进行冷热变形及切削加工。其比强度比一般的高强度钢大得多。

工业纯铝可分为变形纯铝和铸造纯铝两种。变形纯铝的纯度不低于99.00%,其牌号采用四位字符体系,即用1×××表示。该牌号最后两位数字表示最低铝百分含量,从左至右第二位的字母表示原始纯铝的改型情况(字母A表示原始纯铝,其他字母表示原始纯铝的改型),如1A30表示铝的质量分数不低于99.30%的原始纯铝。铸造纯铝的牌号由Z和Al及表明铝纯度百分含量的数字组成,如ZAl99.5表示铝的质量分数不低于99.50%的铸造纯铝。

2. 铝合金

纯铝的力学性能不高,不宜用作承受较大载荷的结构零件。为了提高纯铝的力学性能,有效的方法是在纯铝中加入适量的硅、铜、镁、锰等合金元素,以制成铝合金。像钢一样,铝合金可借助热处理进行强化,但与钢的热处理不同,固态铝无同素异构转变,只能通过热处理提高其力学性能,并且这些铝合金仍具有纯铝原有的密度小、耐蚀性好、导热性好等特点。

铝合金按其成分和工艺特点不同可分为变形铝合金和铸造铝合金。变形铝合金又分为防锈铝合金、硬铝合金、超硬铝合金和锻造铝合金,主要用于制造各类型材和结构件;铸造铝合金又分为铝—硅系铸造铝合金、铝—铜系铸造铝合金、铝—镁系铸造铝合金、铝—锌系铸造铝合金。

二、铜及铜合金

1. 铜

纯铜又称为紫铜,其密度为8.96 g/cm³,熔点为1 083 ℃,具有面心立方晶格结构,无同素异构转变,无磁性,具有良好的导电性、导热性及耐大气腐蚀性,是重要的导电材料,广泛用作电工导体、防磁器械及传热体(如锅炉、制氧机中的冷凝器、散热器、热交换器等)。纯铜的强度低,塑性好,具有良好的压力加工性能和焊接性能,易采用冷、热加工成形。

工业纯铜中的杂质元素主要有Pb、Bi、O、S、P等,它们对纯铜的性能影响极大,其中,Pb、Bi可引起纯铜的热脆性,O、S可引起纯铜的冷脆性。因此,纯铜必须严格控制杂质元素的含量。工业纯铜的牌号有T1、T2、T3。T为"铜"的汉语拼音首字母,其后的数字越大,纯度越低。如T1中铜的质量分数为$w_{Cu}=99.95\%$,而T3中铜的质量分数为$w_{Cu}=99.70\%$。

2. 铜合金

机械制造生产中广泛使用铜合金。按合金成分不同,铜合金可分为黄铜、白铜和青铜。黄铜是纯铜和锌的合金,主要用于制造转向节衬套、轴套等耐磨件,也可用于制造散热器、冷凝器;白铜是纯铜和镍的合金,主要用于制造精密机械与仪表的腐蚀件及电阻器、热电偶等;青铜是除黄铜和白铜以外的铜合金,青铜根据主加元素Sn、Al、Be等的不同,分别形成锡青铜、铝青铜、铍青铜。锡青铜主要用于制造耐蚀承载件,如弹簧、轴承、齿轮轴、蜗轮、垫圈等;铝青铜主要用于制造强度及耐磨性要求较高的摩擦零件,如齿轮、蜗轮、轴套等;铍青铜主要用于制造精密仪器、仪表中各种重要用途的弹性元件,耐蚀、耐磨件,如仪表中齿轮,航海罗盘仪中零件及防爆工具等。

三、轴承合金

轴承合金是滑动轴承中用于制造轴瓦及其内衬的耐磨合金。为了减少轴承对轴颈的磨损,确保机器的正常运转,轴承合金应具有以下性能:

(1)在工作温度下具有足够的强度、硬度,特别是抗压强度、疲劳强度和冲击韧性,承受轴的压力和在交变载荷下不产生疲劳损坏。

(2)具有较小的摩擦系数,减摩性好,储油性好,以减少轴的磨损。

(3)具有较高的磨合性能和抗咬合能力,具有足够的塑性及韧度,可使负荷均匀分布,并能承受冲击和振动。

(4)具有良好的耐蚀性、导热性和较小的膨胀系数,可保证轴承不因温度升高而软化或熔化。

为满足上述性能要求,轴承合金的组织应在软的基体上分布硬的质点,或在硬的基体上分布软的质点。当轴旋转时,软的基体(或质点)被磨损而凹陷,减少了轴颈与轴瓦的接触面积,有利于储存润滑油以及轴与轴瓦间的磨合,硬的基体(或质点)支承着轴颈,起承载和耐磨作用。此外,软的基体(或质点)还能起到嵌藏外来硬杂质颗粒的作用,以避免擦伤轴颈。

根据所含合金元素的不同,常用轴承合金可分为锡基轴承合金、铅基轴承合金、铜基轴承合金和铝基轴承合金。锡基轴承合金常用于制造重要的轴承,如汽轮机、发动机、压气机、汽车等巨型机器的高速轴承等;铅基轴承合金常用于制造承受中、低载荷的中速轴承,如汽车、拖拉机的曲轴、连杆、轴承及电动机轴承等;铜基轴承合金常用于制造高速、重载条件下工作的轴承,如航空发动机、高速柴油机、汽轮机上的轴承等;铝基轴承合金本身硬度高,容易损伤轴,因此,只用于制造低速、不重要的轴承。

学习情境六　非金属材料

学习目标

了解塑料、橡胶、陶瓷的特性。

课堂导入

在日常生活中,除了金属材料之外,还有一些非金属材料,如塑料、橡胶、陶瓷、皮革和化纤等。常用的非金属材料都具有哪些特点和用途?通过学习本节知识,就会找到答案。

一、塑料

塑料是指以合成树脂高分子化合物(有时用单体直接在加工过程中聚合)作为主要成分,加入某些添加剂后且在一定温度、压力下塑制成形的材料或制品的总称。它具有质量轻、摩擦系数小、耐磨、吸振、耐蚀、绝缘、可以着色、易加工成形等优点,因此,被广泛应用。

常用塑料的性能特点和用途见表 3-11。

表 3-11 常用塑料的性能特点和用途

塑料名称	代 号	性能特点	用 途
环氧塑料	EP	EP 为热固性塑料,强度高,韧性好,化学稳定性好,绝缘性、耐热性、耐寒性好	EP 常用于制造塑料模具、精密量具、电气和电子元件等
酚醛塑料	PF	PF 为热固性塑料,强度、刚度大,变形小,耐热性、耐蚀性好,电性能好	PF 常用于制造电气绝缘件、齿轮、轴承、耐酸泵、刹车片、滑轮、仪表外壳等
聚四氟乙烯	F-4	F-4 为热塑性塑料,化学稳定性极好,又称为塑料王,加工成形性差,流动性差,只能采用粉末模压	F-4 常用于制造化工管道、泵、内衬、电气设备隔离防护屏、腐蚀介质过滤器等
聚碳酸酯	PC	PC 为热塑性塑料,抗拉、抗弯、冲击韧性高,有良好的耐热、耐寒性,耐疲劳性不及 PA 和 POM	PC 常用于制造齿轮、齿条、蜗轮、蜗杆、防弹玻璃、电容器等
聚甲醛	POM	POM 为热塑性塑料,具有高密度和高结晶性,性能优于 PA	POM 常用于制造轴承、齿轮、凸轮及仪表外壳、表盘等
聚酰胺	PA	PA 即尼龙或锦纶,为热塑性塑料,力学性能好	PA 常用于制造轴承、齿轮、凸轮、导板、轮胎帘布等
ABS 塑料	ABS	ABS 为热塑性塑料,具有良好的综合力学性能,冲击强度和低温强度高,表面硬度和耐磨性好	ABS 常用于制造减摩耐磨及传动件、齿轮、叶轮、机械设备外壳、化工设备的容器、管道等
聚苯乙烯	PS	PS 为热塑性塑料,耐蚀性、高频绝缘性好,耐冲击及耐热性差,易燃、易脆、无色、透明	PS 常用于制造高频绝缘件,耐蚀件及日用装饰品、食品盒;泡沫 PS 可用于制造隔音、包装等材料
聚丙烯	PP	PP 为热塑性塑料,力学性能优于 PE,且具有良好的耐热性	PP 常用于制造医疗器械、一般机械零件、高频绝缘件
聚氯乙烯	PVC	PVC 为热塑性塑料,力学性能好,且具有良好的耐蚀性	PVC 常用于制造耐蚀构件、一般绝缘薄膜等
聚乙烯	PE	PE 为热塑性塑料。低压 PE 具有良好的耐磨性、耐蚀性、绝缘性,且无毒	PE 常用于制造一般机械构件、化工管道、电缆电线包皮、茶杯、奶瓶、食品袋等

二、橡胶

橡胶是高聚物中具有高弱性的一种高分子材料,其所处的高弱态温度范围很宽,在较小外力作用下能产生很大的变形,取消外力后又能很快恢复原状。橡胶常用于制造高弹性、密封、减振、防振零件。橡胶以生胶为原料,其主要性能特点如下:

(1)高弹性。橡胶受外力作用而发生的变形属于可逆弹性变形,当外力去除后,只需要千分之一秒便可恢复原状。

(2)耐磨性。耐磨性是指橡胶抵抗磨损的能力。橡胶的强度越高,耐磨性越好。

(3)老化。老化的主要表现形式为变脆、龟裂或变软。

三、陶瓷

陶瓷是无机非金属材料中的一种,一般可分为普通陶瓷和特种陶瓷。广义上的陶瓷应包括陶器、瓷器、玻璃、搪瓷、耐火材料等。

陶瓷的优点是硬度极高,抗压强度高,耐磨性、耐蚀性好,耐高温和抗氧化能力强等;其缺点是质脆易碎,延展性差,抗急冷急热性能差等。

学习情境七　零件材料的选择

学习目标

熟悉零件材料的选择。

课堂导入

在生产生活中,由于工作环境、受力或技术要求不同,同一个零件所用的材料也可能不同。钟表内部齿轮所用的材料有的是塑料,有的是铝。在机械制造中,应如何进行零件材料的选择呢?通过学习本节知识,就会找到答案。

基本知识

要获得优质的零件,就必须从结构设计、材料选择、毛坯制造及机械加工等方面综合考虑。其中,零件材料的选择直接关系到产品的质量和经济效益,它是机械设计和制造中的重要任务之一。

零件材料的选择是一项十分重要的工作。若选择不当,严重的可能导致零件完全失效。

一、零件材料选择的一般原则

判断所选的材料是否合理的基本标志是:能否满足必需的使用性能,能否具有良好的工艺性能,能否实现最低成本(经济性能)。零件材料选择的任务是求得三者之间的统一,因此,选择零件材料时一般应遵循以下三个原则。

1. 使用性能

零件选材应满足零件工作条件对材料使用性能的要求。材料在使用过程中的表现,即使用性能,是选材时需考虑的最主要的依据。不同零件所要求的使用性能是不一样的,有的零件要求具有高强度,有的零件要求具有高耐磨性,而另外一些零件仅要求有美丽的外观,无严格的性能要求。因此,在选材时,首要的任务就是准确地判断零件所要求的主要使用性能。

对所选材料使用性能的要求,是在对零件的工作条件及零件的失效分析的基础上提出的。一些常用零件的工作条件、主要失效形式及所要求的主要力学性能指标见表3-12。有时,通过改进强化方式或强化方法,可以将廉价材料制成性能更好的零件。因此,选材时,要把材料成分和强化手段紧密结合起来综合考虑。另外,当材料进行预选后,还应当进行实验室试验、台架试验、装机试验、小批量生产等,进一步验证材料力学性能选择的可靠性。

表 3-12 一些常用零件的工作条件、主要失效形式及所要求的主要力学性能指标

零件名称	工作条件	主要失效形式	主要力学性能指标
重要螺栓	交变拉应力	过度塑性变形或由疲劳而造成破断	屈服强度、疲劳强度
重要传动齿轮	交变弯曲应力、交变接触压应力、齿表面受带滑动的滚动摩擦和冲击载荷	齿的折断,过度磨损或出现疲劳点蚀	抗弯强度、疲劳强度、接触疲劳强度
曲轴、轴类	交变弯曲应力、扭转应力、冲击载荷,磨损	疲劳破断,过度磨损	屈服强度、疲劳强度
弹簧	交变应力、振动	弹力丧失或疲劳破断	弹性极限、屈强比、疲劳强度
滚动轴承	点或线接触下的交变压应力、滚动摩擦	过度磨损破坏,疲劳破断	抗压强度、疲劳强度

2. 工艺性能

任何零件都是由不同的工程材料通过一定的加工工艺制造出来的。因此,材料的工艺性能,即加工零件的难易程度应是选材时必须考虑的重要问题。材料的工艺性能包括以下内容。

1)铸造性能

铸造性能包含流动性、收缩性、疏松及偏析倾向、吸气性、熔点高低等。

2)压力加工性能

压力加工性能包含材料的塑性和变形抗力等。

3)焊接性能

焊接性能包含焊接应力、变形及晶粒粗化倾向,焊缝脆性、裂纹、气孔及其他缺陷倾向等。

4)切削加工性能

切削加工性能包含切削抗力、零件表面粗糙度、排除切屑难易程度及刀具磨损量等。

5)热处理性能

热处理性能包含材料的热敏感性、氧化及脱碳倾向、淬透性、回火脆性、淬火变形和开裂倾向等。

与使用性能的要求相比,工艺性能处于次要地位;但在某些情况下,工艺性能也可能成为主要考虑的因素。当工艺性能和力学性能相矛盾时,有时正是基于对工艺性能的考虑,使得某些力学性能合格的材料不得不被舍弃,此点对于大批量生产的零件特别重要。例如,为了提高生产效率而采用自动机床实行大量生产时,零件的切削性能可成为选材时考虑的主要因素。此时,应选用易切削的材料,尽管它的某些性能并不是最好的。

3. 经济性能

零件的选材应力求使零件生产的总成本最低。除了使用性能与工艺性能外,经济性能也是选材必须考虑的重要问题。选材的经济性能不单指选用的材料本身价格应便宜,更重要的是采用所选材料来制造零件时,可使产品的总成本降至最低,同时所选材料应符合国家

的资源情况和供应情况。

综上所述,零件选材的基本步聚如下：
(1)对产品功能要求,包括可能相互矛盾的要求,确定相对优先次序。
(2)决定产品每个构件所要求的性能,对各种候选材料在性能上进行比较。
(3)对外形、材料和加工方法进行综合考虑。

二、典型零件的选材及工艺路线

1. 机床主轴

图 3-16 所示为 C620 型车床主轴的结构简图。

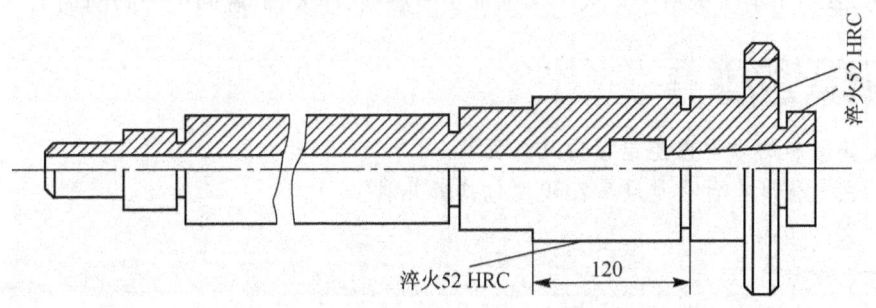

图 3-16 C620 型车床主轴的结构简图

机床主轴是典型的受扭转和弯曲复合作用的零件,它所承受的应力和冲击载荷不大,如果使用滑动轴承,轴颈处要求耐磨。因此,机床主轴大多采用 45 钢制造,并进行调质处理,轴颈处由表面淬火来强化；载荷较大时则使用 40Cr 等低合金结构钢来制造。

C620 型车床主轴的选材及工艺路线如下：

材料：45 钢。

热处理：整体调质,轴颈及锥孔表面淬火。

性能要求：整体硬度 220~240 HBW；轴颈及锥孔处硬度 52 HRC。

工艺路线：锻造—正火—粗加工—调质—精加工—表面淬火及低温回火—磨削加工。

该轴工作应力很低,冲击载荷不大,45 钢屈服强度可达 400 MPa 以上,完全可以满足要求。

2. 汽车齿轮

图 3-17 所示为某汽车后桥圆锥主动齿轮。

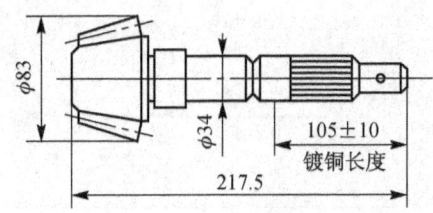

图 3-17 汽车后桥圆锥主动齿轮

汽车齿轮的工作条件远比机床齿轮恶劣,特别是主传动系统中的齿轮,它们受力较大,超载与受冲击频繁,因此,对材料的要求更高。由于弯曲与接触应力都很大,用高频淬火强化表面不能保证要求,因而汽车的重要齿轮都用渗碳、淬火进行强化处理。这类齿轮一般都用合金渗碳钢 20Cr 钢或 20CrMnTi 钢等制造,特别是后者在我国汽车齿轮生产中应用最广。为了进一步提高齿轮的耐用性,除了渗碳、淬火外,还可以采用喷丸处理等表面强化处理工艺。喷丸处理后,齿面硬度可提高 1~3 HRC,耐用性可提高 7~11 倍。

汽车后桥圆锥主动齿轮的选材及工艺路线如下:

材料:20CrMnTi 钢。

热处理:渗碳、淬火、低温回火,渗碳层深 1.2~1.6 mm。

性能要求:齿面硬度 58~62 HRC,心部硬度 33~48 HRC。

工艺路线:下料—锻造—正火—切削加工—渗碳、淬火、低温回火—磨削加工。

思考与练习

1. 金属材料的力学性能包括哪几方面?
2. 什么是强度?什么是硬度?硬度包括哪几种?
3. 什么是结晶?
4. 什么是合金?
5. 试分析铁碳合金相图。
6. 简述常用低合金高强度结构钢的用途。
7. 铸铁按石墨的形态可分为哪几类?
8. 灰铸铁常用的热处理工艺有哪几种?
9. 铝合金有哪些优良性能?
10. 陶瓷从广义上讲包括什么?
11. 判断零件选材是否合理的基本标志是什么?选择零件材料时应遵守哪些原则?

第三篇
机械原理与机械零件设计

单元四
机械系统常用运动机构

在日常生产生活中,人们广泛地使用着各种机器。机器的作用是实现能量转换或完成有用的机械功,以减轻或代替人的劳动,或用以完成信息的传递和变换。随着生产和科技的发展,机器的种类、形式、功能越来越多。

图 4-1 所示为家务机器人,机器人接收到传感器的信息后,能够遵循人们编写的程序指令,自动执行并完成一系列的动作。图 4-2 所示为数控加工中心,它可将零件的加工程序输入机床,再由机床的伺服驱动系统驱动机床的工作台、主轴、自动换刀装置等来完成零件的加工。图 4-3 所示为台式计算机,接通电源后,由键盘输入信息,通过主机内部各部件的处理,由显示器(或打印机、绘图仪)输出信息。

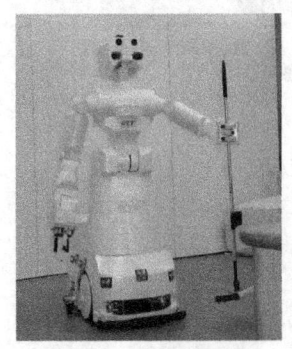
图 4-1 家务机器人

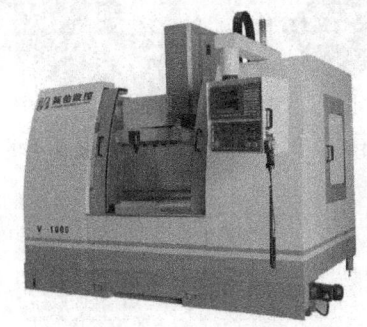
图 4-2 数控加工中心

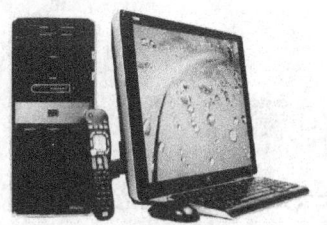
图 4-3 台式计算机

机器一般由原动部分、执行部分和传动部分组成,是执行机械运动的装置,用来变换或传递能量、物料与信息。

机构是用来传递运动和力的构件系统,但它不能实现能量的转换。

机器和机构的区别在于:机构只是一个构件系统,而机器除构件系统之外还包含电气、液压等其他装置;机构只用于传递运动和力,机器除传递运动和力外,还应当具有变换或传递能量、物料、信息的功能。但是,在研究构件的运动和受力情况时,机器与机构并无区别。

机器和机构统称为机械。各种机械中经常使用的机构称为常用机构。由这些常用机构所组成的系统,称为机械系统。

构件是机械的基本运动单元,它可以是一个零件,也可以是由多个零件刚性连接而成的运动单元。一个机构可以由若干个构件组成。

零件是机械的基本制造单元,它可分为通用零件和专用零件,如齿轮、轴、螺钉等属于通用零件,汽轮机的叶片、内燃机的活塞等属于专用零件。由若干零件装配在一起便组成部件。

无论哪种机器都是由若干零件或部件组成的,并且这些零件或部件之间必须具有确定的相对运动。

学习情境一　运动副及其分类

学习目标

掌握运动副的概念及分类；
能区分低副和高副。

课堂导入

图4-4所示为门窗所用的合页，左右两片合页就组成了一个转动副。图4-5所示为机床上的滚珠丝杠，螺杆、螺母和滚珠组成了滚珠丝杠副。运动副都有哪些类型？它们各有什么作用？通过学习本节知识，就会找到答案。

图4-4　门窗所用的合页　　　图4-5　机床上的滚珠丝杠

基本知识

一、运动副的概念

机械可以由一个或若干个机构组成，而组成机构的相邻两构件之间必须直接接触且具有确定的相对运动，才能使机械系统的执行部分按照某种规律运动。两构件间直接接触且具有确定的相对运动的连接称为运动副。

二、运动副的分类

构成运动副的两构件之间的相对运动若是平面运动则该副称为平面运动副，若是空间运动则该副称为空间运动副。

两构件间通过点、线、面来实现接触。按两构件间的接触特性，平面运动副可分为低副和高副。

1. 低副

构件间以面接触形成的运动副称为低副。平面运动副中的低副有转动副和移动副两种，空间运动副中的低副有螺旋副和球面副两种。

1）转动副

若组成运动副的两构件只能在一个平面内相对转动，则这种运动副称为转动副，也称为铰链，如图4-6所示。

2）移动副

若组成运动副的两构件只能沿某一轴线相对移动,则这种运动副称为移动副,如图 4-7 所示。

3）螺旋副

若组成运动副的两构件只能沿轴线做相对螺旋运动,则这种运动副称为螺旋副,如图 4-8 所示。

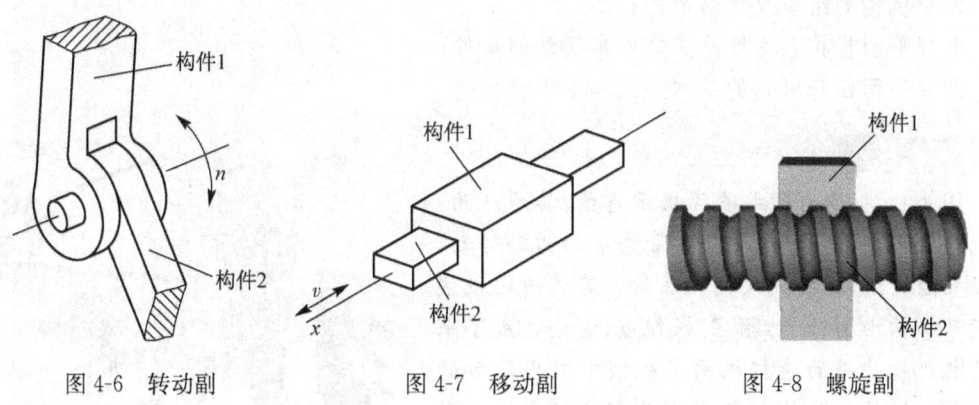

图 4-6　转动副　　　　　图 4-7　移动副　　　　　图 4-8　螺旋副

4）球面副

若组成运动副的两构件只能在一个球面内相对转动,则这种运动副称为球面副,如图 4-9 所示。

低副的接触表面一般为平面或圆柱面,容易制造和维修,承受载荷时单位面积压力较低,因而低副比高副的承载能力大。低副属于滑动摩擦,摩擦损失大,故效率较低;此外,低副不能传递较复杂的运动。

2. 高副

构件间以点或线接触形成的运动副称为高副。图 4-10(a)所示为凸轮与从动件的接触,属于点接触的高副;图 4-10(b)所示为齿轮的啮合,属于线接触的高副。

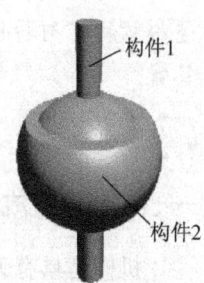

图 4-9　球面副

由于高副是两构件间点或线接触,故承受载荷时单位面积压力较高(故称为高副),接触处容易磨损,寿命短,制造和维修也较困难,其特点是能传递较复杂的运动。

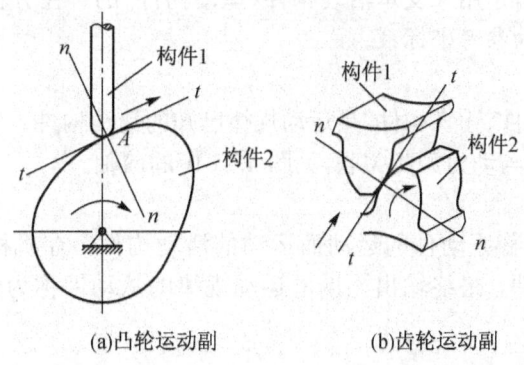

(a)凸轮运动副　　　(b)齿轮运动副

图 4-10　高副

学习情境二　机构的组成原理和机构类型

学习目标

掌握机构的组成及运动简图；
掌握平面机构自由度及具有确定运动的条件；
掌握平面四杆机构的基本形式和基本特性。

课堂导入

图 4-11 所示为颚式破碎机示意图，其原理为：由电动机驱动 V 带轮转动，V 带轮带动曲轴转动，使动颚随之运动，将大块固体压碎。颚式破碎机主体运动机构由曲轴、动颚、肘板组成，它们构成了平面连杆机构。平面连杆机构是机械中应用较多的一种传动机构。机构一般由哪几部分组成？平面连杆机构有何特性？通过学习本节知识，就会找到答案。

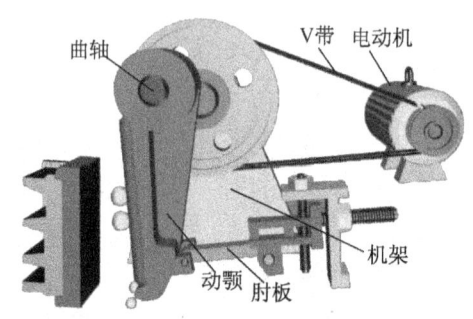

图 4-11　颚式破碎机示意图

基本知识

一、机构的组成及运动简图

机构是具有确定相对运动的构件组合体。所有的运动副都是低副的机构称为低副机构，而只要有一个运动副是高副的机构就称为高副机构。若组成机构的所有构件都在同一平面或平行平面中运动，则该机构称为平面机构，否则称为空间机构。本节主要介绍平面机构。

1. 机构的组成

机构一般由机架、原动件和从动件三部分组成。

1）机架

机架又称为固定件，是用来支承活动构件（运动构件）的。在分析机构中活动构件的运动时，常以固定构件作为参考坐标系。

2）原动件

原动件又称为主动件、输入构件，是运动规律已知的活动构件。它的运动和动力由外界输入，因此，原动件通常与动力源相关联，见图 4-11 中的曲轴。

3）从动件

从动件是机构中随着原动件的运动而运动的活动构件。在机构中除了机架与原动件外，其余构件均为从动件。最终输出预期的运动规律的从动件称为输出构件，见图 4-11 中的动颚。

2. 机构的运动简图

实际构件的外形和结构往往很复杂，在分析现有机构和设计新机构时，为了使问题简单化,可不考虑构件和运动副的实际结构,仅用简单线条和符号来表示构件的运动副,并按照一定比例确定运动副的相对位置及与运动有关的尺寸。这种表明机构的组成和各构件间真实运动关系的简单图形,称为机构运动简图。

机构运动简图可以简明地表示出一部复杂机器的传动原理,还可以用图解法求机构上各点的轨迹、位移、速度和加速度。

1)常用构件和运动副的简图符号

常用构件和运动副的简图符号见表 4-1。

表 4-1 常用构件和运动副的简图符号(GB 4460—1984)

名 称		简图符号	名 称		简图符号
构件	轴、杆	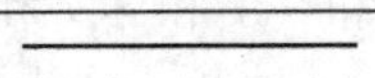	机架		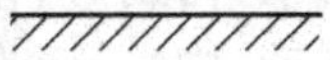
	三副元素构件	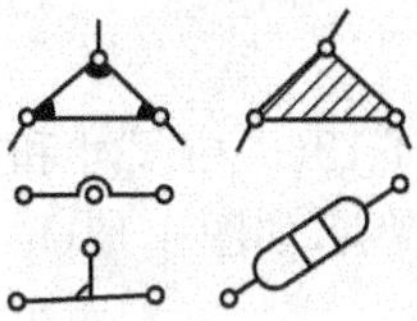		机架是转动副的一部分	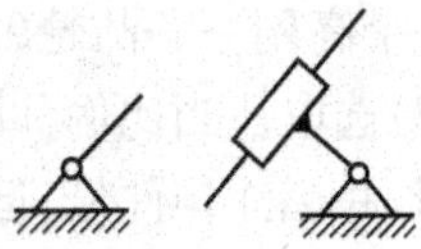
	构件的永久联接	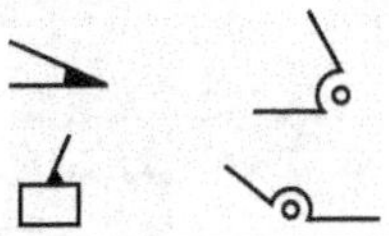		机架是移动副的一部分	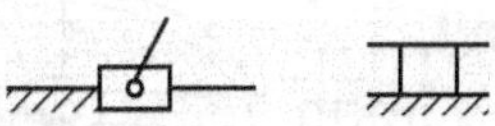
平面低副	转动副	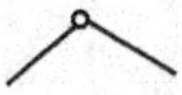	平面高副	齿轮副 外啮合	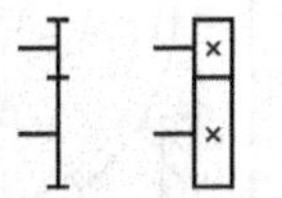
				内啮合	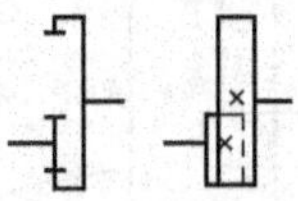
	移动副	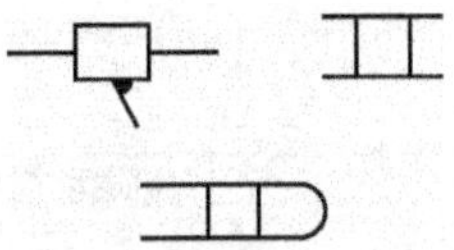		凸轮副	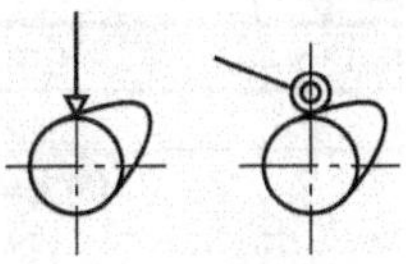

2)平面机构运动简图的绘制

绘制平面机构运动简图的具体步骤如下:

(1)分析机构的工作原理、组成及运动传递情况,确定机架、原动件和从动件。

(2)确定运动副的类型和数目。

(3)选择恰当的视图平面(投影面)和瞬时运动位置。通常选取与构件运动平行的平面作为投影面。

(4)画图。选取适当的比例尺 $\mu_l = \dfrac{构件实际尺寸}{构件图样尺寸}$(单位:$\dfrac{m}{mm}$ 或 $\dfrac{mm}{mm}$),从机架、原动件开始按相对位置关系依次画出各运动副,撇开与运动无关的因素,用直线或曲线连接同一构件上的运动副。

绘制平面机构运动简图时应注意:构件要有编号,运动副要有代号,原动件要用箭头表示运动方向。

例 4-1 绘制图 4-12(a)所示的压力机主体机构的运动简图。

解 (1)分析机构。压力机主体机构由齿轮 10、曲柄 9、连杆 8、滑杆 7、摆杆 6、齿轮 5、滚子 4、滑块 3、冲头 2 和机座 1 共十个构件组成。齿轮 10 为原动件,机座 1 为机架,构件 2、3、4、5、6、7、8、9 为从动件。当原动件 10 回转时,冲头 2 在机座 1 中做上下往复运动。

(2)确定运动副的类型和数目。各构件之间的连接如下:构件 2 和 1、3 和 6、7 和 1 之间为相对移动,构成三个移动副;构件 10 和 O、5 和 1、8 和 9、7 和 8、7 和 6、6 和 4、3 和 2 之间为相对转动,构成七个转动副;构件 10 和 5 之间构成一个高副——齿轮副;构件 5 和 4 之间构成一个高副——凸轮副。

(3)选取适当比例和瞬时运动位置,画图。按图 4-12(a)中尺寸和规定符号画出机构运动简图,并标注构件号、运动副代号及表示原动件的箭头,如图 4-12(b)所示。

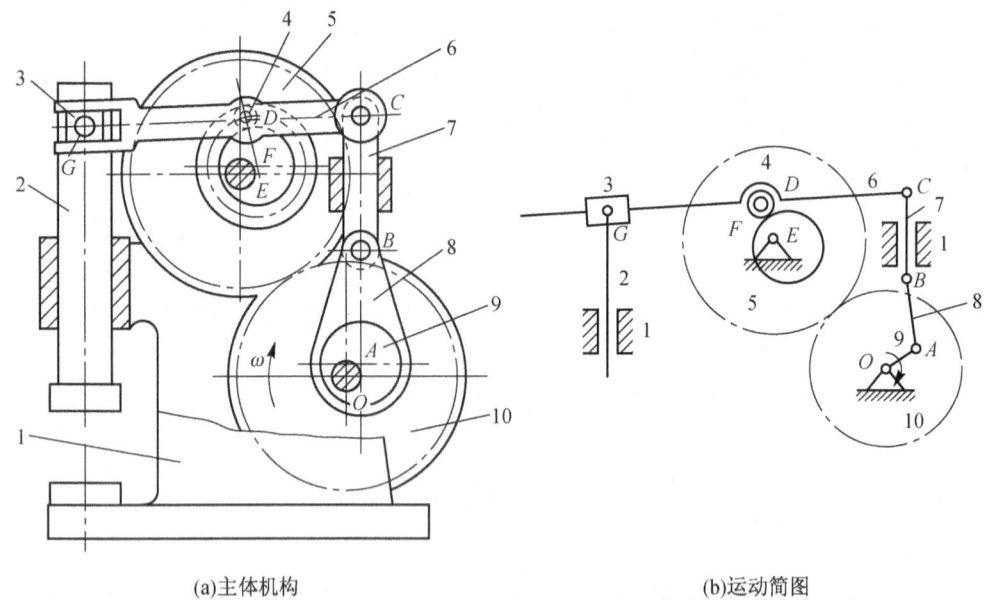

(a)主体机构 (b)运动简图

图 4-12 压力机主体机构及运动简图

1—机座;2—冲头;3—滑块;4—滚子;5、10—齿轮;6—摆杆;7—滑杆;8—连杆;9—曲柄

例 4-2 绘制图 4-13(a)所示的牛头刨床主体机构的运动简图。

解 (1)分析机构。牛头刨床主体机构由齿轮 1、齿轮 2、滑块 3、导杆 4、床身 5、刨头 6 和摇块 7 共七个构件组成。齿轮 1 为原动件,床身 5 为机架,构件 2、3、4、6、7 为从动件。

(2)确定运动副类型和数目。各构件之间的连接如下:构件 3 和 4、4 和 7、6 和 5 之间为相对移动,构成三个移动副;构件 1 和 5、2 和 5、2 和 3、4 和 6、5 和 7 之间为相对转动,构成五个转动副;构件 1 和 2 之间构成一个高副——齿轮副。

(3)选取适当比例和瞬时运动位置,画图。按图 4-13(a)中尺寸和规定符号画出机构运动简图,并标注构件号、运动副代号及表示原动件的箭头,如图 4-13(b)所示。

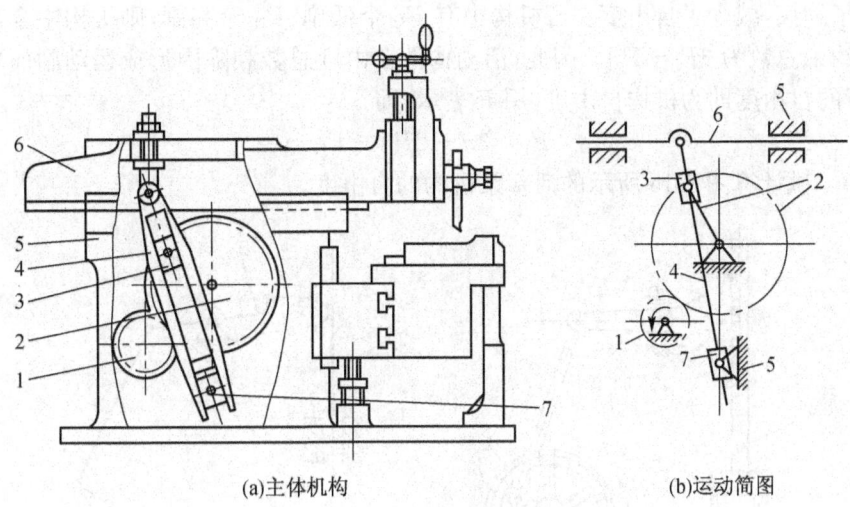

(a)主体机构　　　　　　　　　(b)运动简图

图 4-13　牛头刨床主体机构及运动简图

1、2—齿轮；3—滑块；4—导杆；5—床身；6—刨头；7—摇块

二、平面机构自由度及具有确定运动的条件

机构的各构件间应具有确定的相对运动。显然，不能产生相对运动或做无规则运动的一堆构件难以用来传递运动，为了使组合起来的构件能产生相对运动并具有确定性，有必要研究机构的自由度及具有确定运动的条件。

1. 平面机构的自由度

1）自由度

做平面运动的构件相对于定参考系所具有的独立运动数目，称为构件的自由度。一个做平面运动的构件具有三个自由度，如图 4-14 所示。因此，平面机构的每个活动构件在未用运动副连接之前都有三个自由度，即沿 x 轴和 y 轴的移动，以及在 xOy 平面内的转动。

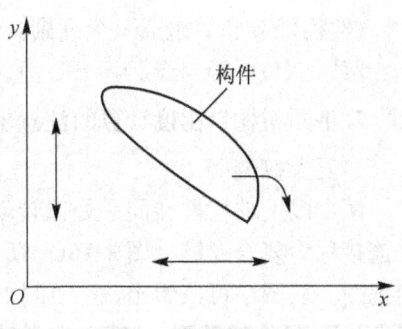

图 4-14　活动构件的自由度

2）约束

当两构件组成运动副后，它们之间的某些相对运动受到限制，对于相对运动所加的限制称为约束。不同种类的运动副引入的约束不同，所保留的自由度也不同。图 4-6 中两构件组成转动副，构件间不能相对移动，构件失去了两个自由度，也就是引入了两个约束，使构件只能相对转动，保留了一个自由度；图 4-7 中两构件组成移动副后，也引入了两个约束，使构件保留了一个自由度，即沿 x 轴移动；图 4-10 中的高副，则只引入了沿接触处公法线 $n-n$ 方向移动的约束，保留了绕接触处转动和沿接触处公切线 $t-t$ 方向移动的两个自由度。

综上所述，在平面机构中，每个低副引入两个约束，构件保留一个自由度；每个高副引入一个约束，构件保留两个自由度。

3）机构自由度的计算

设平面机构由 n 个活动构件组成，则形成运动副前就会有 $3n$ 个自由度。用运动副连接后便引入了约束,减少了自由度。若机构中有 P_L 个低副、P_H 个高副,则机构中全部运动副所引入的约束总数为 $2P_L+P_H$。因此,活动构件自由度总数扣除因形成运动副而减少的自由度,余下的自由度即为机构自由度,用 F 表示,即

$$F=3n-2P_L-P_H \qquad (4-1)$$

例 4-3 试计算图 4-15 所示的活塞泵机构的自由度。

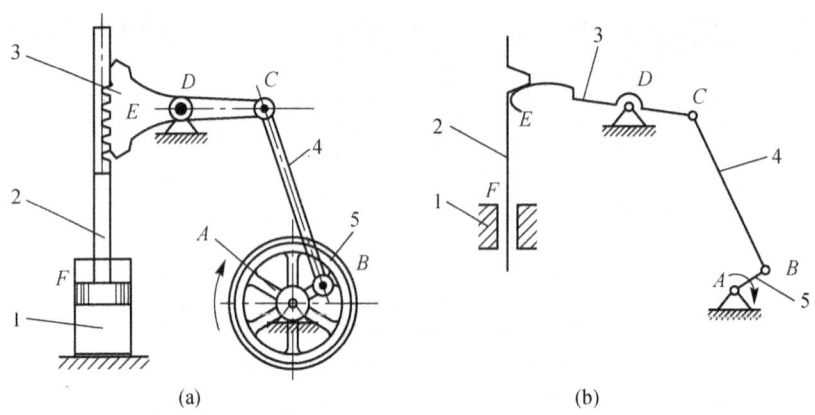

图 4-15 活塞泵机构

解 (1)活塞泵有四个活动构件分别为 2、3、4、5。因此,$n=4$。

(2)构件 5 和 1、5 和 4、4 和 3、3 和 1 组成了四个转动副,构件 1 和 2 组成一个移动副。因此,$P_L=5$。

(3)构件 3 和 2 组成一个高副。因此,$P_H=1$。由式(4-1)得活塞泵机构的自由度为 $F=3n-2P_L-P_H=3\times 4-2\times 5-1=1$。

2. 平面机构自由度计算的注意事项

1)复合铰链

两个以上的构件在同一处以转动副相连接,各构件均可绕转动副的销轴做相对转动,这种连接称为复合铰链。图 4-16(a)所示为三个构件汇交成的复合铰链,图 4-16(b)所示为其俯视图。从图中可以看出,这三个构件组成了两个转动副。由此,K 个构件形成复合铰链应具有($K-1$)个转动副,计算自由度时应该注意找出复合铰链。

如图 4-17 所示的惯性筛机构中,C 点就是由三个构件组成的复合铰链。因此,该机构 $n=5$,$P_L=7$,$P_H=0$,由式(4-1)得该机构的自由度为 $F=3\times 5-2\times 7=1$。

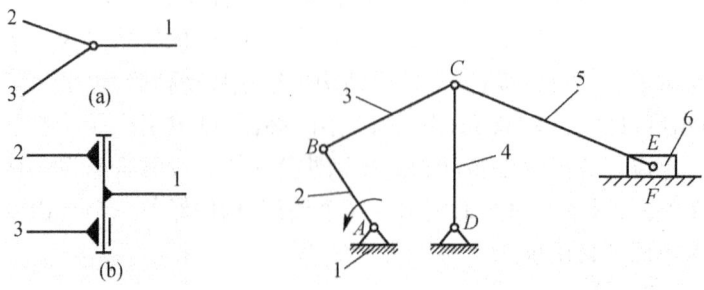

图 4-16 复合铰链　　图 4-17 惯性筛机构

2）局部自由度

机构中出现的与整个机构运动无关的某些构件的局部独立运动，称为局部自由度（或多余自由度），在计算机构自由度时应将其去除。如图 4-18(a)所示，滚子 2 绕从动杆 1 端部转动，并不影响其他构件的运动，因而是局部自由度，在计算机构自由度时应将其去除。如图 4-18(b)所示，可设想将滚子与从动件固定成为一个整体，则凸轮机构中，$n=2$，$P_L=2$，$P_H=1$，由式(4-1)得该机构的自由度为 $F=3\times2-2\times2-1=1$。

局部自由度不影响整个机构的运动，但滚子可使高副接触处的滑动摩擦变成滚动摩擦，减少磨损，所以实际机械中常出现局部自由度。

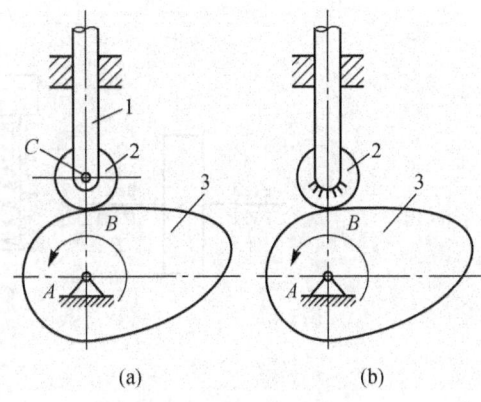

图 4-18 局部自由度
1—从动杆；2—滚子；3—凸轮

3）虚约束

虚约束是对机构运动不起独立限制作用的约束，是构件间几何尺寸满足某些特殊要求的产物。虚约束常在以下几种情况下产生：

(1) 机构运动时，如果两构件上两点间的距离始终保持不变，将此两点用构件和运动副连接，则会带进虚约束。如图 4-19(a)所示，机构中 CF 杆对 BD 杆形成的约束为虚约束，应不考虑 CF 杆的作用，按图 4-19(b)所示进行计算。而图 4-19(c)所示的平行四边形机构则不存在虚约束。

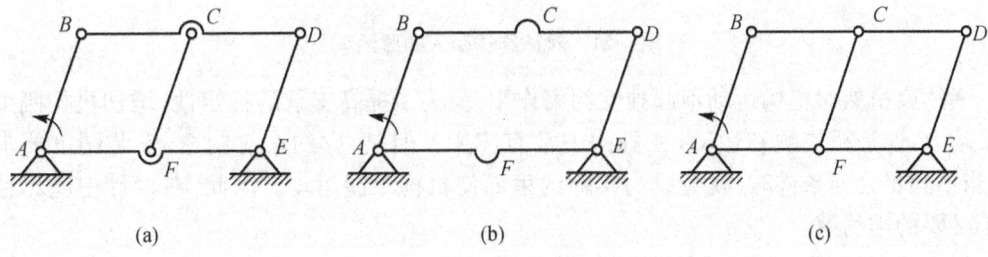

图 4-19 平行四边形机构

(2) 两构件组成多个移动副或转动副，其导路平行或回转轴线重合。如图 4-20(a)所示，A、B 两处组成了两个转动副，但只有一个转动副起约束作用，计算机构自由度时应按一个转动副计算；如图 4-20(b)所示，构件 1 与机架组成了 A、B、C 三个移动副，计算机构自由度时应只按一个移动副计算；如图 4-20(c)所示，凸轮 1 与框架 2 上、下都为高副接触，但计算机构自由度时只考虑其中一处，另一处为虚约束。

(3) 机构中对传递运动不起独立作用的对称部分。如图 4-21(a)所示，中心轮 z_1 经过两个对称布置的小齿轮 z_2 和 z_2' 驱动内齿轮 z_3，其中有一个小齿轮对传递运动不起独立作用。但由于第二个小齿轮的加入增加了三个自由度，组成一个转动副和两个高副，共引入四个约束。去掉虚约束后，如图 4-21(b)所示。

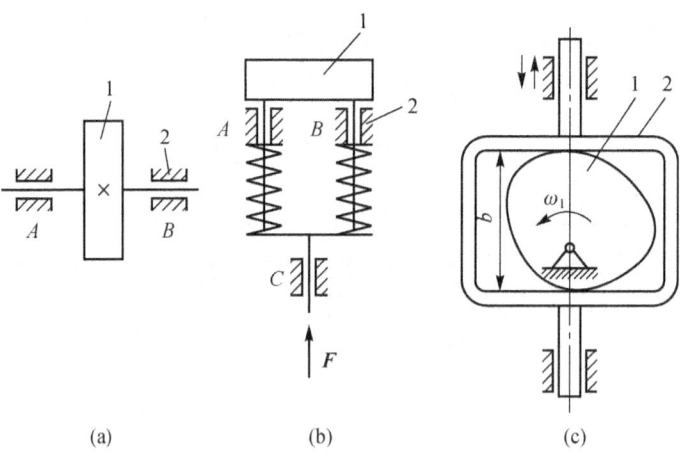

图 4-20 两构件组成多个运动副

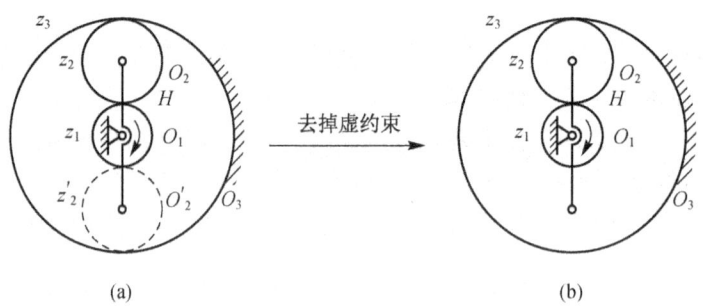

图 4-21 对称结构引入的虚约束

虚约束虽然对机构运动不起独立约束作用,但为了提高支承的稳定性、增加机构刚度或分流动力,保证机构顺利运动,在机构中常有应用。但是,虚约束对制造、安装精度要求较高,当不满足几何条件时,就会成为实际约束而使机构不能运动。因此,在设计中应尽量避免不必要的虚约束。

例 4-4 计算图 4-22(a)所示大筛机构的自由度。

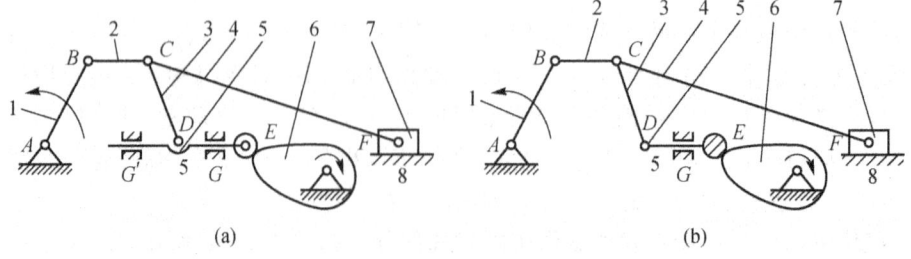

图 4-22 大筛机构

解 (1)分析机构。机构中 E 处的滚子自转为局部自由度;顶杆 DE 与机架组成两导路移动副 G、G',其中一处为虚约束;C 处为复合铰链。去掉局部自由度和虚约束后,大筛机构如图 4-22(b)所示。

(2)计算机构自由度。在图4-22(b)中,$n=7$,$P_L=9$(注意C处为复合铰链),$P_H=1$,由式(4-1)得该机构的自由度为 $F=3n-2P_L-P_H=3×7-2×9-1=2$。

3. 平面机构具有确定运动的条件

平面机构的自由度即机构所具有的独立运动的数目。显然,只有机构自由度大于零,机构才有可能运动。同时,只有给机构输入的独立运动数目与机构的自由度数目相等,该机构才有确定的运动。

根据自由度与原动件数之间的关系可以判定机构是否具有确定的运动:

(1)如果机构自由度大于零且大于原动件数,则机构能够运动,但运动不确定。

(2)如果机构自由度大于零且等于原动件数,则机构具有确定的运动。

(3)如果机构自由度小于等于零或小于原动件数,则机构无法运动。

三、平面四杆机构的基本形式和基本特性

由若干构件用低副连接而组成的平面机构称为平面连杆机构。由四个构件组成的平面连杆机构称为平面四杆机构。全部由转动副连接而组成的平面四杆机构称为铰链四杆机构。铰链四杆机构是多杆机构的基础,其在生产生活中应用广泛,如缝纫机的脚踏机构、公共汽车车门启闭机构、飞机起落架机构等。

1. 铰链四杆机构的组成

如图4-23所示,固定构件4称为机架,不与机架相连接的构件2称为连杆,连杆做复杂的平面运动。与机架用转动副连接的构件1和构件3称为连架杆,连架杆按其运动特征可分为曲柄和摇杆两种。

(1)曲柄。曲柄是与机架用转动副相连且能绕其轴线整周转动的构件,见图4-23中的构件1。

(2)摇杆。摇杆是与机架用转动副相连但只能绕其轴线摆动的构件,见图4-23中的构件3。

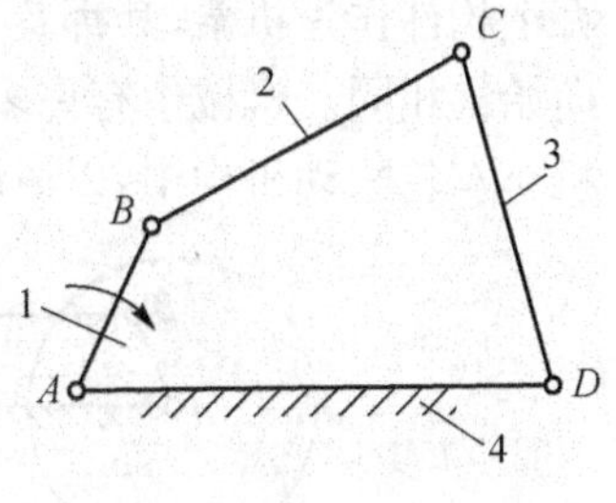

图4-23 铰链四杆机构

2. 铰链四杆机构的基本形式

对于铰链四杆机构来说,机架和连杆总是存在的,根据连架杆运动形式的不同,其可分为曲柄摇杆机构、双曲柄机构和双摇杆机构。

1)曲柄摇杆机构

在铰链四杆机构中,如果两个连架杆中一个为曲柄,另一个为摇杆,则该铰链四杆机构称为曲柄摇杆机构。

在曲柄摇杆机构中,若以曲柄作为原动件,则可将曲柄的整周转动转换为摇杆的往复摆动,如图4-24所示,曲柄1回转带动摇杆2完成搅拌工作;若以摇杆作为原动件,则可将摇杆的往复摆动转换为曲柄的整周转动,如图4-25所示,摇杆1(脚踏板)通过连杆2带动曲柄3做整周转动。

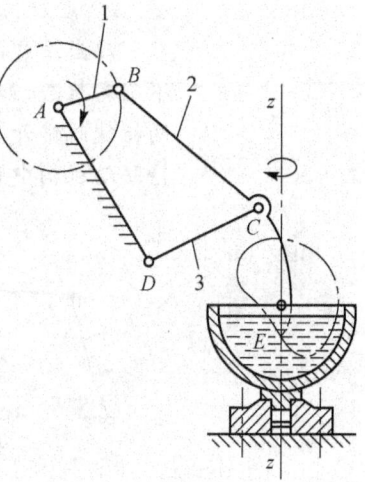

图4-24 搅拌机

1—曲柄;2、3—摇杆

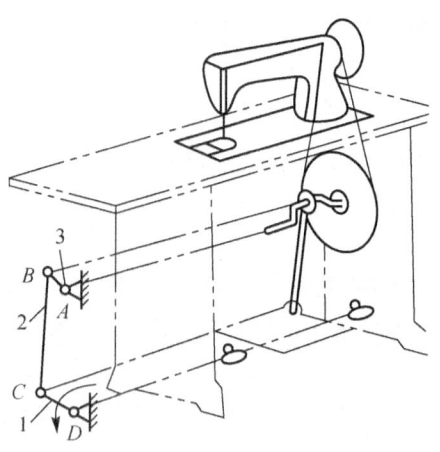

图 4-25 缝纫机
1—摇杆；2—连杆；3—曲柄

2) 双曲柄机构

在铰链四杆机构中，如果两连架杆均为曲柄，则该铰链四杆机构称为双曲柄机构。

在双曲柄机构中，用的最多的是平行双曲柄机构，或称为平行四边形机构，其特点是两曲柄的旋转方向相同，且角速度时刻相等，连杆做平移运动。对于平行双曲柄机构，无论以哪个构件作为机架，其都属于双曲柄机构；但若取较短构件作为机架，则两个曲柄的转动方向始终相同。机械中有许多例子就是由于此特点才采用平行四边形机构。图 4-26 所示的机车车轮联动机构中，以 AB、EF、CD 中任意两杆为曲柄即构成双曲柄机构。

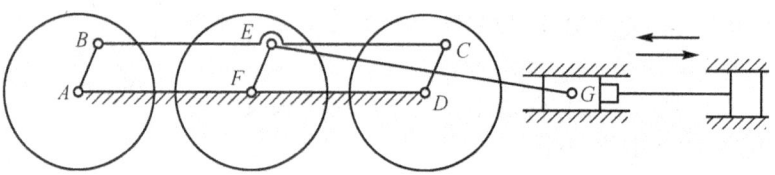

图 4-26 机车车轮联动机构

 应当注意，当双曲柄机构四个铰链中心处于同一直线时，将出现运动不确定状态，如图 4-27(a) 所示。为了消除这种运动不确定状态，可以采用两组彼此错开 $100°$ 的相同机构固联组合，如图 4-27(b) 所示。而在机车车轮联动机构中则是利用第三个平行曲柄来消除其运动的不确定状态的。

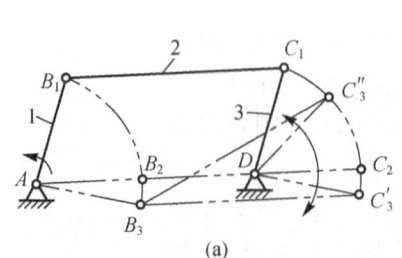 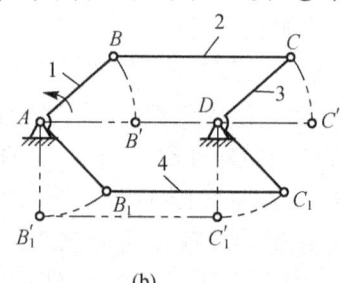

(a)   (b)

图 4-27 平行四边形机构

双曲柄机构中还有一种特例,即反平行四边形机构,连杆与机架不平行,如图4-28所示。图4-29所示的公共汽车车门启闭机构,即为反平行四边形机构的一个应用实例。当主动曲柄AB转动时,通过连杆BC使从动曲柄CD朝相反方向转动,从而保证两扇车门同时开启和关闭(B_1、B_2与C_1、C_2为B、C点的不同位置)。

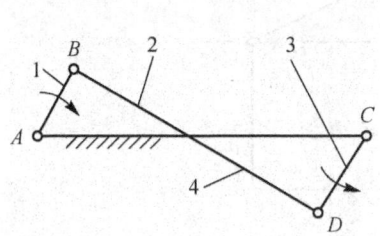
图4-28 反平行四边形机构

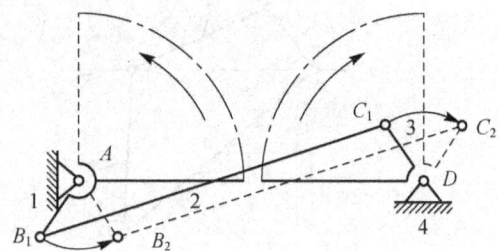
图4-29 公共汽车车门启闭机构

3)双摇杆机构

在铰链四杆机构中,两个连架杆均为摇杆,则该铰链四杆机构称为双摇杆机构。图4-30所示为起重机机构。该机构属于双摇杆机构,利用连杆上的特殊点M实现货物的水平吊运。图4-31所示为飞机起落架机构,该机构也属于双摇杆机构。飞机要着陆前,着陆轮1须从机翼(机架)4中推放至图中实线所示位置,该位置处于双摇杆机构的死点,即AB和BC共线。飞机起飞后,为了减小飞行中的空气阻力,又须将着陆轮收入机翼中(图中虚线位置$AB'C'D$)。上述动作由主动摇杆AB通过连杆BC驱动从动摇杆CD带动着陆轮1实现。

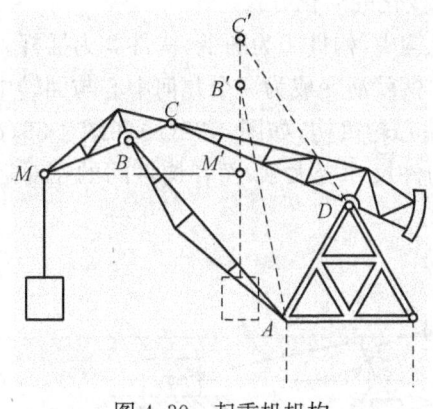
图4-30 起重机机构

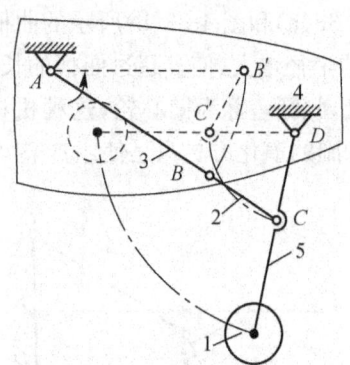
图4-31 飞机起落架机构
1—着陆轮;2、3、5—摇杆;4—机翼

3. 平面四杆机构的演化

一般生产中广泛应用各种四杆机构,这些机构虽然具有不同的外形和构造,但都具有相同的运动特性,或一定的内在联系,并且都可看做是从铰链四杆机构演化而来的。演化大致有以下三种基本方式。

1)转动副演化为移动副

转动副演化为移动副是一种使构件长度发生特殊变化的演化方式。

图4-32所示的曲柄摇杆机构中,铰链中心C的轨迹是以D为圆心,以CD为半径的圆弧,见图4-32(a);若CD增至无穷大,C点轨迹变为直线,于是摇杆3演化为直线运动的滑

块,转动副 D 演化为移动副,铰链四杆机构便演化为曲柄滑块机构,见图 4-32(b);若 C 点运动轨迹通过曲柄转动中心 A,则该铰链四杆机构称为对心曲柄滑块机构,见图 4-32(c);否则,称为偏置曲柄滑块机构,见图 4-32(d)。

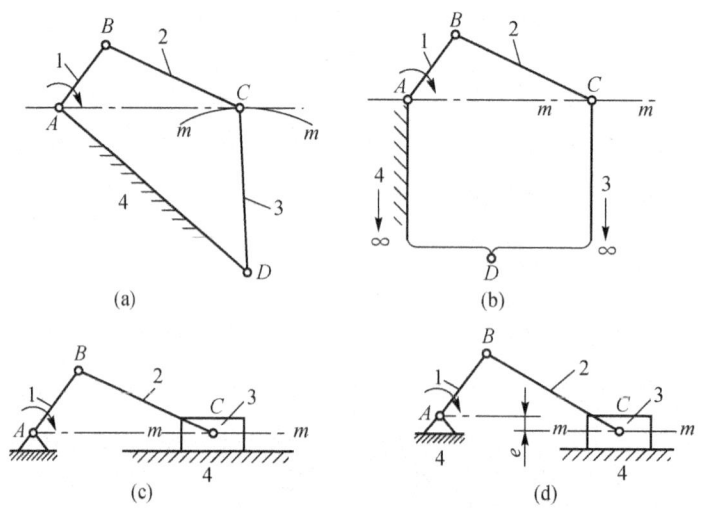

图 4-32 曲柄滑块机构的演化过程

曲柄滑块机构广泛应用在活塞、空压机、冲床等机械中。

2) 扩大转动副

扩大转动副是一种使移动副尺寸发生特殊变化的演化方式。

图 4-33(a) 和图 4-33(b) 所示的曲柄摇杆机构中,构件 1 为曲柄,构件 3 为摇杆。若将曲柄销 B 的半径增大,使其超过曲柄的长度,则曲柄就演变成为一个几何中心与回转中心不重合的圆盘,此圆盘称为偏心轮,这种机构称为偏心轮机构,如图 4-33(c) 和图 4-33(d) 所示。扩大转动副的演化方式只是使组成转动副的构件尺寸变大了,而各构件间的相对运动特性不变。

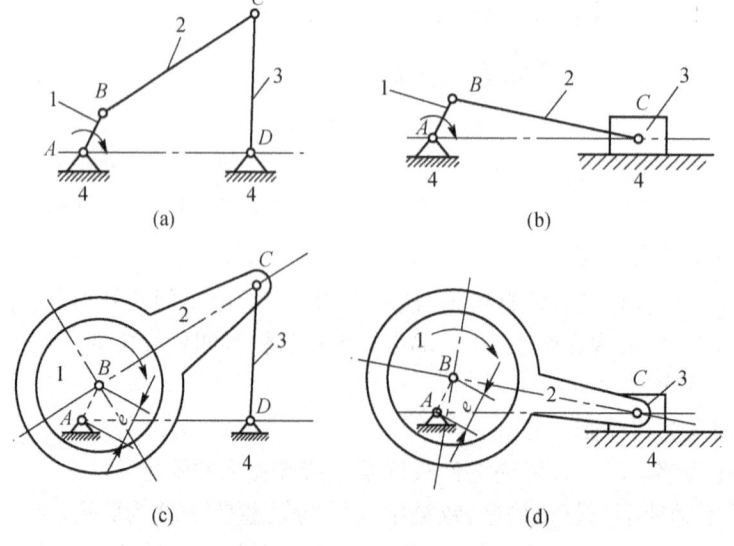

图 4-33 偏心轮机构的演化过程

偏心轮机构多用于曲柄销承受大冲击载荷,或曲柄长度较短及曲柄需要装在直轴中部的机器中,以便增大轴颈的尺寸,提高偏心轴的强度和刚度,简化结构。因此,偏心轮机构广泛用于传力较大的冲床、颚式破碎机和内燃机等机械中。

3) 取不同构件作为机架

取不同构件作为机架时铰链四杆机构的演化见表 4-2。

表 4-2 取不同构件作为机架时铰链四杆机构的演化

作为机架的构件	铰链四杆机构	回转副 D 转化成移动副后的机构
4	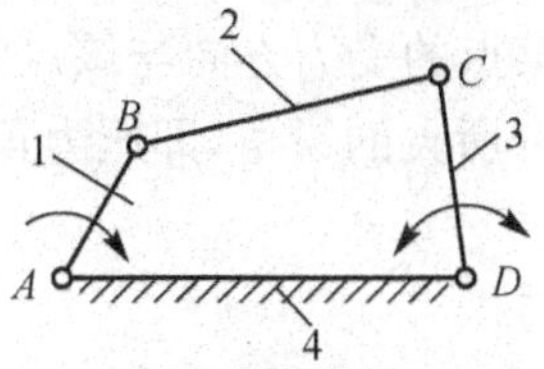 曲柄摇杆机构	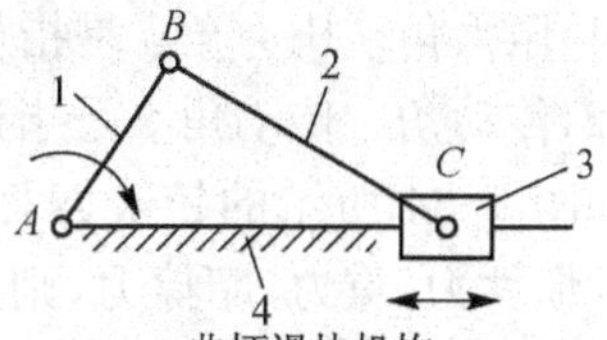 曲柄滑块机构
1	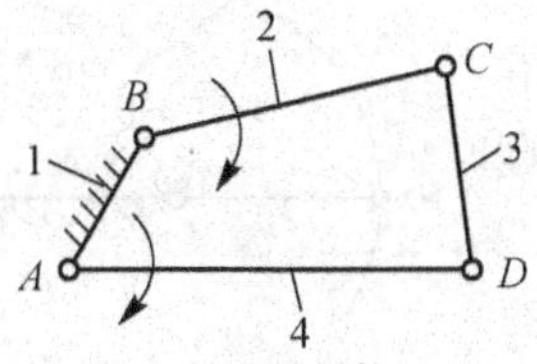 双曲柄机构	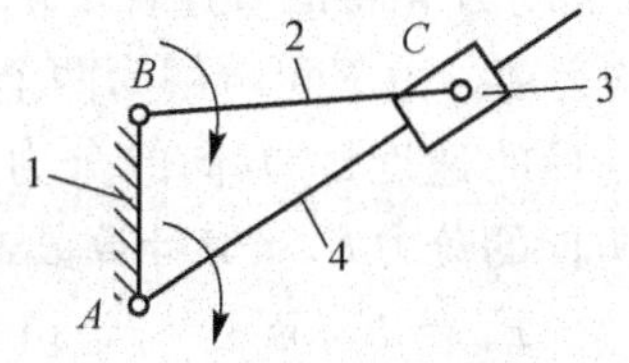 转动导杆机构
2	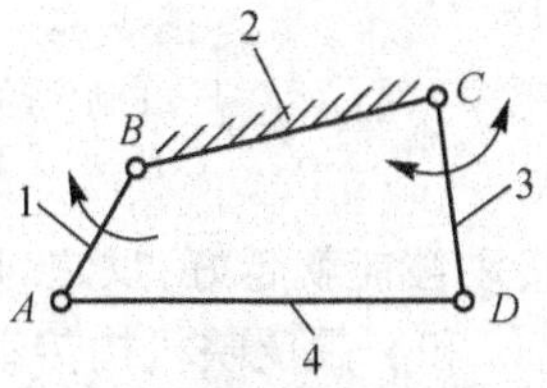 曲柄摇杆机构	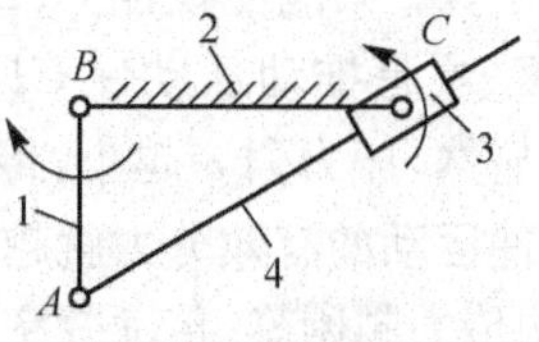 曲柄摇块机构
3	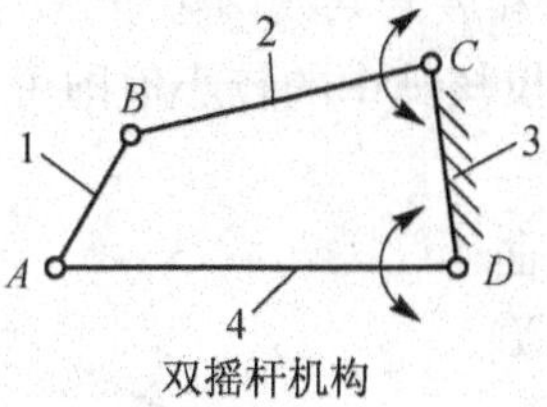 双摇杆机构	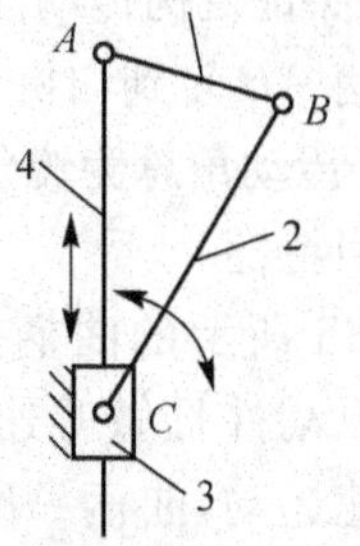 移动导杆机构

4. 平面四杆机构的基本特性

1) 铰链四杆机构存在曲柄的条件

铰链四杆机构三种基本形式的区别,在于机构中是否存在曲柄和有几个曲柄。而铰链四杆机构中是否存在曲柄,取决于机构中各杆的相对长度和机架的选择。铰链四杆机构存在曲柄的条件如下:

(1)最长杆与最短杆的长度之和小于或等于其余两杆的长度之和。
(2)最短杆或其相邻杆应为机架。

根据曲柄存在的条件可得如下推论:
(1)当最长杆与最短杆的长度之和大于其余两杆的长度之和时,只能得到双摇杆机构。
(2)当最长杆与最短杆的长度之和小于或等于其余两杆的长度之和时,若最短杆为机架,则得到双曲柄机构;若最短杆的相邻杆为机架,则得到曲柄摇杆机构;若最短杆的对面杆为机架,则得到双摇杆机构。

2)压力角和传动角
(1)压力角。压力角 α 是指从动件上某点的受力方向与该点的速度方向所形成的锐角。
(2)传动角。传动角 γ 是指连杆与摇杆所夹的锐角,即压力角的余角。

如图 4-34 所示的铰链四杆机构中,如果不计惯性力、重力、摩擦力,则连杆 2 是二力杆,由主动件 1 经过连杆 2 作用在从动件 3 上的驱动力 F 将沿着连杆 2 的中心线 BC 的方向运动。力 F 可分解为两个分力,即沿受力点 C 的速度 v_C 方向的分力 F_t 和垂直于 v_C 方向的分力 F_n。其计算公式为

$$F_t = F\cos\alpha = F\sin\gamma \quad (4-2)$$
$$F_n = F\sin\alpha = F\cos\gamma \quad (4-3)$$

其中,F_n 只能使铰链 C、D 产生径向压力,而 F_t 才是推动从动件 CD 运动的有效分力。显然,压力角 α 越小,传动角 γ 越大,

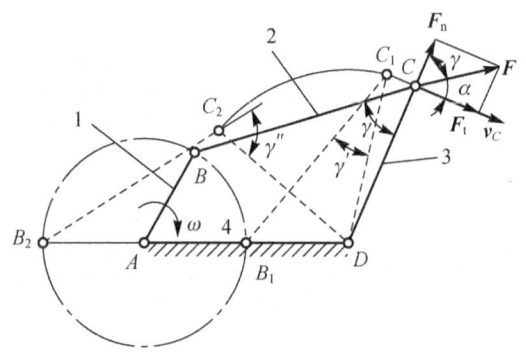

图 4-34 压力角和传动角
1—主动件;2—连杆;3—从动件

使从动件运动的有效分力就越大,机构的传动性能就越好;反之,压力角 α 越大,传动角 γ 越小,机构传力越困难,传动效率越低。因此,α 和 γ 是反映机构传动性能的重要指标。由于传动角 γ 便于测量,工程上通常以传动角 γ 来衡量机构传动性能。机构运动时传动角 γ 是变化的,为了保证机构传动性能良好,设计时一般应使 $\gamma_{min} \geq 40° \sim 50°$。

当曲柄 AB 转到与机架 AD 重叠共线和展开共线两位置 AB_1、AB_2 时,传动角将出现极值 γ' 和 γ''(传动角总为锐角),设计时只要校核其中的较小值即可。

3)急回特性

图 4-35 所示的曲柄摇杆机构中,当曲柄 AB 为原动件且做等速回转时,摇杆 CD 做往复变速运动,曲柄 AB 在转动一周的过程中有两次与连杆共线。这时摇杆 C 分别处在左右两个极限位置 C_1D、C_2D。曲柄的两个极限位置之间所夹的锐角 θ 称为极位夹角,摇杆的两个极限位置之间的夹角 Ψ 称为摇杆的摆角。

在图 4-35 中,当曲柄 AB 顺时针从 AB_1 转到 AB_2 时,转过角度为 $\varphi_1 = 180° + \theta$,摇杆

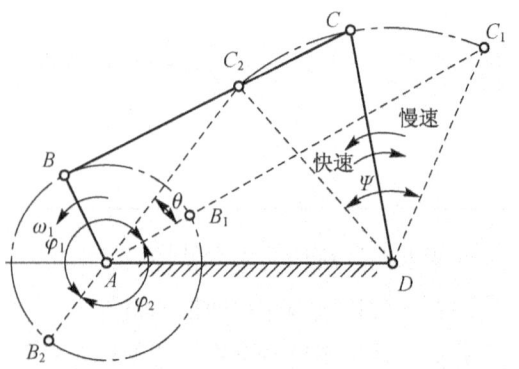

图 4-35 急回特性

CD 由 C_1D 摆到 C_2D，所需时间为 t_1，C 点的平均速度为 v_1。当曲柄顺时针从 AB_2 转到 AB_1 时，转过角度为 $\varphi_2 = 180°-\theta$，摇杆由 C_2D 摆到 C_1D，所需时间为 t_2，C 点的平均速度为 v_2。由于曲柄等速转动，但 $\varphi_1 > \varphi_2$，故使得 $t_1 > t_2$，而摇杆 CD 来回摆动的行程相等，均为弧 $\overset{\frown}{C_1C_2}$，所以 $v_2 > v_1$。这种特性称为机构的急回特性。通常用行程速度变化系数 K 来表示机构的急回特性，即

$$K = \frac{v_2}{v_1} = \frac{\frac{\overset{\frown}{C_2C_1}}{t_2}}{\frac{\overset{\frown}{C_1C_2}}{t_1}} = \frac{t_1}{t_2} = \frac{\varphi_1}{\varphi_2} = \frac{180°+\theta}{180°-\theta} \tag{4-4}$$

由式(4-4)可知，K 值越大，急回特性越显著。将式(4-4)整理后，可得极位夹角的计算公式，即

$$\theta = 180°\frac{K-1}{K+1} \tag{4-5}$$

生产中有许多利用急回特性来缩短非生产时间以提高生产效率的例子，如往复式输送机、牛头刨床，它们的运动简图分别如图 4-36 和图 4-37 所示。

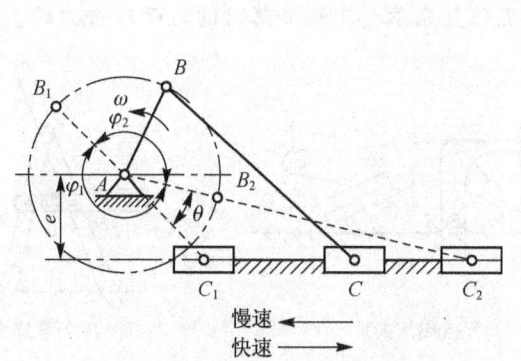

图 4-36 往复式输送机的运动简图

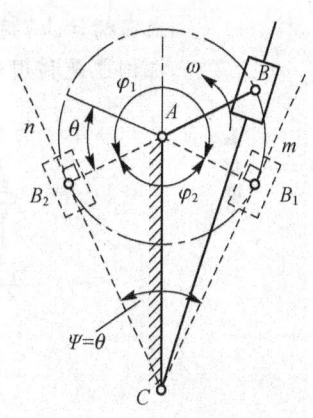

图 4-37 牛头刨床的运动简图

4）死点位置

图 4-38 所示的曲柄摇杆机构中，设摇杆 CD 为主动件，则当该机构处于图 4-38 的两个虚线位置之一时，连杆与曲柄在一条直线上，出现了传动角 $\gamma = 0°$ 的情况。这时主动件 CD 通过连杆作用于从动件 AB 上的力恰好通过其转动中心 A，将不能使从动件 AB 转动而出现 "顶死" 现象。机构的这种位置称为死点位置。死点位置常使机构从动件无法运动或出现运动不确定的现象（即从动件在该位置可能向反方向转动）。对于具有极限位置的四杆机构，当以往复运动构件作为主动件时，机构均有两个死点位置。

对于传动机构来说，机构有死点位置是不利的，应采取措施使机构顺利通过死点位置。对于连续回转的机器，通常可利用从动件的惯性（必要时可附加飞轮来增大惯性）来通过死点位置，如缝纫机就是利用带轮的惯性通过死点位置的，也可采用增大从动件的质量或机构错位排列的方法来通过死点位置。

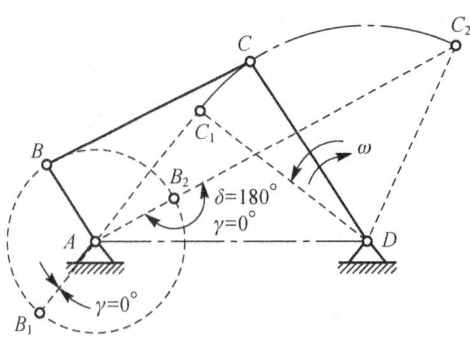

图 4-38 死点位置

在工程实践中,也常常利用机构的死点位置来实现一些特定的工作要求。图 4-39(a)所示的钻床夹具就是利用死点位置夹紧工件,并保证在钻削加工时工件不会松脱;如图 4-39(b)所示,折叠式靠椅靠背 AB 可视为机架,靠背脚 BC 可视为主动件,使用时,机构处于图示的死点位置,因此,人坐在椅子上,椅子不会自动松开或合拢。此外,图 4-31 所示的飞机起落架机构也是利用死点位置来承受飞机降落时的地面冲击力的。

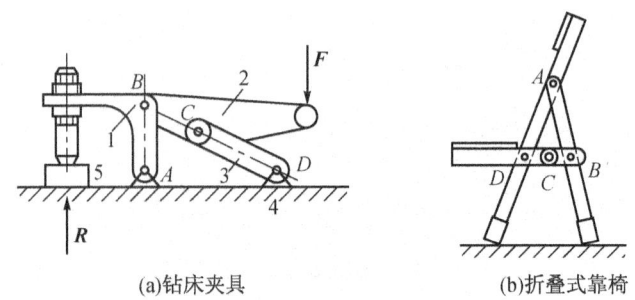

(a)钻床夹具   (b)折叠式靠椅

图 4-39 机构死点位置的应用

学习情境三 凸轮机构

学习目标

掌握凸轮机构的组成、类型和应用;
掌握凸轮机构从动件常用运动规律。

课堂导入

图 4-40 所示为内燃机配气机构,它是凸轮机构的一种常见应用;图 4-41 所示为自动车床靠模机构,拖板带动刀架 2 沿着靠模凸轮 1 的轮廓运动,刀刃走出手柄的外形轨迹。凸轮

机构的特点是什么？它能实现哪些运动规律？通过学习本节知识,就会找到答案。

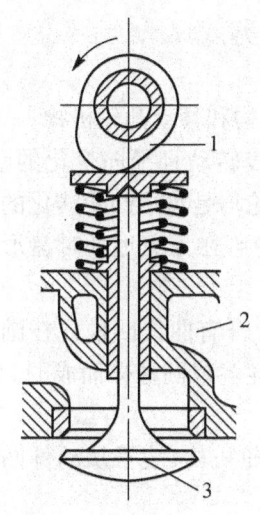

图 4-40　内燃机配气机构
1—凸轮；2—机架；3—气阀杆

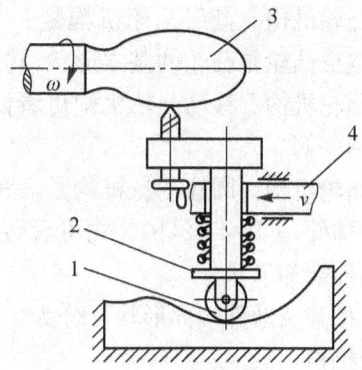

图 4-41　自动车床靠模机构
1—凸轮；2—刀架；3—工件；4—拖板

 基本知识

一、凸轮机构概述

在机械装置中,尤其是自动控制机械中,为了实现某些特殊或复杂的运动规律,广泛应用着各种凸轮机构。凸轮机构通过高副接触可使从动件获得各种预期的规律运动。从动件的运动规律取决于凸轮的轮廓形状。凸轮机构的优点是只需设计出适当的凸轮轮廓,就可使从动件实现各种预期的运动规律,且结构简单、紧凑、设计方便；缺点是凸轮与从动件为点接触或线接触,压强大,易磨损,难加工,成本高。因此,凸轮机构常用于传力不大的控制机构中。

1. 凸轮机构的组成

凸轮机构一般由凸轮（原动件）、从动件和机架三部分组成,如图 4-42 所示。凸轮是一个具有变化向径或曲线轮廓的构件,能控制从动件实现移动或摆动等不同的运动规律,机架起着支承凸轮和从动件的作用。

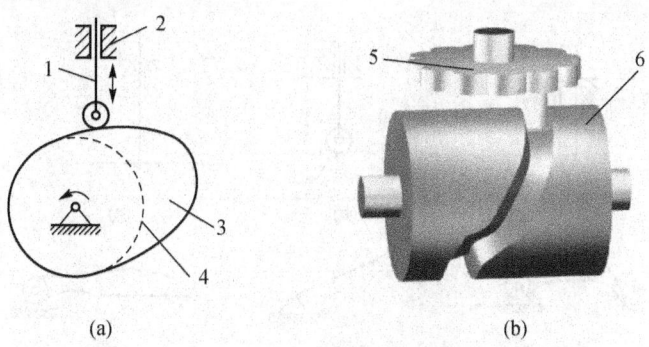

图 4-42　凸轮机构的组成
1—从动件；2—机架；3—凸轮；4—基圆；5—从动转盘；6—主动凸轮

2. 凸轮机构的类型

凸轮机构的种类很多,可从以下几个不同角度进行分类。

1)按形状分

凸轮机构按其形状可分为盘形凸轮机构、圆柱凸轮机构和移动凸轮机构。

(1)盘形凸轮机构。盘形凸轮机构是一个绕固定轴线转动且径向变化的盘状构件,见图 4-42(a)。盘形凸轮是凸轮的基本形状,其他形状的凸轮均是盘形凸轮演化的结果。

(2)移动凸轮机构。移动凸轮机构可看做是当转动中心在无穷远处时盘形凸轮机构的演化形式,见图 4-41。

(3)圆柱凸轮机构。圆柱凸轮机构是一种在圆柱面上开有曲线凹槽或在圆柱端面上制出曲线轮廓的构件,见图 4-42(b)。它可看做是将移动凸轮卷成圆柱体而成的。

2)按从动件端部形状分

凸轮机构按其从动件端部形状可分为尖顶从动件凸轮机构、滚子从动件凸轮机构和平底从动件凸轮机构。

(1)尖顶从动件凸轮机构。尖顶从动件凸轮机构端部能与复杂的凸轮轮廓保持接触,因而能实现任意预期的运动规律。但尖顶从动件与凸轮之间为点接触,磨损快,所以只适用于受力不大的低速凸轮机构,如图 4-43(a)和图 4-43(d)所示。

(2)滚子从动件凸轮机构。在从动件端部装一滚子,即成为滚子从动件凸轮机构,如图 4-43(b)和图 4-43(e)所示。滚子从动件与凸轮之间为滚动摩擦,耐磨损,且可承受较大的载荷。但凸轮上凹陷的轮廓未必能很好地与滚子接触,从而影响实现预期的运动规律。

(3)平底从动件凸轮机构。平底从动件凸轮机构与凸轮轮廓表面接触的端面为一平面。如图 4-43(c)和图 4-43(f)所示,凸轮与从动件之间的作用力始终垂直于平底的平面,受力比较平稳,且接触面间易形成油膜,利于润滑,减少磨损,适用于高速传动。但它不能应用在有凹槽轮廓的凸轮机构中,因此,运动规律受到一定的限制。

3)按从动件运动形式分

凸轮机构按其从动件运动形式可分为移动从动件凸轮机构和摆动从动件凸轮机构。

(1)移动从动件凸轮机构。图 4-43(a)、图 4-43(b)和图 4-43(c)中,凸轮机构的从动件均为移动从动件。

(2)摆动从动件凸轮机构。图 4-43(d)、图 4-43(e)和图 4-43(f)中,凸轮机构的从动件均为摆动从动件。

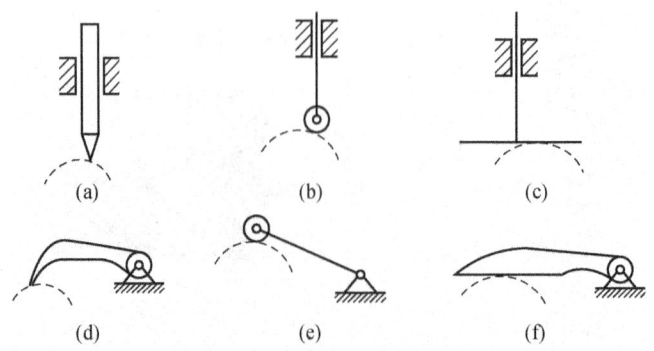

图 4-43 凸轮机构按从动件端部形状和运动形式分类

凸轮机构的主要类型及运动简图见表 4-3。

表 4-3 凸轮机构的主要类型及运动简图

类型	从动件	移动从动件运动简图		摆动从动件运动简图
		对心	偏置	
盘形凸轮机构	尖顶从动件			
	滚子从动件			
	平底从动件	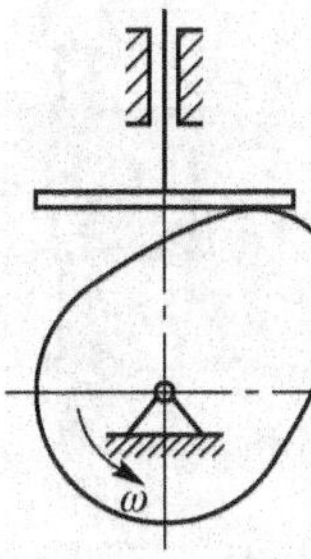	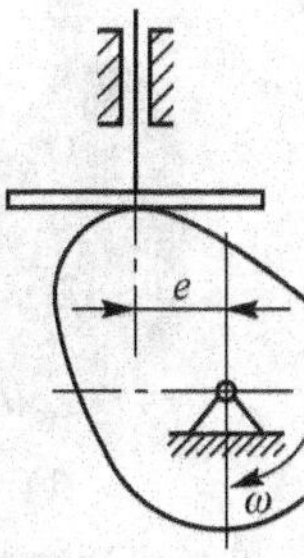	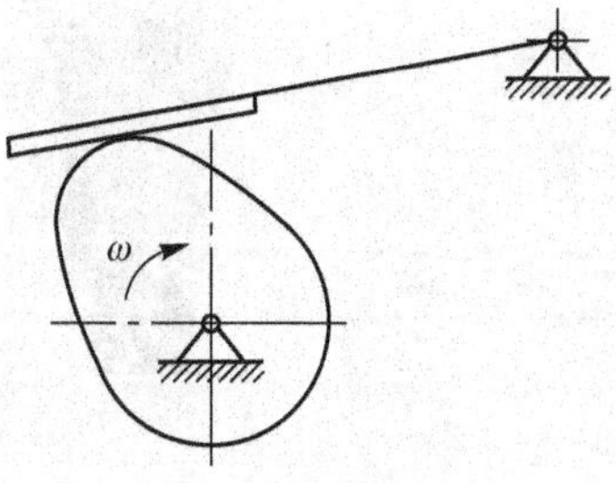
移动凸轮机构	尖顶从动件			
	滚子从动件			

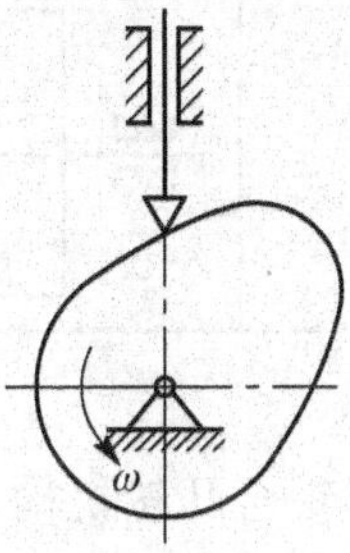

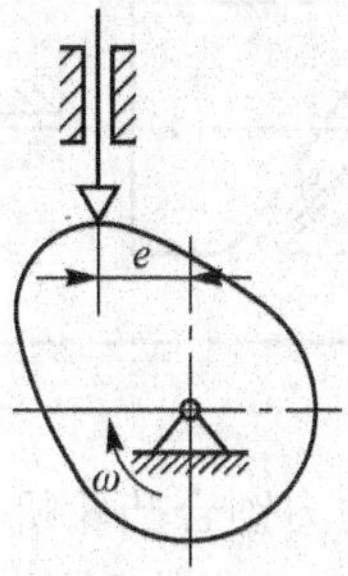

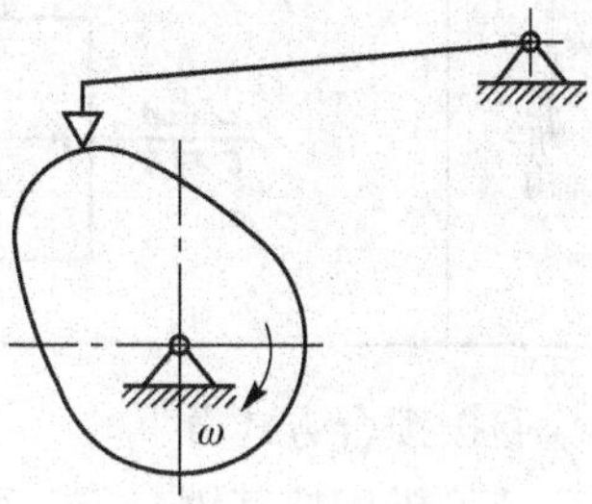

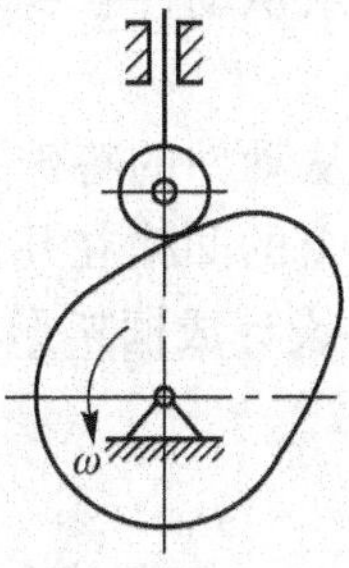

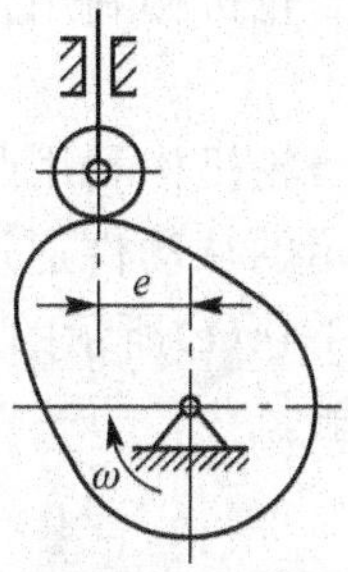

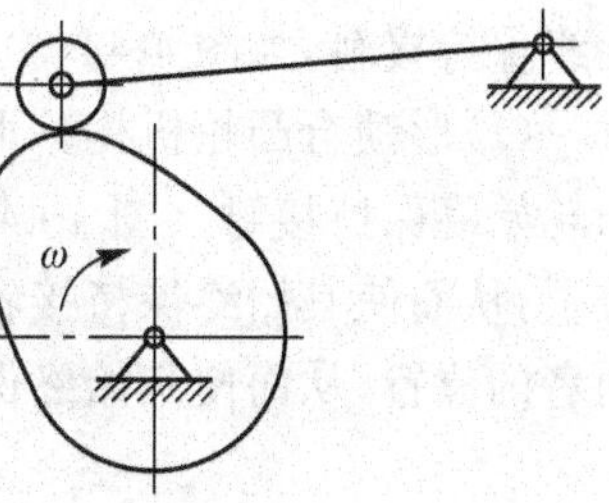

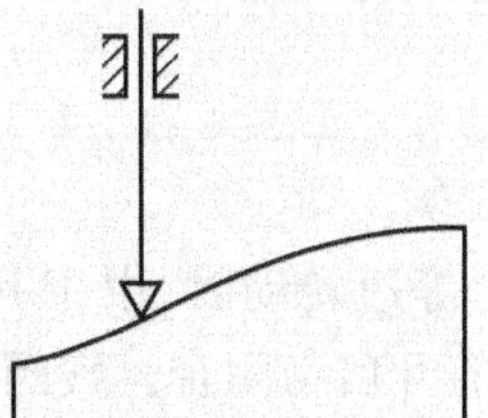

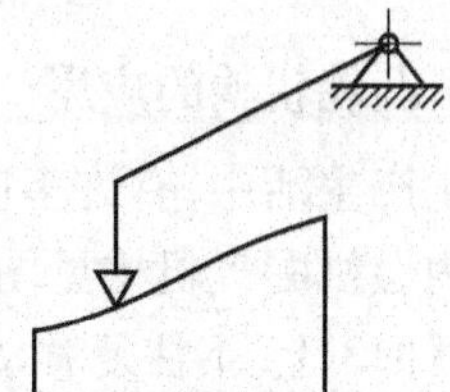

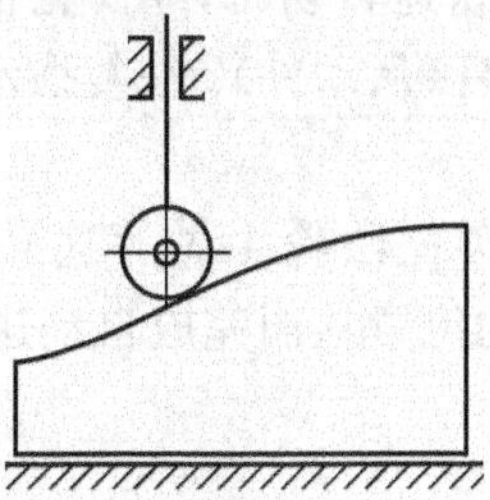

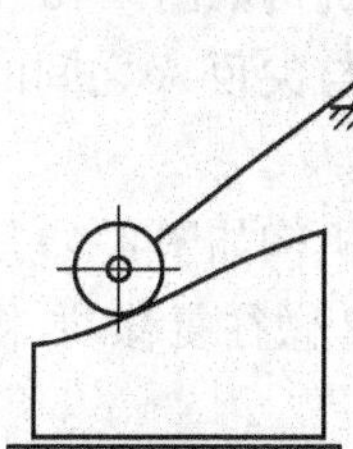

续表

类　型	移动从动件运动简图	摆动从动件运动简图
圆柱凸轮机构	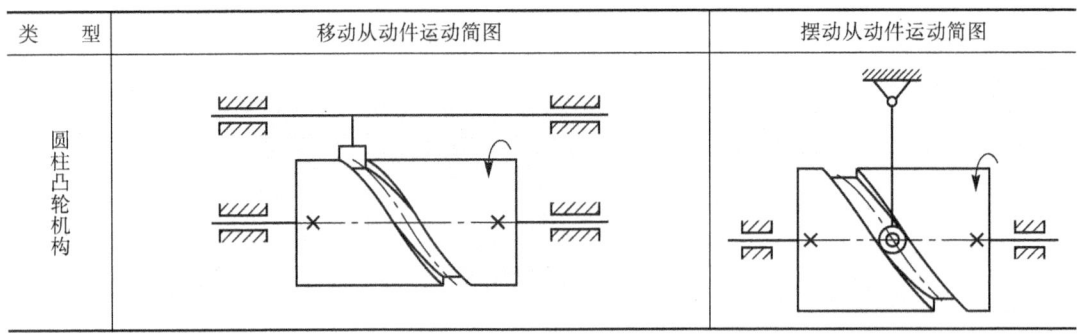	

4)按锁合方式分

凸轮机构按其锁合方式可分为力锁合凸轮机构和形锁合凸轮机构。

(1)力锁合凸轮机构。力锁合凸轮机构利用弹簧力或从动件自身重力使从动件与凸轮始终保持接触,如图 4-44(a)所示。

(2)形锁合凸轮机构。形锁合凸轮机构利用凸轮和从动件的特殊几何形状使从动件与凸轮始终保持接触。图 4-44(b)所示的从动件通过凸轮上的凹槽在几何形状上限定两者的位置,从而使其始终保持接触。图 4-44(c)所示的从动件设计成框架形状在几何形状上限定两者的位置,从而使其始终保持接触。

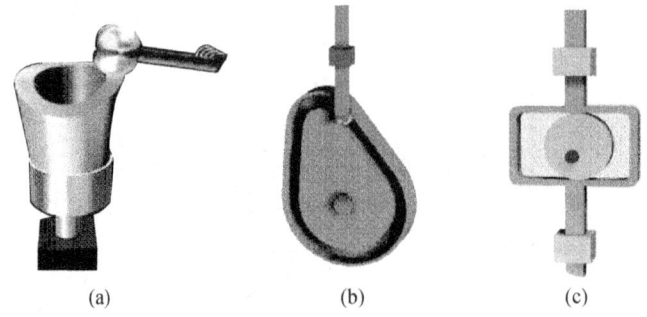

图 4-44　凸轮机构按锁合方式分类

3. 凸轮机构的应用

生产生活中,有许多应用凸轮机构的实例。

内燃机配气机构见图 4-40。当凸轮 1 等速转动时,由于其轮廓向径不同,迫使气阀杆(从动件)3 上、下往复移动,从而控制气阀的开启与闭合。气阀开启与闭合时间的长短及运动的速度和加速度的变化规律,取决于凸轮轮廓曲线的形状。

绕线机构如图 4-45 所示,当绕线轴 3 快速转动时,经齿轮带动凸轮 1 缓慢地转动,通过凸轮轮廓与尖顶 A 之间的作用,驱使布线杆(从动件)2 往复摆动,从而使线均匀地缠绕在绕线轴 3 上。

送料机构如图 4-46 所示。带凹槽的圆柱凸轮 1 做等速转动,槽中的滚子带动送料杆(从动件)2 做往复移动,将工件推至指定的位置从而完成自动送料任务。

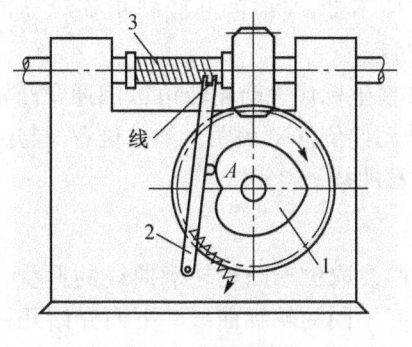

图 4-45 绕线机构
1—凸轮；2—布线杆；3—绕线轴

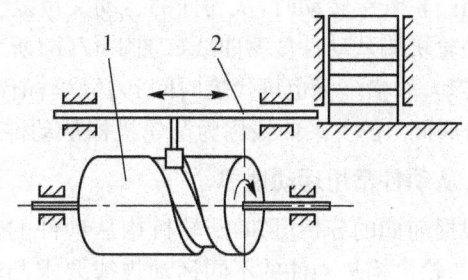

图 4-46 送料机构
1—凸轮；2—送料杆

二、凸轮机构从动件常用运动规律

1. 凸轮机构从动件运动分析的基本概念

从动件随主动件的运动变化规律称为从动件的运动规律。现以图 4-47(a)所示的尖顶移动从动件盘形凸轮机构为例进行凸轮机构的运动分析。

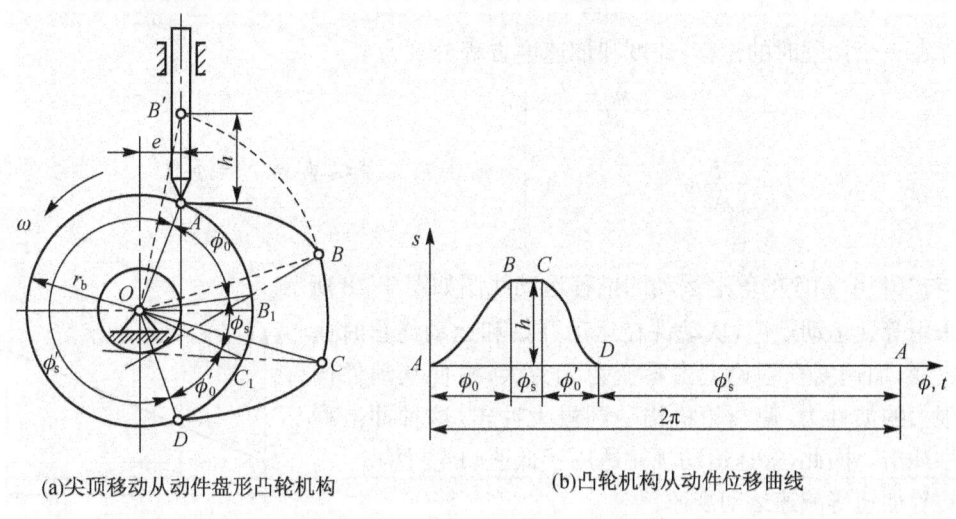

(a)尖顶移动从动件盘形凸轮机构   (b)凸轮机构从动件位移曲线

图 4-47 凸轮机构从动件运动分析

以凸轮转动中心到其轮廓的最小向径作为半径所绘制出的圆称为基圆,基圆半径用 r_b 表示。当尖顶与凸轮轮廓曲线的 A 点(在基圆上)接触时,从动件处于上升的起始位置。当凸轮以等角速度 ω 沿逆时针方向转动时,从动件在凸轮的推动下以一定的运动规律到达最远位置 B,这个过程称为推程。此时从动件所走过的距离 AB' 称为升程,用 h 表示,相应凸轮所转过的角度 ϕ_0 称为推程运动角($\phi_0 = \angle B'OB = \angle AOB_1$)。当凸轮继续转动 ϕ_s 时,从动件与凸轮轮廓曲线 BC 段接触,BC 是以 O 为圆心的一段圆弧,因此从动件静止不动,这其间从动件呈休止状态,对应的凸轮转角 ϕ_s 称为远休止角($\phi_s = \angle BOC = \angle B_1OC_1$)。当凸轮继续转动 ϕ_0' 时,从动件与凸轮轮廓线 CD 段接触,又回到起始位置,这个过程称为回程,其回程量仍为 h,对应的凸轮转角 ϕ_0' 称为回程运动角($\phi_0' = \angle C_1OD$)。当凸轮继续转动 ϕ_s' 时,从动件

与凸轮基圆的 DA 段接触,从动件在最低的位置停留不动,对应的凸轮转角 ϕ'_s 称为近休止角。当凸轮继续转动时,从动件的运动又重复上述过程。

凸轮机构从动件位移曲线如图 4-47(b)所示,其横坐标代表凸轮转角 ϕ(因通常凸轮等角速度转动,故横坐标也可代表时间 t),纵坐标代表从动件位移 s,表明从动件位移 s 与凸轮转角 ϕ 或时间 t 的关系曲线称为凸轮机构从动件的位移曲线。

2. 从动件常用运动规律

根据前面的分析可知,凸轮机构从动件的位移曲线取决于凸轮轮廓曲线的形状。也就是说,凸轮机构从动件的不同运动规律要求凸轮具有不同的轮廓曲线。下面介绍几种从动件常用的运动规律。

1)等速运动规律

凸轮机构从动件在一个推程或一个回程中加速度始终为零,即从动件做等速运动。从动件在一个推程时的位移、速度和加速度方程分别为

$$\left. \begin{array}{l} s = \dfrac{h}{\phi_0}\phi \\ v = \dfrac{h}{\phi_0}\omega \\ a = 0 \end{array} \right\} (0 \leqslant \phi \leqslant \phi_0) \tag{4-6}$$

从动件在一个回程时的位移、速度和加速度方程分别为

$$\left. \begin{array}{l} s = h\left(1 - \dfrac{\phi - \phi_0 - \phi_s}{\phi'_0}\right) \\ v = -\dfrac{h}{\phi'_0}\omega \\ a = 0 \end{array} \right\} (\phi_0 + \phi_s \leqslant \phi \leqslant \phi_0 + \phi_s + \phi'_0) \tag{4-7}$$

与式(4-6)相应的等速运动的推程运动线图如图 4-48 所示。

采用等速运动规律,从动件在运动开始和运动终止时速度有突变,加速度在理论上由零变为无穷大,致使从动件产生无限大的惯性力,使凸轮机构受到极大冲击,这种冲击称为刚性冲击。因此,等速运动规律适用于低速凸轮机构。

2)等加速等减速运动规律

凸轮机构从动件在一个推程或一个回程中做等加速或等减速运动。以推程为例,设从动件在前半个推程做等加速运动,在后半个推程做等减速运动,两段加速度的绝对值相等,则由匀变速运动的位移、速度和加速度方程可得,从动件前半个推程的位移、速度和加速度方程分别为

$$\left. \begin{array}{l} s = \dfrac{2h}{\phi_0^2}\phi^2 \\ v = \dfrac{4h\omega}{\phi_0^2}\phi \\ a = \dfrac{4h\omega^2}{\phi_0^2} \end{array} \right\} \left(0 \leqslant \phi \leqslant \dfrac{\phi_0}{2}\right) \tag{4-8}$$

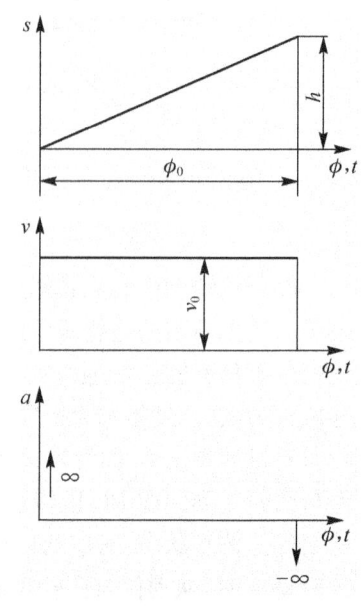

图 4-48 等速运动的推程运动线图

从动件后半个推程的位移、速度和加速度方程分别为

$$\left.\begin{aligned} s &= h - \frac{2h}{\phi_0^2}(\phi_0 - \phi)^2 \\ v &= \frac{4h\omega}{\phi_0^2}(\phi_0 - \phi) \\ a &= -\frac{4h\omega^2}{\phi_0^2} \end{aligned}\right\} \left(\frac{\phi_0}{2} \leqslant \phi \leqslant \phi_0\right) \tag{4-9}$$

由位移方程可知,位移曲线为抛物线,当 ϕ 取 1、2、3…个单位时,对应 s 为 1、4、9…个单位,由此可作出从动件在此期间的位移线图,如图 4-49 所示。

具体作图方法如下:在横坐标轴上将长度为 $\phi_0/2$ 的线段分成若干等分(图 4-49 中为 3 等分),得 1、2、3 各点,过这三点作横轴的垂线;再过 O 点作任一斜线 OO',在其上以任意间距截取 9 个等分点,连接直线 9-3″,并作其平行线 4—2″和 1—1″,最后由 1″、2″、3″(1″、2″、3″均为纵坐标轴上的点)分别向过 1、2、3 点的垂线投影,得到 1′、2′、3′点,将所得点连成光滑曲线便得到前半段等加速运动的位移曲线。用同样方法可求得等减速段的位移曲线。

由上可知,等加速等减速运动规律在始、末点及正、负加速度接点处,加速度产生有限值突变,致使惯性力发生有限值突变,使凸轮机构受到有限的冲击,这种冲击称为柔性冲击,故等加速等减速运动规律适用于中速凸轮机构。

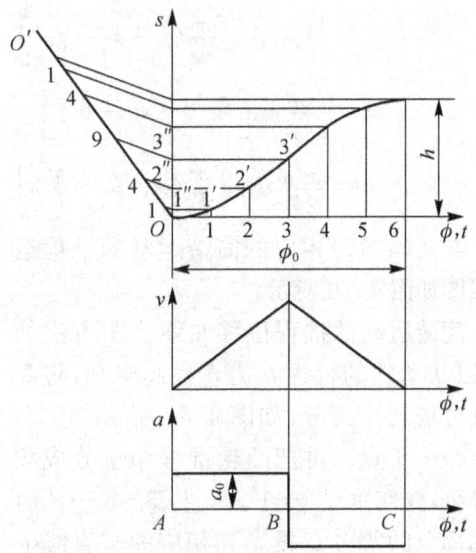

图 4-49 等加速等减速运动的推程运动线图

用同样的方法可推出从动件前半个回程时位移、速度和加速度方程分别为

$$\left.\begin{aligned} s &= h - \frac{2h}{\phi_0'^2}(\phi - \phi_0 - \phi_s)^2 \\ v &= -\frac{4h\omega}{\phi_0'^2}(\phi - \phi_0 - \phi_s) \\ a &= -\frac{4h\omega^2}{\phi_0'^2} \end{aligned}\right\} \left(\phi_0 + \phi_s \leqslant \phi \leqslant \phi_0 + \phi_s + \frac{\phi_0'}{2}\right) \tag{4-10}$$

从动件后半个回程的位移、速度和加速度方程分别为

$$\left.\begin{aligned} s &= \frac{2h}{\phi_0'^2}(\phi_0 + \phi_s + \phi_0' - \phi)^2 \\ v &= -\frac{4h\omega}{\phi_0'^2}(\phi_0 + \phi_s + \phi_0' - \phi) \\ a &= \frac{4h\omega^2}{\phi_0'^2} \end{aligned}\right\} \left(\phi_0 + \phi_s + \frac{\phi_0'}{2} \leqslant \phi \leqslant \phi_0 + \phi_s + \phi_0'\right) \tag{4-11}$$

3)简谐运动规律

当质点在圆周上做匀速运动时,它在该圆直径上的投影所形成的运动称为简谐运动。凸轮机构从动件做简谐运动时,从动件推程的位移、速度和加速度方程分别为

$$\left.\begin{aligned} s &= \frac{h}{2}\left(1-\cos\frac{\pi}{\phi_0}\phi\right) \\ v &= \frac{h\pi\omega}{2\phi_0}\sin\frac{\pi}{\phi_0}\phi \\ a &= \frac{h\pi^2\omega^2}{2\phi_0^2}\cos\frac{\pi}{\phi_0}\phi \end{aligned}\right\} (0 \leqslant \phi \leqslant \phi_0) \quad (4\text{-}12)$$

用同样方法可推出从动件回程的位移、速度和加速度方程分别为

$$\left.\begin{aligned} s &= \frac{h}{2}\left\{1+\cos\left[\frac{\pi}{\phi_0'}(\phi-\phi_0-\phi_s)\right]\right\} \\ v &= -\frac{h\pi\omega}{2\phi_0'}\sin\left[\frac{\pi}{\phi_0'}(\phi-\phi_0-\phi_s)\right] \\ a &= -\frac{h\pi^2\omega^2}{2\phi_0'^2}\cos\left[\frac{\pi}{\phi_0'}(\phi-\phi_0-\phi_s)\right] \end{aligned}\right\} \left(\phi_0+\phi_s+\frac{\phi_0'}{2} \leqslant \phi \leqslant \phi_0+\phi_s+\phi_0'\right) \quad (4\text{-}13)$$

与式(4-12)相应的简谐运动的推程运动线图如图 4-50 所示。

简谐运动的推程位移曲线作图方法如下:以从动件的行程 h 为直径画半圆,将此半圆分成若干等分,如图 4-50 所示,得 $1''$、$2''$、$3''$、…、$6''$点。再把凸轮推程角也分成相应等分,并作垂线 $1—1'$、$2—2'$、$3—3'$…然后将圆周上的等分点投影到相应的垂直线上得 $1'$、$2'$、$3'$、…、$6'$点。用光滑曲线连接所得点,便可得到位移曲线。

由上可知,简谐运动的加速度为余弦值,故又称其为余弦加速度运动规律。这种运动规律加速度曲线在运动开始和终止时也有突变,故也有柔性冲击,因此也只将其用于中速凸轮机构。

除上述三种运动规律外,工程上还应用摆线(正弦加速度)运动规律、高次多项式等运动规律,或将几种运动规律拼接成组合运动规律来使用。例如,摆线运动规律在整个行程中速度和加速度都无突变,因而无冲击,可用于高速凸轮机构中。

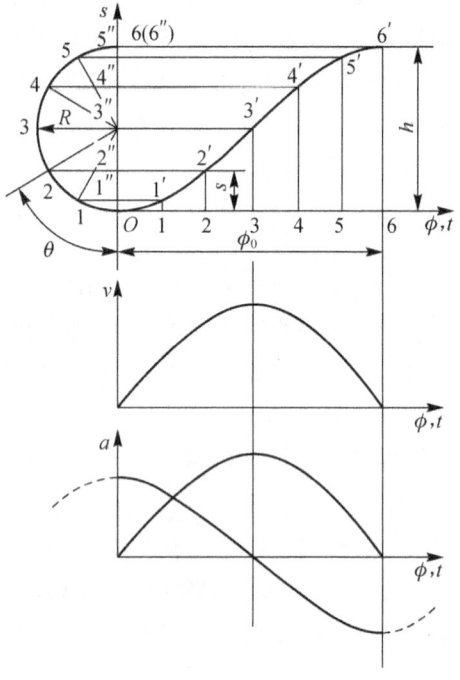

图 4-50 简谐运动的推程运动线图

3. 盘形凸轮轮廓曲线的设计

凸轮机构设计的主要任务是根据给定从动件的运动规律来设计凸轮的轮廓曲线。设计方法可分为图解法和解析法。图解法作图误差较大,适用于设计精度要求较低的凸轮机构,根据其能进一步理解凸轮轮廓曲线的设计原理及一些基本概念。以下只介绍图解法的设计

原理和凸轮轮廓的绘制方法。

1)反转法原理

根据凸轮机构的工作要求选择合理的从动件运动规律以及合适的凸轮基圆半径后,即可绘制出凸轮的轮廓。

当给整个凸轮机构施以$-\omega$的角速度时,不影响各构件之间的相对运动,此时,凸轮将静止,而从动件尖顶复合运动的轨迹即为凸轮的轮廓曲线,如图 4-51 所示。这就是凸轮轮廓设计的反转法原理。依据此原理可以用图解法设计凸轮的轮廓曲线。

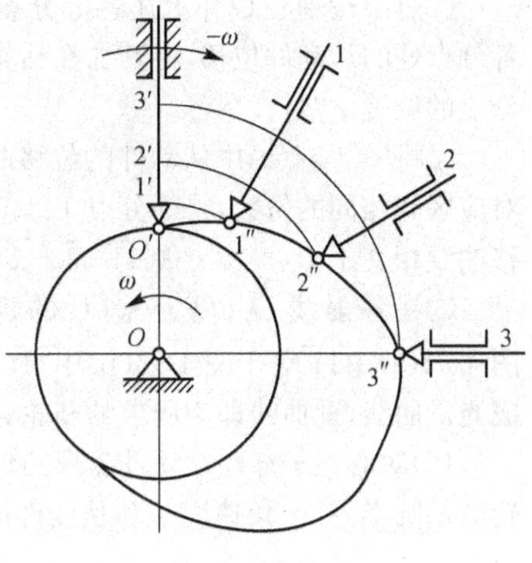

2)用图解法设计凸轮轮廓曲线

以下主要介绍对心移动从动件盘形凸轮轮廓的设计方法。

(1)对心尖顶移动从动件盘形凸轮机构。对心尖顶移动从动件盘形凸轮机构中,已知凸轮的基圆半径 r_b、角速度 ω 和从动件的运动规律,设计该凸轮轮廓曲线,如图 4-52 所示。

图 4-51　反转法原理

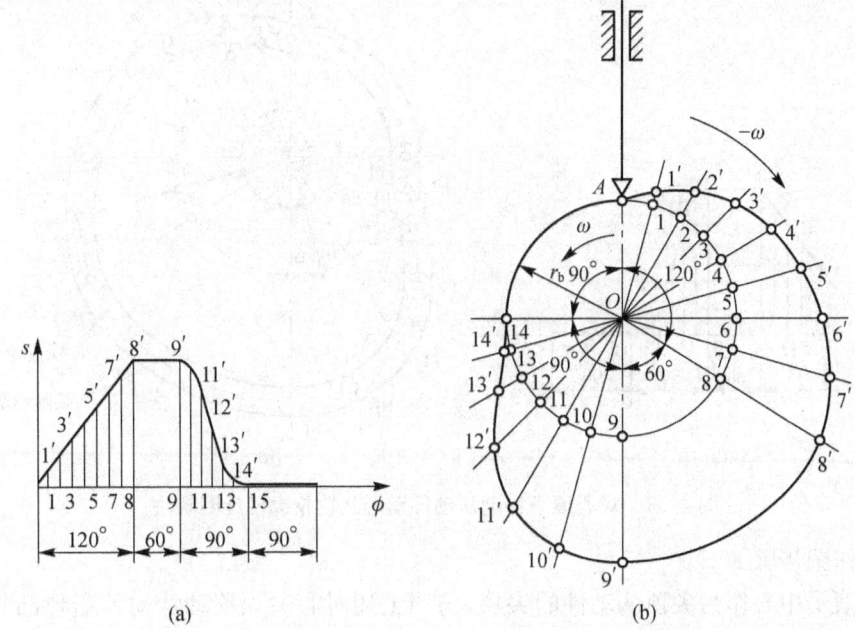

(a)　　　　　　　　　　(b)

图 4-52　对心尖顶移动从动件盘形凸轮轮廓设计图解法

具体作图步骤如下:

①取与从动件位移曲线相同的比例尺 μ_l 作基圆 r_b,基圆与从动件导路中心线的交点 A 即为从动件尖顶的起始位置。

②在基圆上自 OA 开始,沿 ω 的反方向量取推程运动角(120°)、远休止角(60°)、回程运动角(90°)和近休止角(90°),并将推程运动角和回程运动角各分成若干等分,原则是陡密缓疏。如图 4-52(b)所示,推程分成 8 等分,得 $1'$、$2'$、…、$8'$;回程分成 6 等分,得 $9'$、$10'$、

$11'、\cdots、14'$。

③过凸轮轴心 O 作上述各等分点的射线 $O1、O2、\cdots、O14$,确定反转后,量取位移曲线上各分点处的从动件位移,将其加在凸轮的基圆相应分点处的半径上,即得从动件尖顶在各等分点的位置。

④将图 4-52(a) 中从动件的位移曲线的推程运动角和回程运动角等分成与图 4-52(b) 中对应区间相同的份数,得等分点 1,3,5…过各等分点分别作垂直于横坐标的直线,它们与位移曲线相交于 $1'、3'、5'\cdots$则$\overline{11'}、\overline{33'}、\overline{55'}\cdots$即为凸轮在相应转角位置时从动件的位移量。

⑤在各射线 $O1、O2、\cdots、O14$ 的延长线上从基圆开始向外分别量取位移量,如量取图 4-52(a) 中 $\overline{11'}$ 等于图 4-52(b) 中 $\overline{11'}$,依此类推,于是得图 4-52(b) 中 $1'、2'、3'\cdots$连接各点形成光滑曲线,此曲线即为所求的凸轮轮廓。

(2)对心滚子移动从动件盘形凸轮机构。对心滚子移动从动件盘形凸轮机构中,已知凸轮的基圆半径 r_b、角速度 ω 和从动件的运动规律,设计该凸轮轮廓曲线,如图 4-53 所示。

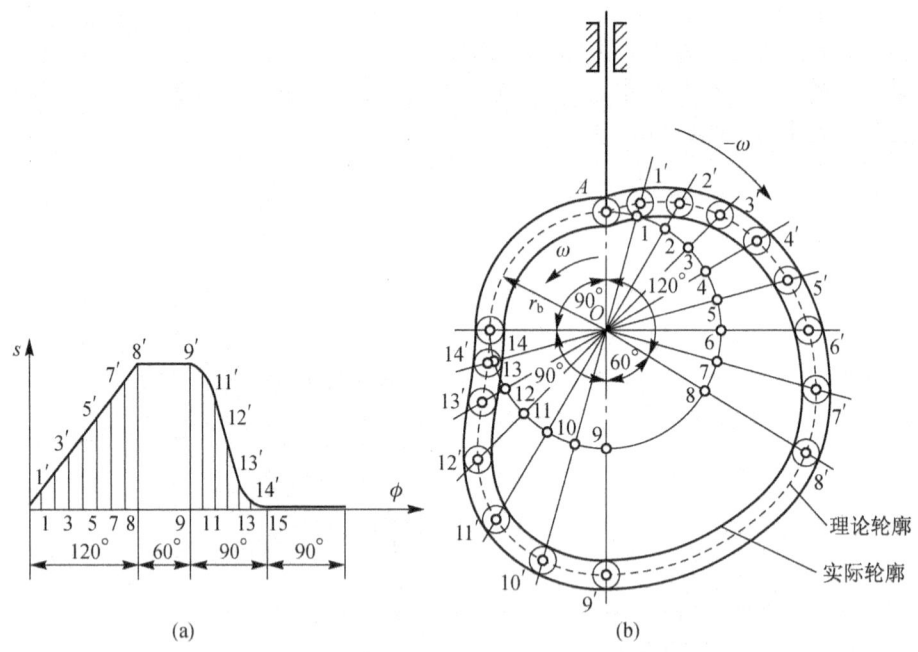

图 4-53 对心滚子移动从动件盘形凸轮轮廓设计图解法

具体作图步骤如下:

①将滚子中心作为尖顶从动件的尖顶,仿照上述对心尖顶移动从动件盘形凸轮轮廓设计的作图方法,画出理论轮廓。

②以理论轮廓上各点为中心画出一系列滚子圆,然后作一系列滚子圆的内包络线,便得所需设计的凸轮的实际轮廓。

(3)对心平底移动从动件盘形凸轮机构。对心平底移动从动件盘形凸轮机构中,已知凸轮的基圆半径 r_b、角速度 ω 和从动件的运动规律,设计该凸轮轮廓曲线,如图 4-54 所示。

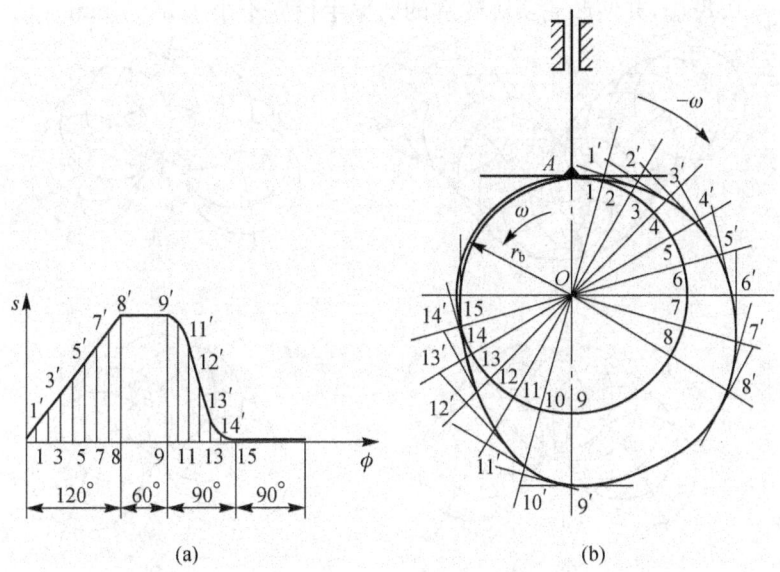

图 4-54 对心平底移动从动件盘形凸轮轮廓设计图解法

具体作图步骤如下:

① 把平底与导路的交点 A 看做从动件的尖顶,仿照上述对心尖顶移动从动件盘形凸轮轮廓设计的作图方法,作出凸轮理论轮廓上的一系列点 $1'、2'、3'\cdots$

② 过凸轮理论轮廓上的点 $1'、2'、3'\cdots$ 按照平底与导路之间的位置关系,作出一系列代表反转后从动件平底位置的直线。

③ 作内切于代表平底位置的一系列直线的包络线,则该包络线就是凸轮的实际轮廓。

4. 凸轮轮廓基本尺寸的确定

设计凸轮轮廓基本尺寸时,不仅要保证从动件实现预期的运动规律,还应保证凸轮机构工作时受力状态良好、结构紧凑。这些要求与滚子半径、凸轮机构压力角和基圆半径有关。

1) 滚子半径的选择

从接触强度的观点出发,滚子半径大一些为好,但有些情况下却要求滚子半径不能任意增大。凸轮轮廓曲线形状与滚子半径的关系如下:

(1) 当凸轮理论轮廓曲线内凹时,如图 4-55(a) 所示,实际轮廓的曲率半径 ρ' 等于理论轮廓的曲率半径 ρ 与滚子半径 r_T 之和,即 $\rho'=\rho+r_T$。此时,无论滚子半径是大是小,凸轮实际轮廓总是光滑曲线。

(2) 当凸轮理论轮廓曲线外凸时,$\rho'=\rho-r_T$,则会出现以下三种情况:

① 若 $\rho>r_T$,则 $\rho'>0$,这时所得的凸轮实际轮廓为光滑曲线,如图 4-55(b) 所示。

② 若 $\rho=r_T$,则 $\rho'=0$,这时所得的凸轮实际轮廓曲线变尖,极易磨损,从而导致凸轮运动失真不能使用,如图 4-55(c) 所示。

③ 若 $\rho<r_T$,则 $\rho'<0$,这时所得的凸轮实际轮廓曲线出现交叉,交点以外部分在加工时将被切去,运动会出现失真,如图 4-55(d) 所示。

为了使凸轮实际轮廓曲线在任何位置既不变尖也不交叉,滚子半径必须小于凸轮理论轮廓外凸部分的最小曲率半径 ρ_{min}。如果 ρ_{min} 过小,按上述条件选择的滚子半径太小而不能满足安装和强度要求时,就应当把凸轮基圆半径增大,重新设计凸轮轮廓曲线。一般要求 r_T

与 ρ_{min} 满足 $r_T \leqslant 0.8\rho_{min}$，并使凸轮实际轮廓的曲率半径 ρ' 不小于 3～5 mm。

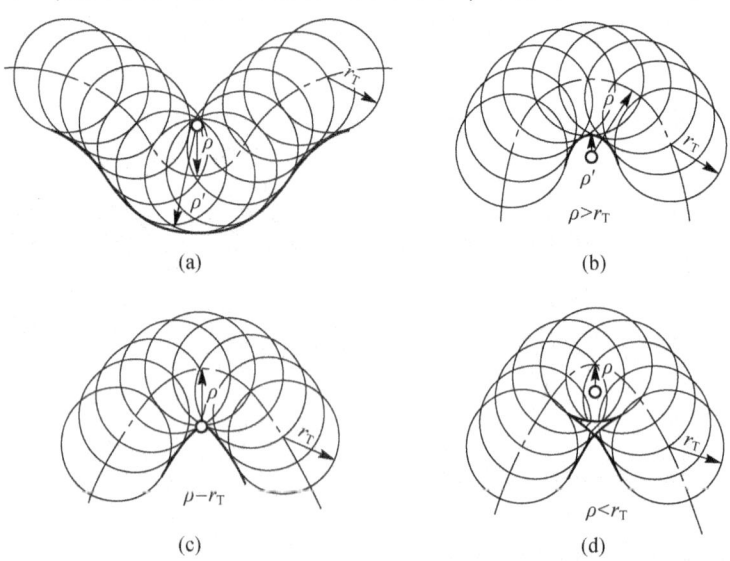

图 4-55　滚子半径对凸轮轮廓曲线形状的影响

2）凸轮机构压力角及其许用值

作用在从动件上的驱动力与该力作用点绝对速度之间所夹的锐角称为压力角，即接触点处的凸轮轮廓法线与从动件速度方向所夹的锐角。在设计凸轮机构时，不仅要使其能实现预期的运动规律，还要使其具有良好的传动性能和紧凑的结构尺寸。因此，需要讨论压力角对机构的传动性能、摩擦、磨损、效率、自锁及尺寸的影响。

如图 4-56 所示，若将力 F 分解为沿从动件移动方向的有用分力 F' 和垂直于从动件方向压紧导路的有害分力 F''，则它们之间的关系为

$$F'' = F' \tan \alpha \qquad (4-14)$$

当有用分力 F' 一定时，压力角 α 越大，有害分力 F'' 就越大，凸轮机构的效率就越低。当压力角 α 增大到一定程度，以致有害分力 F'' 所引起的摩擦阻力大于有用分力 F' 时，无论凸轮加给从动件的作用力有多大，从动件都不能运动，便产生自锁。为改善受力、效率和避免自锁，将压力角设计得越小越好。设计上规定最大压力角 α_{max} 要小于许用压力角 $[\alpha]$。若给定从动件运动规律，则压力角越大时，基圆直径越小，凸轮机构尺寸也越小。综上所述，推荐的许用压力角为

移动从动件推程　$[\alpha] = 30° \sim 40°$
摆动从动件推程　$[\alpha] = 40° \sim 50°$

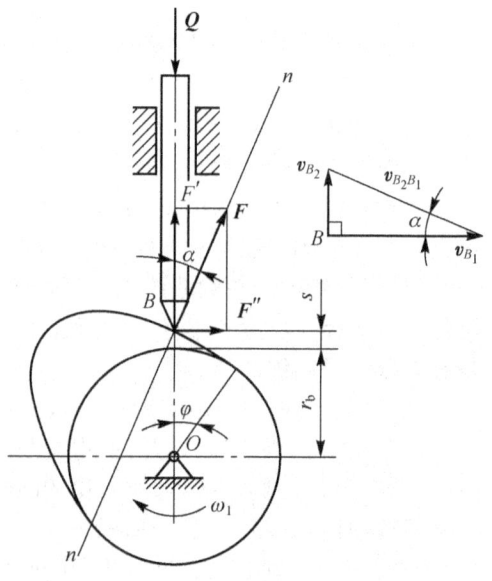

图 4-56　凸轮机构的压力角与作用力的关系

凸轮机构在回程时，因受力较小且无自锁问题，故回程时许用压力角 $[\alpha']$ 可取得大些，通常可取 $[\alpha'] = 70° \sim 80°$。

3)基圆半径的确定

基圆半径是凸轮机构设计时的一个重要参数。它对凸轮机构的结构尺寸、传动性能、受力性能等都有重要影响。确定凸轮基圆半径常用以下两种方法：

(1)根据凸轮的结构确定基圆半径。

凸轮与轴做成一体(凸轮轴)　　$r_b = r + r_T + (2 \sim 5)$ mm

凸轮单独制造　　　　　　　　$r_b = (1.5 \sim 2)r + r_T + (2 \sim 5)$ mm

上两式中，r_b 为凸轮基圆半径(mm)；r 为轴的半径(mm)；r_T 为滚子半径(mm)，若为非滚子从动件，则式中的 r_T 可忽略不计。

(2)根据压力角确定最小基圆半径 r_{bmin}。

从传动效率来看，压力角越小越好，但压力角减小将导致凸轮尺寸增大，因此，在设计凸轮时要权衡两者的关系，使设计达到合理。从图 4-56 所示的凸轮机构中，根据运动学知识，可推得基圆半径与压力角的关系为

$$r_b = \frac{v}{\omega \tan \alpha} - s \quad (4-15)$$

式中，v 为从动件的速度(m/s)；ω 为凸轮的角速度(rad/s)；s 为从动件的位移(mm)。

由式(4-15)可知：压力角增大，基圆半径减小，则结构紧凑，但机构传动性能不好；压力角减小，基圆半径增大，则机构尺寸变大，但机构传动性能良好。

为了使凸轮机构既有较好的传动性能，又有较紧凑的结构尺寸，设计时，通常在 $\alpha_{max} \leq [\alpha]$ 的前提下，尽量采用较小的基圆半径。基圆半径可按 $r_b \geq r_{bmin}$ 选取。

5. 凸轮机构的失效形式与修理

在使用凸轮机构时，必须保持从动件与导路之间、从动件与凸轮之间的良好润滑。从动件与导路之间润滑不良，会导致从动件被卡死或工作阻力过大；从动件与凸轮之间润滑不良，会引起从动件与凸轮的过度磨损和擦伤。此外，对于凸轮机构在使用中出现的故障，要及时发现、及时排除。

1)凸轮的失效形式

凸轮的失效形式有凸轮工作表面磨损、擦伤和点蚀。

(1)凸轮磨损的主要原因是：凸轮运动时，其接触形式为点接触或线接触，凸轮表面各点的接触应力不同，造成凸轮表面的不均匀磨损，如汽车发动机配气机构中的凸轮。

(2)凸轮擦伤的主要原因是：凸轮在高的表面接触应力下工作时，由于润滑条件差，使凸轮与从动件形成金属表面直接接触，造成金属的黏着而产生划痕。

(3)凸轮点蚀的主要原因是：凸轮受周期性压力载荷，使其表面产生弹性或塑性变形，变形处发生硬化而出现裂痕，且进一步发展，最后呈点状或片状剥落。

2)凸轮轮廓的检查

凸轮的擦伤和点蚀可以通过检查直接发现。对于凸轮加工尺寸的误差和凸轮磨损，可采用专用量具对几个关键点位的向径进行检测。

3)凸轮的修理

凸轮发生擦伤和点蚀而失效时，需更换凸轮。对凸轮磨损后的修理方法，应根据其升程高度减小值而定。当升程高度减小值在允许范围内时，可直接在专用凸轮磨床上磨削；当升程高度减小值超过允许范围时，可先振动堆焊(即以一定频率和振幅的电脉冲自动堆焊)，然后再经过凸轮磨床磨削至凸轮的标准轮廓尺寸。

学习情境四　螺旋机构

学习目标

熟悉螺纹的形成、分类和主要参数；
掌握常用螺纹的特点及应用；
掌握螺旋机构的形式及应用。

课堂导入

图 4-57 所示为平口虎钳，用手柄带动螺杆旋转，使螺母移动，从而实现活动钳口夹紧工件。其工作原理是将旋转运动变为直线运动。螺旋机构有哪些形式及应用呢？通过学习本节知识，就会找到答案。

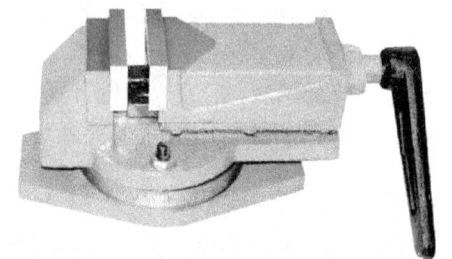

图 4-57　平口虎钳

基本知识

螺旋机构由螺杆、螺母和机架组成，且一般将螺杆或螺母之一作为机架。工作时，通过螺杆和螺母的旋合传递运动和动力。螺旋机构是机械设备和仪器仪表中应用比较广泛的一种传动机构。

一、螺纹基本知识

1. 螺纹的形成

1）螺旋线

螺旋线是沿着圆柱或圆锥表面运动的点的轨迹，如图 4-58 所示。在圆柱面（或圆锥面）的螺旋线上任意点的轴向位移和相应的角位移成定比。

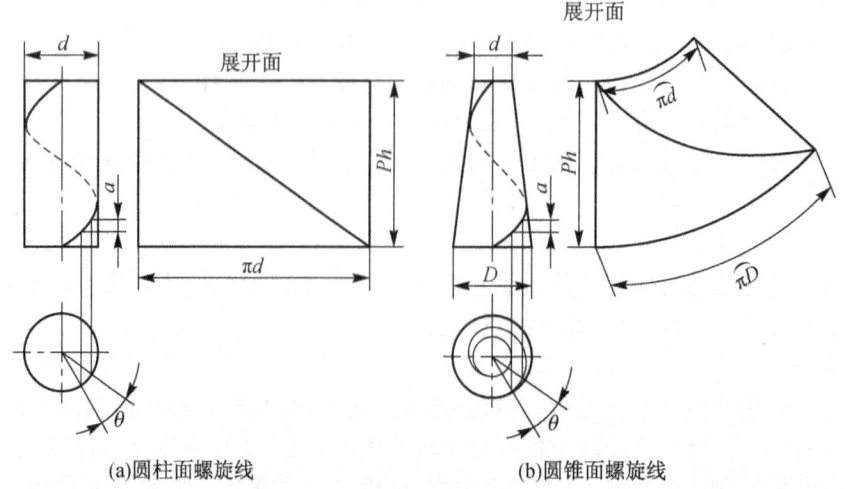

(a) 圆柱面螺旋线　　　　　　(b) 圆锥面螺旋线

图 4-58　螺旋线

2)螺纹

在圆柱或圆锥体的表面,用不同形状的刀具沿螺旋线切削出沟槽即形成螺纹。

2. 螺纹的分类

1)按螺旋线的旋向分

螺纹按螺旋线的旋向可分为左旋螺纹和右旋螺纹,一般常用右旋螺纹。其旋向的判断方法为将圆柱或圆锥体直立,即使圆柱或圆锥体的轴线与水平面垂直,螺旋线左低右高(向右上旋升)为右旋;反之为左旋,如图4-59所示。

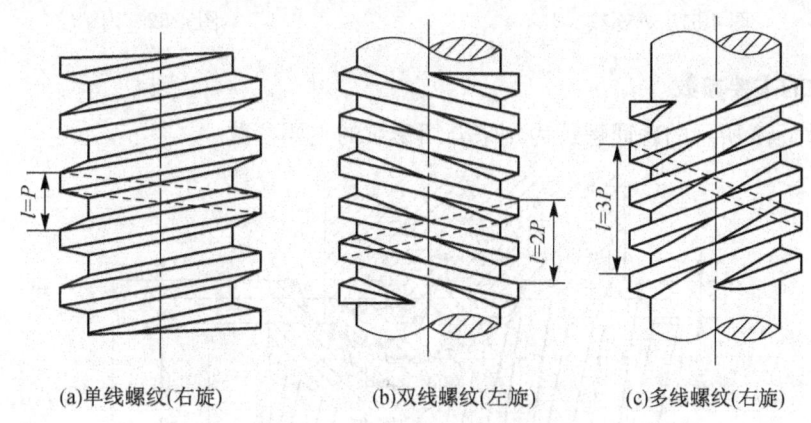

(a)单线螺纹(右旋)　　(b)双线螺纹(左旋)　　(c)多线螺纹(右旋)

图4-59　螺纹的旋向和线数

2)按螺旋线的数目分

螺纹按螺旋线的数目可分为单线螺纹、双线螺纹和多线螺纹,见图4-59。单线螺纹常用于联接,也可用于传动;双线螺纹与多线螺纹则主要用于传动。为了方便制造,一般螺纹不超过四线。

3)按螺纹牙型不同分

在通过螺纹轴线的剖面上,螺纹的轮廓形状称为螺纹牙型。常用螺纹牙型有三角形、矩形、梯形和锯齿形,如图4-60所示。

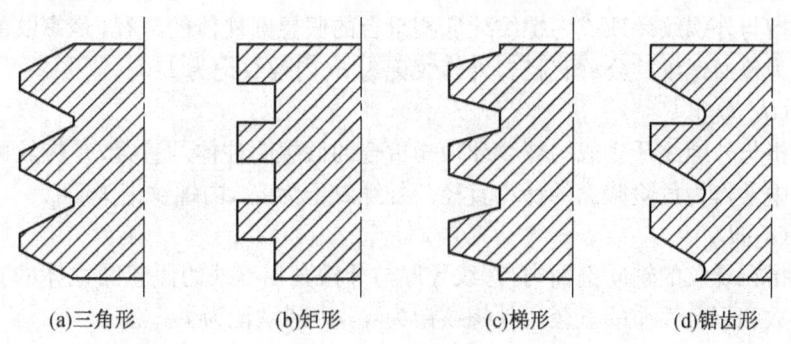

(a)三角形　　(b)矩形　　(c)梯形　　(d)锯齿形

图4-60　常用螺纹牙型

此外,螺纹还有外螺纹和内螺纹之分。在圆柱或圆锥体外表面上加工出的螺纹称为外螺纹,如图4-61所示;在圆柱或圆锥体内表面上加工出的螺纹称为内螺纹,如图4-62所示。

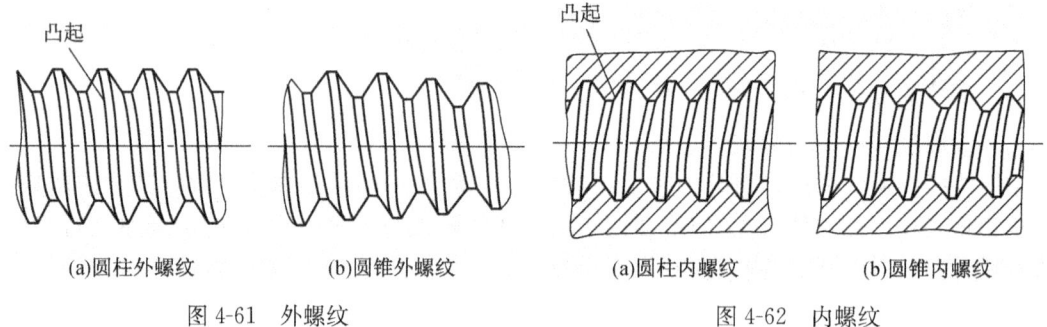

(a)圆柱外螺纹　　(b)圆锥外螺纹　　　　(a)圆柱内螺纹　　(b)圆锥内螺纹

图 4-61　外螺纹　　　　　　　　　图 4-62　内螺纹

3. 螺纹的主要参数

现以图 4-63 所示的普通螺纹为例来介绍螺纹的主要参数。

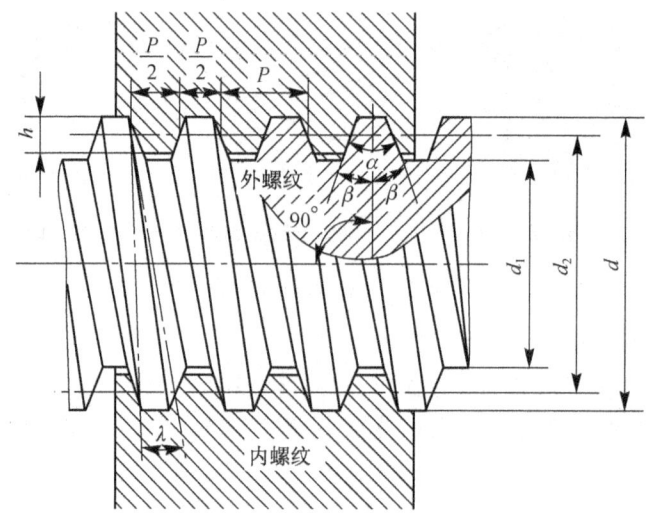

图 4-63　螺纹的主要参数

1) 大径(d, D)

大径是指与外螺纹牙顶或内螺纹牙底相重合的假想圆柱体的直径,是螺纹的最大直径,标准中规定为普通螺纹的公称直径。外螺纹记为 d,内螺纹记为 D。

2) 小径(d_1, D_1)

小径是指与外螺纹牙底或内螺纹牙顶相重合的假想圆柱体的直径,是螺纹的最小直径,在强度计算中常作为危险截面的计算直径。外螺纹记为 d_1,内螺纹记为 D_1。

3) 中径(d_2, D_2)

中径是指在螺纹的轴向剖面内,螺纹牙厚与牙槽宽相等处的假想圆柱体的直径,是确定螺纹几何参数和配合性质的直径。外螺纹记为 d_2,内螺纹记为 D_2。

4) 螺距(P)

螺距是指相邻两螺纹牙型在中径线上对应两点间的轴向距离,记为 P。

5) 导程(P_h)

导程是指同一条螺旋线上相邻两螺纹牙型在中径线上对应两点之间的轴向距离,记为 P_h。设螺纹线数为 n,对于单线螺纹有 $P_h=P$;对于双线和多线螺纹有 $P_h=nP$。

6) 螺纹升角

螺纹升角是指在螺纹中径圆柱面上,螺旋线的切线与垂直于螺纹轴线的平面间的夹角,用来表示螺旋线的倾斜程度,记为 λ,其表达式为

$$\lambda = \arctan\frac{P_h}{\pi d_2} = \arctan\frac{nP}{\pi d_2} \tag{4-16}$$

7) 牙型角

牙型角是指在轴向剖面内螺纹牙型两侧边的夹角,记为 α。牙型侧边与螺纹轴线的垂线间的夹角称为牙侧角,记为 β,对称螺纹的牙侧角 β=α/2。

4. 常用螺纹的类别、特点及应用

螺纹已经标准化,分为米制和英制两种,我国采用米制,而英、美等国则采用英制。常用螺纹的类别、特点及应用见表 4-4。

表 4-4 常用螺纹的类别、特点及应用

类别		牙型	特点及应用
联接用	三角形螺纹 普通螺纹	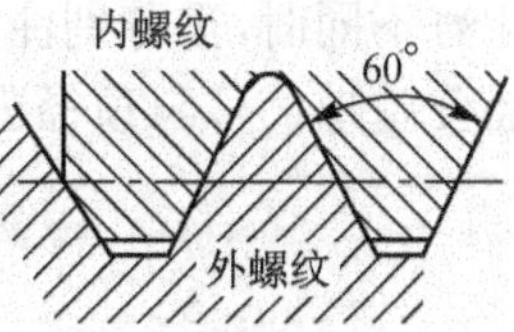	牙型角 α=60°,牙根强度较高,可按螺距大小分为粗牙和细牙,一般情况下多用粗牙,而细牙用于薄壁零件或受动载荷时的联接,还可用于微调机构的调整
	三角形螺纹 管螺纹	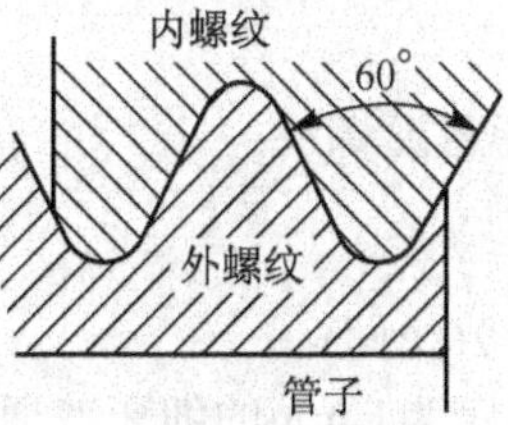	牙型角 α=55°,公称直径近似为管子内径,以 in(英制)为单位,是一种螺纹深度较浅的特殊细牙螺纹,多用于压力在 1.57 N/mm² 以下的管子联接
传动用	矩形螺纹	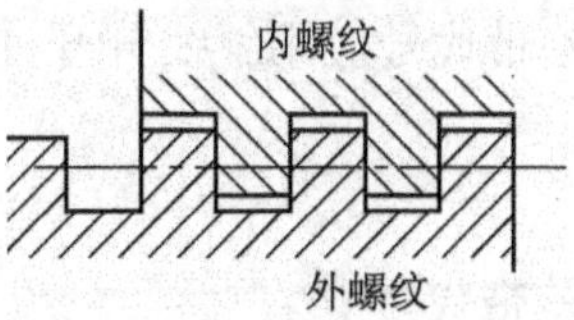	牙型为正方形,牙厚为螺距的一半,尚未标准化,传动效率高,但精确制造困难,可用于传动
	梯形螺纹	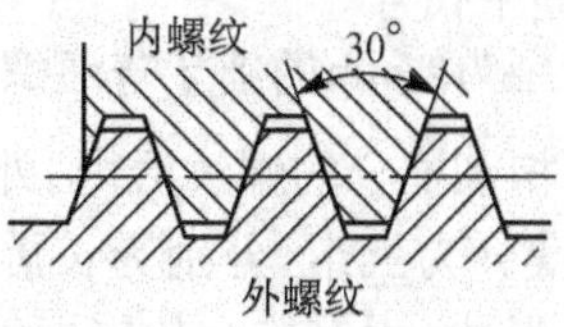	牙型角 α=30°,传动效率略低于矩形螺纹,但工艺性好,牙根强度高,广泛用于传动
	锯齿形螺纹	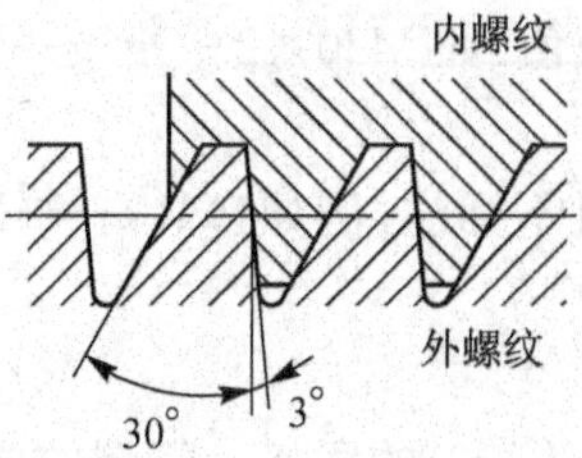	工作面的牙型斜角为 3°,非工作面的牙型斜角为 30°,综合了矩形螺纹传动效率高和梯形螺纹牙根强度高的特点,但只能用于单向受力的传动

5. 螺纹标记与公差代号

1) 普通螺纹

(1) 普通螺纹的标记。普通螺纹用得最广泛,螺纹紧固件(螺栓、螺柱、螺钉、螺母等)上的螺纹一般均为普通螺纹。普通螺纹的标记由五部分组成,如图 4-64 所示。

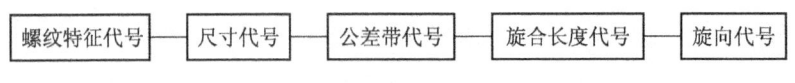

图 4-64 普通螺纹的标记

例如,M10×1.5—7H—L—LH 为普通螺纹的一个完整标记。其中,螺纹特征代号为 M,表示普通螺纹;尺寸代号为"10×1.5",尺寸代号用"公称直径×螺距(多线螺纹的导程和螺距均要标注,单线粗牙普通螺纹不标注螺距)"来表示,即"10×1.5"表示公称直径为 10 mm,螺距为 1.5 mm。

(2) 普通螺纹的公差带代号。普通螺纹的公差带代号由表示公差大小的公差等级(数字)和表示公差带位置的基本偏差字母(外螺纹用小写字母,内螺纹用大写字母表示)组成。当普通螺纹中径公差带代号与顶径公差带代号不同时,需分别注出,其中,中径公差带代号在前,顶径公差带代号在后;当普通螺纹中径公差带代号与顶径公差带代号相同时,只注一个公差带代号,如:

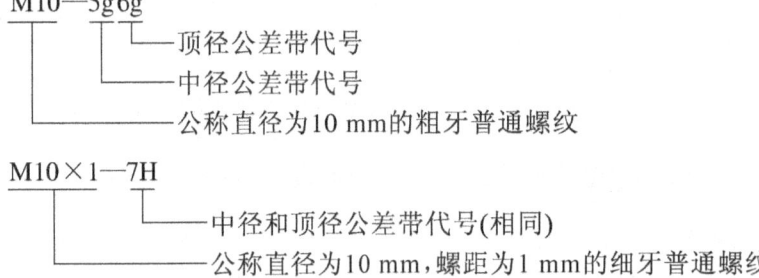

当内、外螺纹装配在一起时,两者的公差带代号应用斜线分开,内螺纹公差带代号在前,外螺纹公差带代号在后,如:

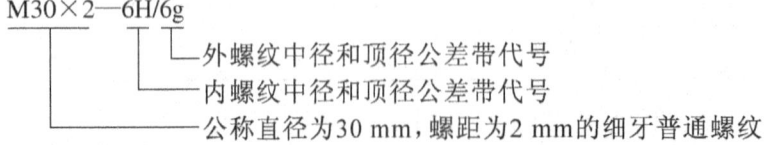

(3) 普通螺纹的旋合长度及代号。两个相互配合的螺纹沿内、外螺纹轴线方向相互旋合部分的长度称为旋合长度。螺纹的旋合长度分为三组,分别为长旋合长度、中等旋合长度、短旋合长度,其相应的代号分别为 L、N、S。其中,中等旋合长度螺纹最常用,其代号不标记。当有特殊需要时,可直接注明旋合长度的数值,如 M20×2—5g6g—40。

(4) 螺纹的旋向及代号

螺纹的旋向为左旋时标注 LH,右旋时不标注,例如,M10—7H—L—LH 为左旋螺纹,M10—7H—L 为右旋螺纹。

2) 管螺纹

管螺纹一般用于管路(水管、油管、煤气管等)的联接。管螺纹的标记由四部分组成,如

图4-65所示。

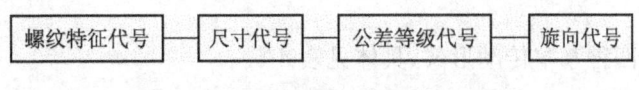

图4-65 管螺纹的标记

管螺纹的尺寸代号不是螺纹的公称直径,而是管子的通径(英制)大小。标记中未注写旋向的均为右旋。G为非密封管螺纹的螺纹特征代号,Rp为密封圆柱内螺纹的螺纹特征代号,Rc为密封圆锥内螺纹的螺纹特征代号,R_1为与圆柱内螺纹相配合的圆锥外螺纹的特征代号,R_2为与圆锥内螺纹相配合的圆锥外螺纹的特征代号。

(1) 55°非密封管螺纹的标记示例。

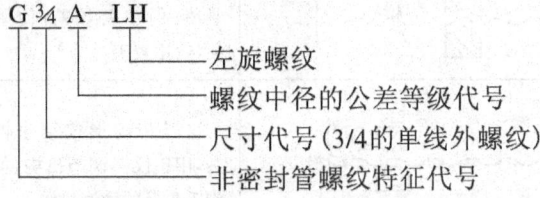

(2) 55°密封管螺纹的标记示例。

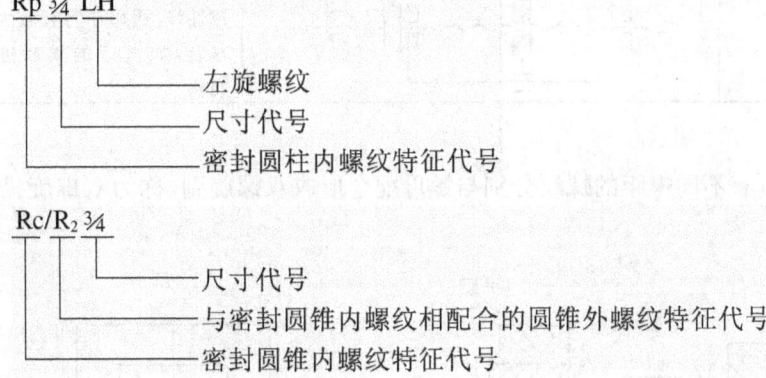

3) 梯形螺纹和锯齿形螺纹

梯形螺纹和锯齿形螺纹常用于传递运动和动力的丝杠上。梯形螺纹在工作时牙的两侧均受力,而锯齿形螺纹在工作时是单侧受力。梯形螺纹和锯齿形螺纹的螺纹特征代号分别为Tr和B,其标记方法与普通螺纹类似。梯形螺纹的公称直径为中径。

此外,由于矩形螺纹为非标准螺纹,故无螺纹特征代号,在标注时,需要标出螺纹的所有尺寸。

二、螺旋机构的形式及应用

螺旋机构结构简单,工作连续平稳,传动比大,承载能力强,传递运动准确,易实现自锁,故应用广泛。但其摩擦损耗大,传动效率低。

螺旋机构是由螺杆和螺母组成低副运动实现的,按用途和受力情况可分为传递运动、传递动力和用于调整等三种类型;按螺旋副的摩擦性质可分为滑动螺旋机构、滚动螺旋机构两种类型。

1. 滑动螺旋机构

滑动螺旋机构是利用螺旋副传递运动和动力的,主要用来把回转运动变为直线运动,按螺杆上的螺旋副数目可分为单螺旋机构和双螺旋机构两种。

1) 单螺旋机构

单螺旋机构有四种基本传动形式,具体见表 4-5。

表 4-5　单螺旋机构基本传动形式

基本传动形式	示意图	特点和应用
螺母固定、螺杆转动并轴向移动		这类传动形式能获得较高的传动精度,适用于行程较小的场合,如千斤顶、压力机、台虎钳等
螺杆固定、螺母转动并轴向移动		这类传动形式结构简单、紧凑,但精度较差,使用不便,应用较少
螺母转动、螺杆轴向移动		这类传动形式结构较复杂,用于仪器调节机构,如螺旋千分尺的微调机构
螺杆转动、螺母轴向移动		这类传动形式结构紧凑、刚性好,适用于行程较大的场合,如车床的丝杠进给机构

2) 双螺旋机构

一个螺杆的两端具有不同螺距的螺纹分别与螺母配合形成双螺旋副,称为双螺旋机构,如图 4-66 所示。

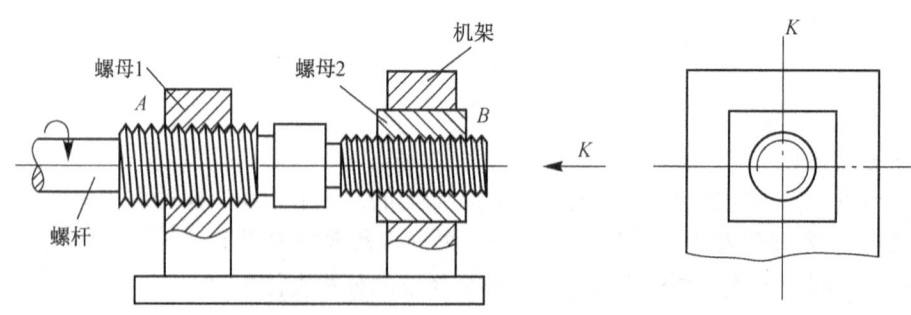

图 4-66　双螺旋机构

根据螺旋副的旋向,双螺旋机构有以下两种形式:

(1) 差动螺旋机构。差动螺旋机构是指活动螺母与螺杆产生差动(即不一致)的螺旋传动机构。图 4-66 中,螺母 1 固定,螺母 2 可沿轴向移动,且 $P_{hA} \neq P_{hB}$。若 A、B 段螺纹旋向相同,当螺杆回转 ϕ 角时,螺杆相对于机架的位移为 $s_1 = P_{hA}\phi/2\pi$;螺母 2 相对于螺杆的位移为 $s_{21} = -P_{hB}\phi/2\pi$;螺母 2 相对于机架的位移为 $s_2 = (P_{hA} - P_{hB})\phi/2\pi$。当 $(P_{hA} - P_{hB})$

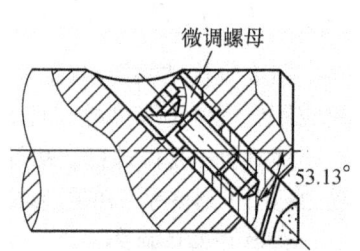

图 4-67　微调镗刀

很小时，s_2 很小。差动螺旋机构适用于测微计(千分尺)、分度机构、调节机构(镗刀微调机构)等。如图 4-67 所示为微调镗刀。

(2) 复式螺旋机构。图 4-66 中，当 A、B 段螺纹旋向相反时，螺母 2 相对于机架的位移为 $s=(P_{hA}+P_{hB})\phi/2\pi$。由此可知，螺母 2 的位移是螺杆位移的两倍，即可以使螺母 2 产生很快的移动。这种螺旋机构称为复式螺旋机构，其可用于车辆的快速靠近或离开、电杆拉线机构等，如图 4-68 所示。图 4-68(a)为车辆快速靠近或离开机构，顺时针(或逆时针)旋转手柄，使 E、F 两端快速靠近(或离开)；图 4-68(b)为电杆线张紧器，当电杆线变松后，旋转张紧器，A、B 两端在螺旋机构的作用下自动收紧变松的电线；图 4-68(c)为弹簧圆规，旋转调整螺母，圆规的两脚就会自动张开或靠近。

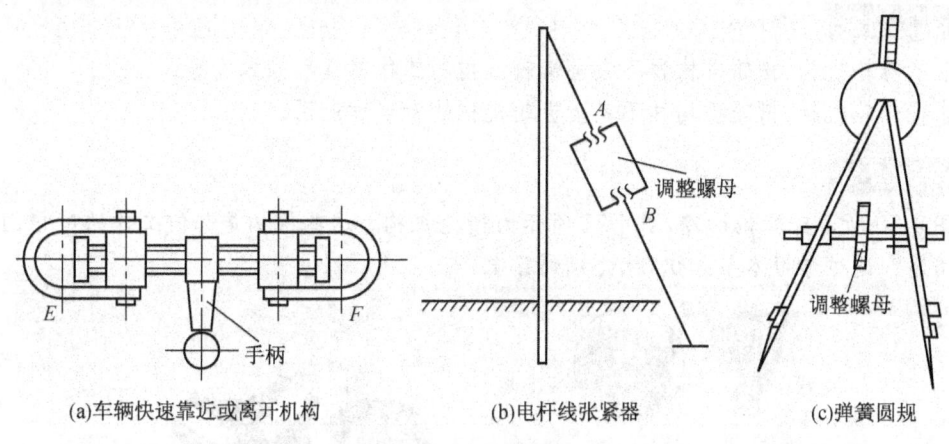

图 4-68 复式螺旋机构

2. 滚动螺旋机构

滑动螺旋机构的螺旋副由于摩擦阻力大、效率低、精度低等原因，不能满足现代机械的传动要求。为了改善滑动螺旋传动的性能，经常采用滚珠螺旋传动新技术，用滚动摩擦来代替滑动摩擦。

在螺杆和螺母之间设有封闭循环的滚道，滚道之间充以钢珠，这样就使螺旋面的摩擦变为滚动摩擦，这种螺旋机构称为滚动螺旋机构或滚珠丝杆机构，如图 4-69 所示，其常用的循环方式有外循环和内循环两种。滚珠在循环过程中有时与丝杆脱离接触的称为外循环，见图 4-69(a)；始终与丝杆保持接触的称为内循环，见图 4-69(b)。

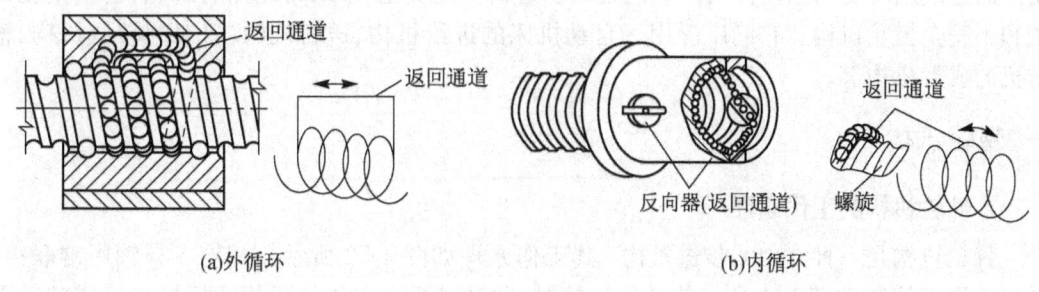

图 4-69 滚动螺旋机构

滚动螺旋机构摩擦系数小，$f=0.002\sim0.005$，传动效率高，达 90% 以上；起动转矩接近运转转矩,工作平稳;磨损小且寿命长,间隙可调,传动精度与刚度均可得到提高;不具有自锁性,可将直线运动变为旋转运动。但是,滚动螺旋机构结构复杂,制造困难,需加自锁装置,承载能力比滑动螺旋机构小。

滚动螺旋机构常用于车辆的转向机构及对传动精度要求较高的场合,如飞机机翼和起落架的控制机构、大型水闸闸门的升降机构以及数控机床的进给机构等。

学习情境五　步　进　机　构

学习目标

熟悉棘轮机构、槽轮机构和不完全齿轮机构的工作原理和基本类型;
掌握棘轮机构、槽轮机构和不完全齿轮机构的特点和应用。

课堂导入

图 4-70 所示为棘轮切刀,图 4-71 所示为槽轮机构。这些机构是如何工作的？它们都有哪些用途？通过学习本节知识,就会找到答案。

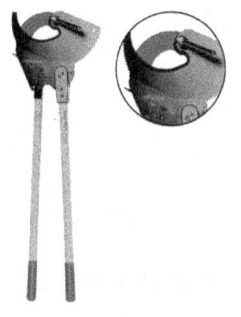　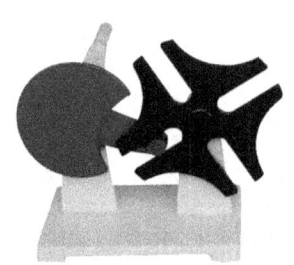

图 4-70　棘轮切刀　　　　图 4-71　槽轮机构

基本知识

机械设备中,特别是在自动、半自动机械设备中,常常需要某些构件做周期性的时停时动的间歇运动,能实现这种运动要求的机构称为步进机构,也称为间歇机构。其功能是把主动件的连续运动变为从动件的间歇运动。步进机构的类型较多,常用的有棘轮机构、槽轮机构和不完全齿轮机构。它们广泛用于自动机床的进给机构、送料机构、刀架的转位机构、精纺机的成形机构等。

一、棘轮机构

1. 棘轮机构的工作原理

棘轮机构是一种常用的步进机构,其工作原理如图 4-72 所示。棘轮 3 与轴用键联接,弹簧 5 用来使制动棘爪 4 和棘轮 3 保持接触,驱动棘爪 2 与连杆机构的摇杆 1 组成转动副 N。摇杆 1 空套在轴上,可自由摆动。当摇杆 1 逆时针摆动时,驱动棘爪 2 插入棘轮 3 的齿槽中,推动棘轮 3 转过一定角度,而制动棘爪 4 则在棘轮 3 的齿上滑过；当摇杆 1 顺时针摆动时,驱动棘爪 2 在棘轮 3 的齿上滑过,制动棘爪 4 将阻止棘轮 3 做顺时针转动,故棘轮 3 静止不动。因此,摇杆做连续的往复摆动时,棘轮做单向步进转动。

2. 棘轮机构的基本类型

常见的棘轮机构可分为齿啮式棘轮机构和摩擦式棘轮机构两类。

1) 齿啮式棘轮机构

齿啮式棘轮机构是由棘爪和棘轮齿啮合来实现传动的,齿啮式棘轮机构有外啮合棘轮机构和内啮合棘轮机构两种形式。在实际使用中,可采用一些调节方法改变棘轮转角的大小和棘轮的转向,如调节摇杆摆角的大小来控制棘轮转角的大小,或用遮板调节棘轮转角的大小和棘轮的转向,如图 4-73 所示。

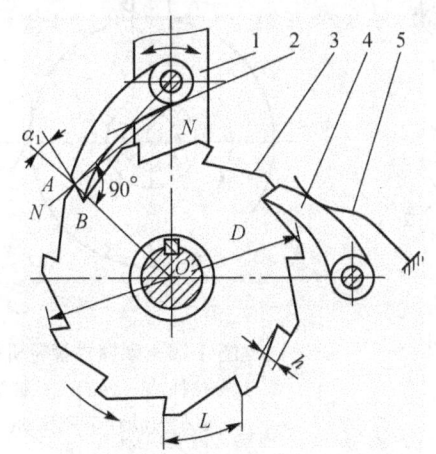

图 4-72 棘轮机构的工作原理
1—摇杆;2—驱动棘爪;3—棘轮;4—制动棘爪;5—弹簧

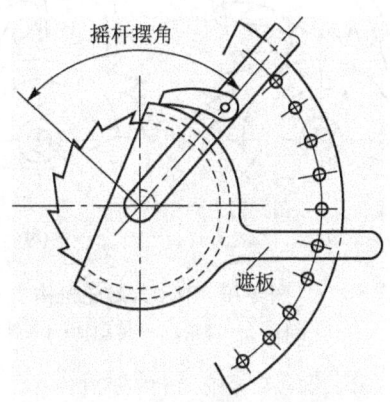

图 4-73 转角可调的棘轮机构

结合生产实际,齿啮式棘轮机构可以演化成多种形式,例如,图 4-74 所示的双向棘轮机构。图 4-74(a)为矩形齿双向棘轮机构,当棘爪处于图中 B 位置时,棘轮做逆时针步进运动;如果工作需要,要求棘轮能做不同转向的步进运动,由于此机构棘爪的爪端两边外形对称,可将棘爪绕其销轴 A 翻转到图中虚线位置,此时棘轮进行顺时针方向的单向步进运动。该机构可实现两个方向的步进运动。图 4-74(b)为回转棘爪双向棘轮机构,它是一种棘爪可绕自身轴线转动的棘轮机构。当棘爪按图示位置安放时,棘轮进行逆时针方向的单

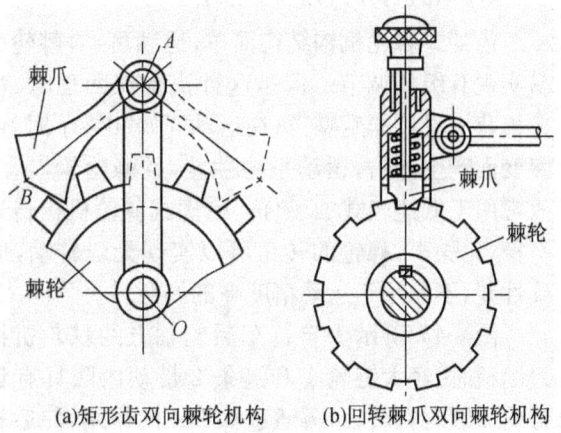

(a)矩形齿双向棘轮机构　(b)回转棘爪双向棘轮机构

图 4-74 双向棘轮机构

向步进运动;当棘爪提起,并绕自身轴线旋转半周后再放下时,棘轮进行顺时针方向的单向步进运动。该机构也可以实现两个方向的步进运动。

图 4-75 所示为双动式棘轮机构。该机构同时应用两个棘爪 4,可分别与棘轮 2 接触。

棘爪4爪端可做成直的或带钩的形状。当摇杆1做往复摆动时,两个棘爪4都先后使棘轮2朝同一方向转动。该机构的步进停留时间较短。

2）摩擦式棘轮机构

图4-76所示为摩擦式棘轮机构。该机构是通过棘轮3与棘爪2之间的摩擦而使棘爪2实现间歇传动的。棘轮的转角不再以棘轮的棘齿为单位,可真正实现无级转动。但此机构对摩擦力大小有一定的限制,过载会发生打滑。

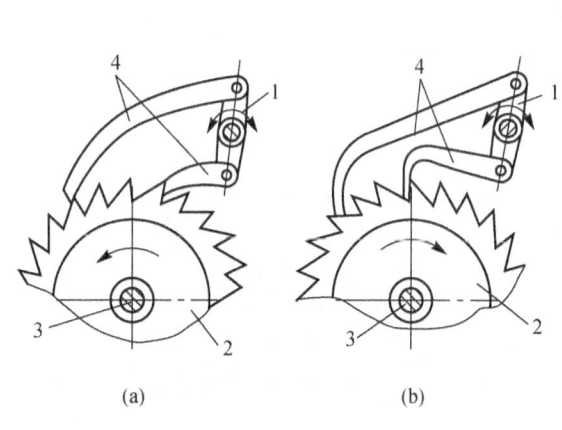

图4-75 双动式棘轮机构
1—摇杆；2—棘轮；3—传动轴；4—棘爪

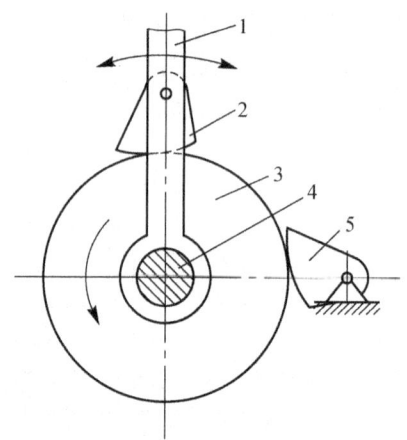

图4-76 摩擦式棘轮机构
1—摇杆；2—棘爪；3—棘轮；
4—传动轴；5—制动爪

在棘轮机构中,棘轮多为从动件,由棘爪推动其运动。而棘爪的运动则可用连杆机构、凸轮机构或电磁装置等来实现。

3. 棘轮机构的特点和应用

齿啮式棘轮机构结构简单,运动可靠,棘轮的转角容易实现有级的调节。但是这种机构在回程时,棘爪在棘轮齿背上滑过产生噪声；在运动开始和终了时,由于速度突变而产生冲击,运动平稳性差,且棘轮轮齿容易磨损,故常用于低速轻载的场合。摩擦式棘轮机构传递运动较平稳、无噪声,棘轮的转角可以实现无级转动,但运动准确性差,不易用于运动精度高的场合。

图4-77所示为自行车后轮轴上的棘轮机构。当脚蹬踏板时,经大链轮1和链条2带动内圈具有棘齿的小链轮3顺时针转动,再通过棘爪4的作用,使后轮轴5顺时针转动,从而使自行车前行。当自行车前行时,如果不蹬脚踏板,后轮轴5便会超越小链轮3而继续转动,让棘爪4在棘轮齿背上滑过,从而实现自行车的自由滑行,即实现"超越运动"。

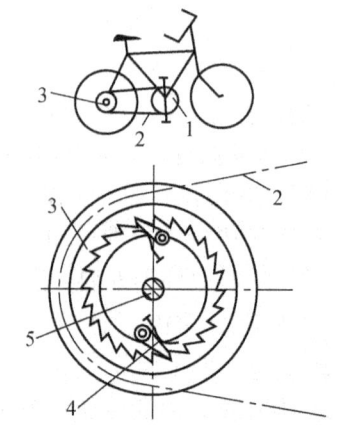

图4-77 自行车后轮轴上的棘轮机构
1—大链轮；2—链条；3—小链轮；
4—棘爪；5—后轮轴

图4-78所示的牛头刨床工作台的横向进给机构可利用棘轮机构实现正反间歇转动,然

后通过丝杠、螺母带动工作台做横向间歇送料运动。图 4-79 所示的提升机棘轮机构可防止重物的自重所产生的棘轮逆转,在起重设备中应用很多。当卷筒带动重物上升到所需高度时,卷筒停止转动,棘爪嵌入棘轮的齿槽中,以防止卷筒在任意位置停留而下落,保证提升机工作的安全可靠性。

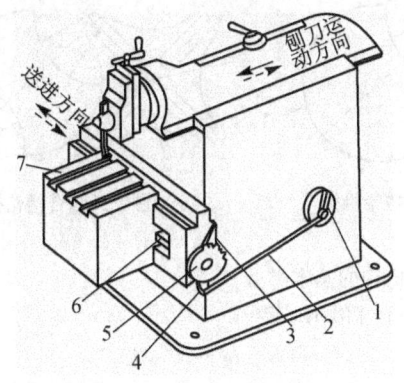

图 4-78 牛头刨床工作台的横向进给机构
1—曲柄;2—连杆;3—棘爪;4—摆杆;
5—棘轮;6—丝杠;7—工作台

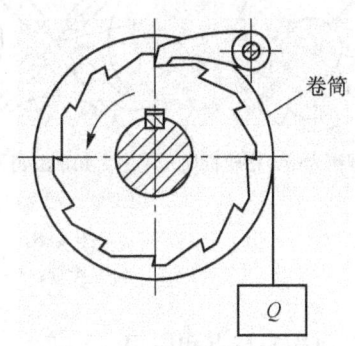

图 4-79 提升机棘轮机构

二、槽轮机构

1. 槽轮机构的工作原理

槽轮机构由带有圆销的主动拨盘、具有径向槽的从动槽轮和机架所组成。如图 4-80 所示,当拨盘 1 以等角速度连续转动,拨盘 1 上的圆销 A 没进入槽轮 2 的径向槽时,槽轮上的内凹锁止弧 $\overset{\frown}{nn}$ 被拨盘上的外凸圆弧 $\overset{\frown}{mm}$ 卡住,槽轮 2 静止不动。当拨盘 1 上的圆销 A 刚开始进入槽轮 2 的径向槽时,内凹锁止弧 $\overset{\frown}{nn}$ 也刚好被松开,槽轮 2 在圆销 A 的推动下开始转动。

当圆销在另一边离开槽轮 2 的径向槽时,内凹锁止弧 $\overset{\frown}{nn}$ 又被拨盘上的外凸圆弧 $\overset{\frown}{mm}$ 卡住,槽轮 2 又静止不动,直至圆销 A 再一次进入槽轮 2 的另一径向槽时,槽轮 2 又重复上述过程。槽轮机构是一种典型的单向步进传动机构。

槽轮机构的重要参数有中心距 a、槽轮槽数 z 和圆销数 n。

(1)中心距 a 要视机器允许的安装尺寸来确定。

(2)槽轮槽数 z 和圆销数 n 由具体的工作要求来确定。见图 4-80,槽轮盘上是单圆销,则曲柄旋转一周,槽轮转过 90°;若槽轮盘上是双圆销,则曲柄旋转一周,槽轮转过 180°。

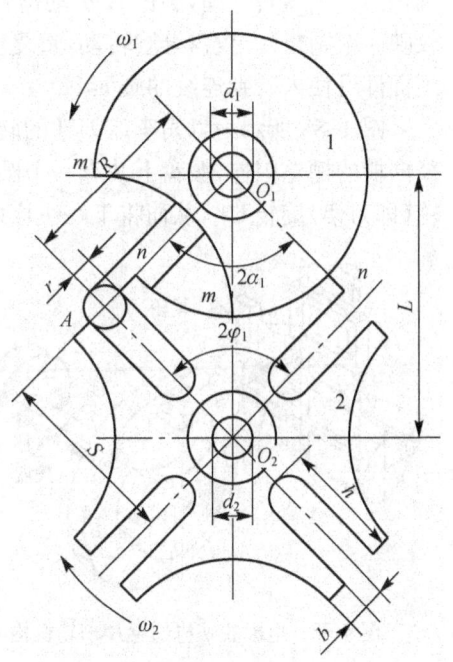

图 4-80 槽轮机构的工作原理
1—拨盘;2—槽轮

2. 槽轮机构的基本类型

槽轮机构按啮合形式可分为内啮合槽轮机构和外啮合槽轮机构,按圆销数目可分为单圆销槽轮机构和双圆销槽轮机构,如图 4-81 所示。

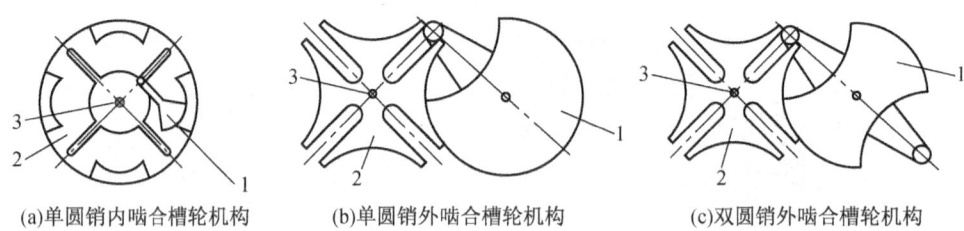

(a) 单圆销内啮合槽轮机构　　(b) 单圆销外啮合槽轮机构　　(c) 双圆销外啮合槽轮机构

图 4-81　槽轮机构的基本类型
1—拨盘；2—槽轮；3—槽轮的回转中心

3. 槽轮机构的特点和应用

槽轮机构的结构简单,工作可靠,效率高,在进入和脱离接触时运动比较平稳,能准确控制转动的角度。但槽轮的转角不可调节,故只能用于定转角的间歇运动机构中,如自动机床、电影机械、包装机械等。

图 4-82 所示为电影放映机的卷片槽轮机构。该机构具有四个径向槽,拨盘上装有一个圆销 A。拨盘转一周,圆销 A 拨动槽轮转过 1/4 周,胶片移动一个画格,并停留一定时间(即放映一个画格)。拨盘继续转动,重复上述运动。利用人眼的视觉暂留特性,每秒放映 24 幅画面即可使人看到连续的画面。

图 4-83 所示为六角车床刀架的转位槽轮机构。刀架上可装六把刀具并与具有相应的径向槽的槽轮固连,拨盘上装有一个圆销 A。拨盘每转一周,圆销 A 进入槽轮一次,驱动槽轮(即刀架)旋转 60°,从而将下一工序的刀具转换到工作位置。

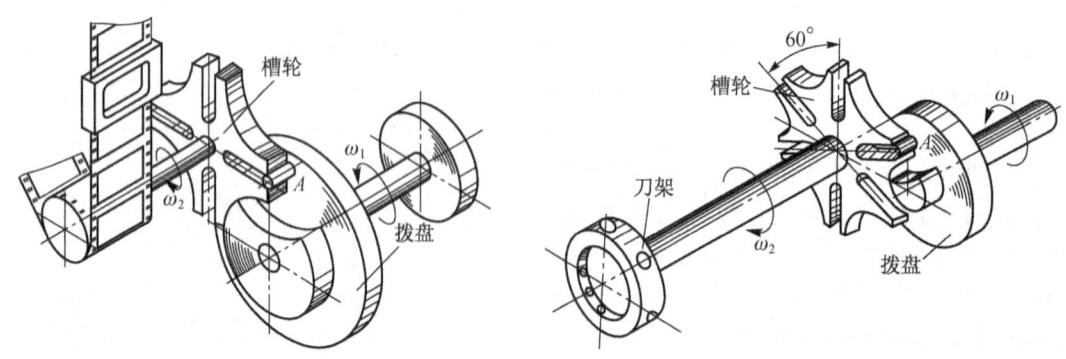

图 4-82　电影放映机的卷片槽轮机构　　　图 4-83　六角车床刀架的转位槽轮机构

三、不完全齿轮机构

1. 不完全齿轮机构的工作原理和基本类型

不完全齿轮机构是由普通渐开线齿轮机构演变而成的步进运动机构,它与普通渐开线齿轮机构的主要区别在于该机构中的主动轮仅有一个或几个齿,如图 4-84 所示。当主动轮 1 的有齿部分与从动轮 2 的轮齿啮合时,主动轮 1 推动从动轮 2 转动;当主动轮 1 的有齿部分与从动轮 2 的轮齿脱离啮合时,从动轮 2 停歇不动。因此,当主动轮连续转动时,从动轮获得时动时停的步进运动。图 4-84(a)为外啮合不完全齿轮机构,其主动轮 1 转动一周,从动轮 2 转动 1/6 周,从动轮 2 每转一周停歇 6 次。当从动轮停歇时,主动轮上的锁止弧与从动轮上的锁止弧互相配合锁住,以保证从动轮停歇在预定位置。

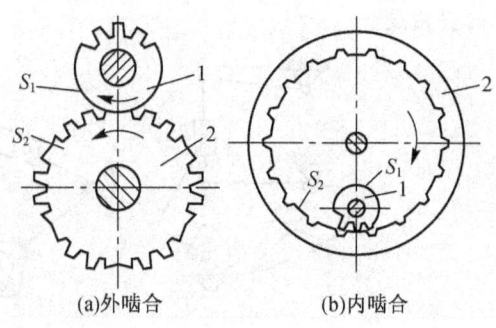

图 4-84 不完全齿轮机构
1—主动轮;2—从动轮

图 4-84(b)为内啮合不完全齿轮机构,当主动轮 1 的有齿部分与从动轮 2 相啮合时,主动轮 1 推动从动轮 2 转动;当主动轮 1 与从动轮 2 脱离时,从动轮 2 停歇不动。

2. 不完全齿轮机构的特点和应用

不完全齿轮机构与普通渐开线齿轮机构一样,当主动轮匀速转动时,其从动轮在运动期间也保持匀速转动,但在从动轮运动开始和结束时,即进入啮合和脱离啮合的瞬时,速度是变化的,故存在冲击。

不完全齿轮机构从动轮每转一周停歇时间、运动时间及每次转动的加速度变化范围比较大,设计灵活。但由于其存在冲击,故不完全齿轮机构一般只用于低速、轻载的场合,如用于计数器、电影放映机和某些进给机构中。

思考与练习

1. 简述机器与机构的区别。
2. 举例说明什么是高副?什么是低副?
3. 机构由哪几部分组成?
4. 判别图题 4-4 所示的平面四杆机构分别属于哪种机构并说明原因。
5. 绘出图题 4-5 所示机构的运动简图。

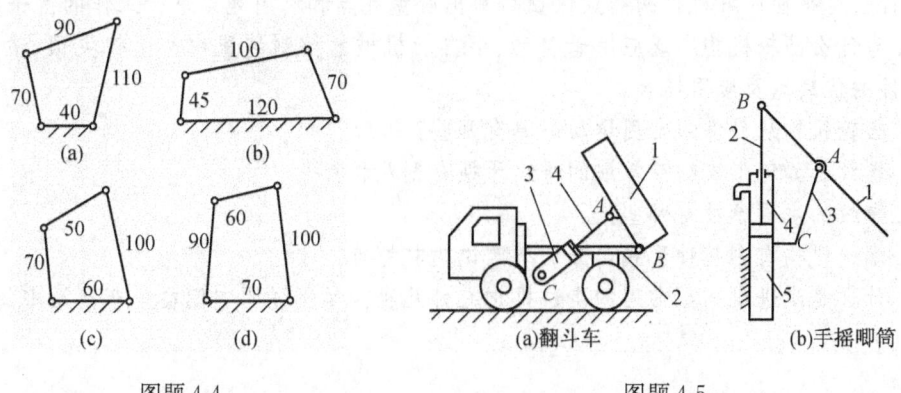

图题 4-4　　　　　　　　　　图题 4-5

6. 指出图题 4-6 所示机构运动简图中的复合铰链、局部自由度和虚约束,并计算各机构的自由度。

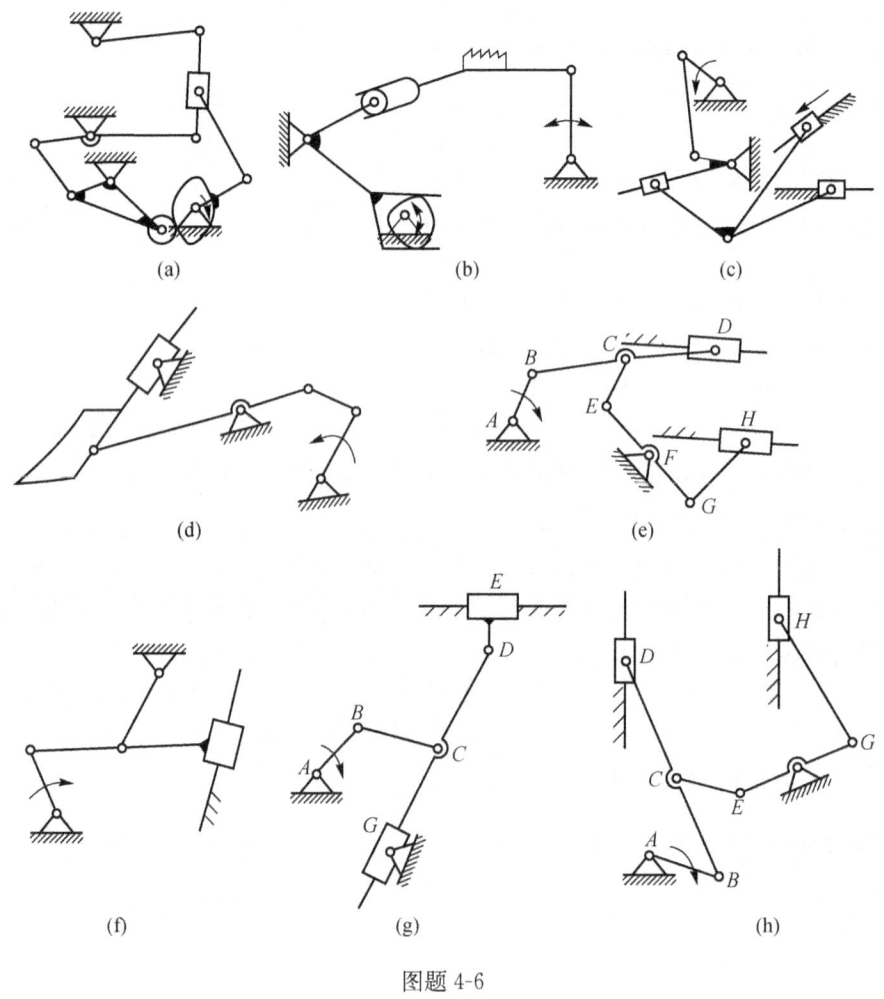

图题 4-6

7. 简述平面机构具有确定运动的条件。

8. 什么是平面四杆机构的急回特性？此性质多应用于什么机器中？

9. 什么是平面四杆机构的死点位置？举出避免死点和利用死点进行工作的例子。

10. 为什么凸轮机构广泛应用于自动、半自动机械的控制装置中？比较尖顶、滚子和平底从动件的优缺点及应用场合。

11. 凸轮机构从动件的常用运动规律有哪些？

12. 螺纹是如何形成的？常用的螺纹牙型有哪几种？

13. 螺纹的主要参数有哪些？

14. 螺旋机构有哪几种形式？分别举例说明其特点。

15. 什么是步进机构？常用的步进机构有哪几种？举例说明它们在生产生活中的应用。

单元五 机械传动

机械传动在机械工程中应用非常广泛,主要是指利用机械方式传递动力和运动的传动,它可分为两类:一类是依靠主动件与从动件间的摩擦力传递运动和动力的摩擦传动,另一类是依靠主动件与从动件啮合或借助中间件啮合传递运动和动力的啮合传动。

学习情境一 带传动

学习目标

了解带传动的类型和特点;
掌握普通 V 带的结构和尺寸标准;
了解普通 V 带轮的材料和结构;
具备对普通 V 带传动工作分析和设计的能力;
了解普通 V 带传动的张紧、安装和维护技术。

课堂导入

图 5-1 所示为 V 带传动在机器中的应用。图 5-2 所示的机器中使用了大、小两个同步带轮和同步带来进行传动。图 5-3 所示为某机器通过平带来输送物料。带是如何实现运动和动力的传递的呢?通过学习本节知识,就会找到答案。

图 5-1 V 带传动在机器的应用

图 5-2 同步带传动

图 5-3 平带运输

基本知识

带传动是一种常用的机械传动,广泛应用于金属切削机床、输送机械、农业机械、纺织机械和通风机械等领域。如图 5-4 所示,带传动由主动轮、从动轮及传动带组成,其中,主动轮一般为小带轮,而从动轮一般为大带轮。安装时传动带张紧在带轮上,使传动带与带轮在接触表面间产生正压力。当主动轮旋转时,在传动带与带轮接触面间产生摩擦力,从而带动传动带运动,同时,传动带带动从动轮转动。这样,主动轮的运动和动力就传递给了从动轮。

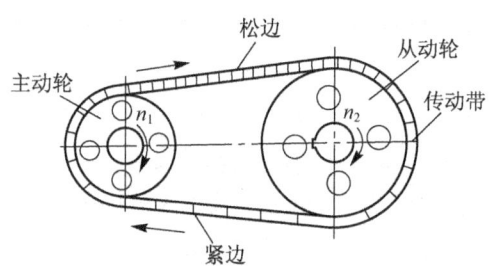

图 5-4　带传动的组成

一、带传动的类型和特点

1. 带传动的类型

带传动按传动原理可分为摩擦带传动和啮合带传动。

1)摩擦带传动

摩擦带传动主要是依靠传动带与带轮间的摩擦力来实现传动的,其按传动带的截面形状可分为平带传动、V带传动、多楔带传动和圆带传动等类型,如图5-5所示。

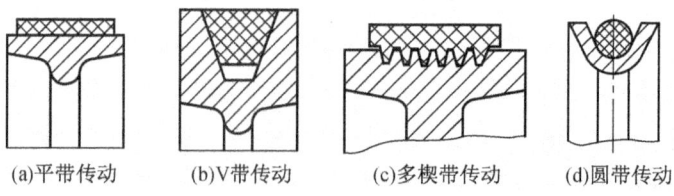

图 5-5　摩擦带传动的类型

(1)平带传动。平带的截面形状为矩形,内表面为工作面。常用的平带有橡胶帆布带、编织带和强力锦纶带等。平带的接头方式有胶合、缝合、铰链带扣等,如图5-6所示。经胶合和缝合而成的平带传动时冲击小,速度快;经铰链带扣形成的平带传递功率大,但速度不能太快,否则会引起强烈的冲击和振动。平带传动多用于中心距较大的场合。

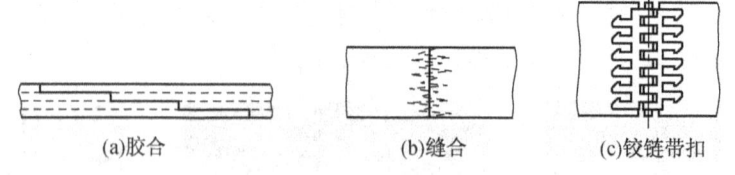

图 5-6　平带常用的接头方式

(2)V带传动。V带的截面形状为梯形,两侧面为工作表面。V带是无接头的环形带,通常将几根V带同时使用。传动时,V带与轮槽两侧面接触,而与轮槽槽底不接触。在同样压紧力的作用下,V带比平带的当量摩擦系数大,能传递较大的功率,且结构紧凑,在机械传动中应用最广。

(3)多楔带传动。多楔带是以平带作为基体、内表面有若干根等距纵向楔的传动带,楔的侧面为工作面。多楔带传动相当于平带传动与若干根V带传动的组合,兼有两者的优点,多用于传递功率较大且要求结构紧凑的场合。

(4)圆带传动。圆带的截面形状为圆形。圆带传动多用于传递功率较小的场合,如缝纫机、仪器仪表等。

2)啮合带传动

啮合带传动主要是依靠带内侧的凸齿与带轮外缘上的齿槽相啮合来实现传动的,一般有同步带传动和齿孔带传动两种类型。

(1)同步带传动。同步带的纵截面为齿形,如图 5-7 所示。同步带传动是依靠带工作面上的齿与轮上的齿相互啮合来传递运动和动力的。同步带传动多用于中小功率、传动比要求精确的场合,如打印机、绘图仪、录音机、电影放映机等精密机械中。

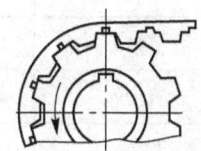

图 5-7 同步带传动

(2)齿孔带传动。齿孔带传动是依靠带上的孔与轮上的齿相互啮合来传递运动和动力的。齿孔带传动可保证同步运动。

2. 带传动的特点

带传动有以下特点:

(1)带传动属于挠性传动,传动带具有一定的弹性,能缓冲、吸振,使运动平稳无噪声。

(2)过载时,传动带在带轮上打滑,可防止其他零件因过载而损坏,起到安全保护的作用。

(3)带传动适用于两轴中心距较大的传动,结构简单,制造、安装精度要求低,使用维护方便,成本低。

(4)带传动由于受摩擦力和带本身弹性变形的影响,因而不能保证恒定的传动比。

(5)带传动外廓尺寸较大,传动效率低,使用寿命短,对轴的作用力较大。

(6)不宜在易燃易爆的场合工作。

二、普通 V 带的结构和尺寸标准

V 带有普通 V 带、窄 V 带、宽 V 带、汽车 V 带和大楔角 V 带等,其中以普通 V 带和窄 V 带应用最广。以下主要介绍普通 V 带。

1. 普通 V 带的结构

普通 V 带的横截面结构如图 5-8 所示。普通 V 带由顶胶、抗拉体、底胶、包布四部分组成。当带绕过带轮时,顶胶受拉而伸长,故称为拉伸层;底胶受压而缩短,故称为压缩层。拉伸层和压缩层均采用弹性好的胶料,分别承受传动时的拉伸和压缩。包布层

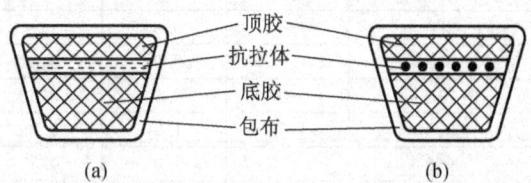

图 5-8 普通 V 带的横截面结构

采用橡胶帆布,可起到耐磨和保护的作用。普通 V 带的拉力基本由抗拉体承受,抗拉体一般有帘布结构和线绳结构两种。其中,帘布结构的普通 V 带制造方便,抗拉强度高,用于一般用途的传动;线绳结构的普通 V 带韧性好、柔软,抗弯强度较好,用于带轮直径较小、转速较高的带传动。

2. 普通 V 带的尺寸标准

普通 V 带已标准化,根据国家标准规定,按截面尺寸由小到大的顺序将普通 V 带分为 Y、Z、A、B、C、D、E 七种型号,各种型号的截面尺寸见表 5-1。在同样条件下,截面尺寸大则传递的功率就大。其中 Y 型尺寸最小,只用于传递运动。

表 5-1　普通 V 带各种型号的截面尺寸(GB/T 11544—1997)　　单位:mm

型　号	Y	Z	A	B	C	D	E
顶宽 b	6	10	13	17	22	32	38
节宽 b_p	5.3	8.5	11	14	19	27	32
高度 h	4.0	6.0	8.0	11	14	19	23
楔角 φ	40°						
每米质量 q/(kg/m)	0.04	0.06	0.10	0.17	0.30	0.60	0.87

普通 V 带是无接头的环行带,当带绕在带轮上时,带产生弯曲变形,即外层被拉长,内层被压缩,两层之间存在一层既不伸长,也不压缩的中性层,称为节面。节面宽度称为节宽,用 b_p 表示。普通 V 带在规定的张紧力下位于带轮基准直径上的周线长度称为带的基准长度,用 L_d 表示。普通 V 带的基准长度及带长修正系数见表 5-2。

表 5-2　普通 V 带的基准长度及带长修正系数

基准长度 L_d/mm	带长修正系数 K_L						
	Y	Z	A	B	C	D	E
200	0.81	—	—	—	—	—	—
224	0.82	—	—	—	—	—	—
250	0.84	—	—	—	—	—	—
280	0.87	—	—	—	—	—	—
315	0.89	—	—	—	—	—	—
355	0.92	—	—	—	—	—	—
400	0.96	0.87	—	—	—	—	—
450	1.00	0.89	—	—	—	—	—
500	1.02	0.91	—	—	—	—	—
560	—	0.94	—	—	—	—	—
630	—	0.96	0.81	—	—	—	—
710	—	0.99	0.82	—	—	—	—
800	—	1.00	0.85	—	—	—	—
900	—	1.03	0.87	0.81	—	—	—
1 000	—	1.06	0.89	0.84	—	—	—
1 120	—	1.08	0.91	0.86	—	—	—
1 250	—	1.11	0.93	0.88	—	—	—
1 400	—	1.14	0.96	0.90	—	—	—
1 600	—	1.16	0.99	0.93	0.83	—	—
1 800	—	1.18	1.01	0.95	0.86	—	—
2 000	—	—	1.03	0.98	0.88	—	—
2 240	—	—	1.06	1.00	0.91	—	—
2 500	—	—	1.09	1.03	0.93	—	—
2 800	—	—	1.11	1.05	0.95	0.83	—
3 150	—	—	1.13	1.07	0.97	0.86	—
3 550	—	—	1.17	1.10	0.98	0.89	—
4 000	—	—	1.19	1.13	1.02	0.91	—

续表

基准长度 L_d/mm	带长修正系数 K_L						
	Y	Z	A	B	C	D	E
4 500	—	—	—	1.15	1.04	0.93	0.90
5 000	—	—	—	1.18	1.07	0.96	0.92
5 600	—	—	—	—	1.09	0.98	0.95
6 300	—	—	—	—	1.12	1.00	0.97
7 100	—	—	—	—	1.15	1.03	1.00
8 000	—	—	—	—	1.18	1.06	1.02
9 000	—	—	—	—	1.21	1.08	1.05
10 000	—	—	—	—	1.23	1.11	1.07
11 200	—	—	—	—	—	1.14	1.10
12 500	—	—	—	—	—	1.17	1.12
14 000	—	—	—	—	—	1.20	1.15
16 000	—	—	—	—	—	1.22	1.18

三、普通 V 带轮的材料和结构

普通 V 带轮应具有足够的强度和刚度,无过大的铸造内应力;带轮应质量小且分布均匀,结构工艺性好,便于制造;带轮工件表面应光滑,以减少带的磨损。

1. 普通 V 带轮的材料

普通 V 带轮的材料主要采用铸铁,常用材料的牌号为 HT150 和 HT200,转速较高时宜采用铸钢(或用钢板冲压后焊接而成),小功率时宜采用铸铝或塑料。

2. 普通 V 带轮的结构

普通 V 带轮由轮缘、轮毂和轮辐三部分组成。轮缘是带轮的工作部分,制有梯形轮槽;轮毂是带轮与轴相配合的部分,通常带轮与轴用键联接,轮毂上开有键槽;轮辐是轮缘和轮毂相连的部分,其结构形式随带轮的基准直径 d_d 的变化而变化。普通 V 带轮按轮辐结构的不同可分为实心式、腹板式、孔板式和轮辐式,如图 5-9 所示。

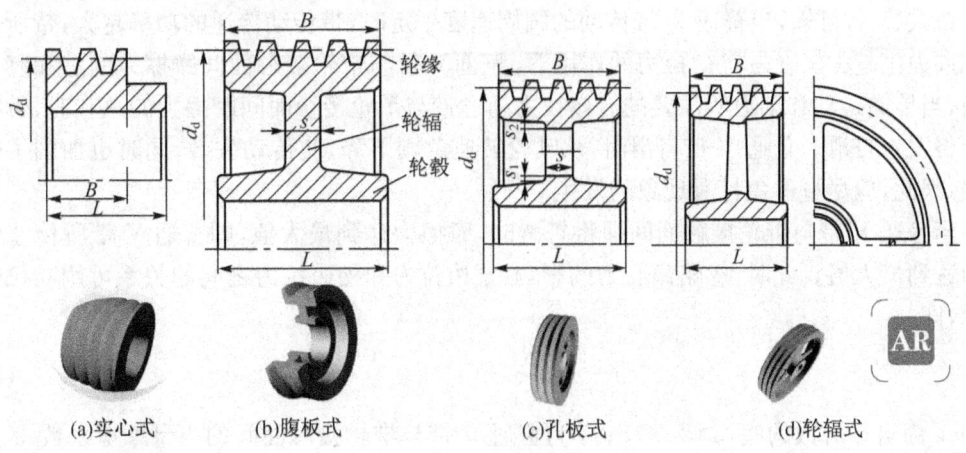

图 5-9 普通 V 带轮的结构

四、普通 V 带传动的工作分析

1. 普通 V 带传动的受力分析

为保证普通 V 带传动能正常工作,普通 V 带必须以一定的张紧力安装在带轮上。静止时,普通 V 带两边承受相等的拉力,该拉力称为初拉力,用 F_0 表示,如图 5-10(a)所示。工作时,由于普通 V 带与带轮接触面间的摩擦力作用,使得普通 V 带两边的拉力不再相等。绕入主动轮的一边,即紧边被拉紧,拉力由 F_0 增大到 F_1,F_1 为紧边拉力;绕出主动轮的一边,即松边被放松,拉力由 F_0 减小到 F_2,F_2 为松边拉力,如图 5-10(b)所示。

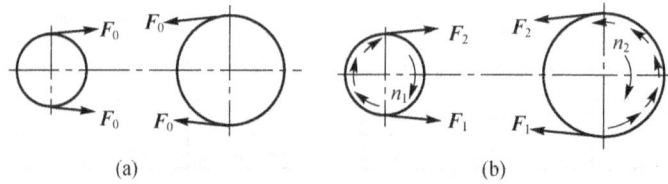

图 5-10 普通 V 带传动的受力分析

设工作前后普通 V 带的总长度不变,且将带看做弹性体,则普通 V 带紧边压力的增加量 F_1-F_0 应等于松边拉力的减少量 F_0-F_2,化简得

$$F_0 = \frac{1}{2}(F_1 + F_2) \tag{5-1}$$

紧边和松边的拉力之差称为普通 V 带传动的有效拉力,用 F 表示。其表达公式为

$$F = F_1 - F_2 \tag{5-2}$$

实际上有效拉力 F 是普通 V 带与带轮之间的摩擦力的总和,在最大静摩擦力的范围内,普通 V 带传动的有效拉力 F 与总摩擦力相等,即等于普通 V 带所传递的圆周力,因此,式(5-2)可写成如下形式

$$F = \frac{1\,000P}{v} \tag{5-3}$$

式中,P 为普通 V 带传动传递的功率(kW);v 为普通 V 带传动的圆周速度(m/s)。

由式(5-3)可知,当普通 V 带传动的圆周速度一定时,带传动传递的功率越大,带所传递的圆周力也越大。在一定初拉力的作用下,普通 V 带与带轮接触面间摩擦力的总和有一极限值,当传递运动和动力所需要的有效拉力超过带与带轮接触面间摩擦力的总和时,带在带轮上将发生打滑。普通 V 带打滑时,从动轮转速急剧下降,使传动失效,同时也加剧了带的磨损,因此,应尽量避免打滑现象的发生。

当普通 V 带与带轮接触面间即将打滑时,摩擦力达到最大值,即普通 V 带所传递的圆周力达到最大值。此时,忽略离心力的影响,紧边拉力和松边拉力之间的关系可用欧拉公式表示,即

$$\frac{F_1}{F_2} = e^{f_v \alpha} \tag{5-4}$$

式中,e 为自然对数的底,e≈2.718;f_v 为普通 V 带与带轮接触面间的当量摩擦系数;α 为带在小带轮上的包角,即带与小带轮接触圆弧所对的中心角(rad)。

由式(5-1)、式(5-2)和式(5-4)可得

$$F = 2F_0 \frac{e^{f_v a} - 1}{e^{f_v a} + 1} \tag{5-5}$$

由式(5-5)可知,普通 V 带所传递的圆周力 F 与下列因素有关:

(1)初拉力 F_0。F 与 F_0 大小成正比,初拉力 F_0 越大,普通 V 带所传递的圆周力 F 就越大,所以安装普通 V 带时,要保持一定的初拉力。但 F_0 过大会加剧带的磨损,导致带过早松弛,缩短其使用寿命。

(2)当量摩擦系数 f_v。当量摩擦系数越大,摩擦力越大,普通 V 带所传递的圆周力 F 就越大。当量摩擦系数的大小与普通 V 带和普通 V 带轮的材料、表面质量、工作条件等有关。

(3)包角 α。普通 V 带所传递的圆周力 F 随包角 α 的增大而增大。增大包角 α 会使接触圆弧上摩擦力的总和增大,从而提高传动能力。

联立式(5-2)和式(5-4),得到普通 V 带传动在不打滑条件下所能传递的最大有效拉力为

$$F_{\max} = F_1 \left(1 - \frac{1}{e^{f_v a}}\right) \tag{5-6}$$

2. 普通 V 带传动的应力分析

工作时,普通 V 带所受的应力有紧边和松边产生的拉应力、离心力产生的拉应力和带的弯曲变形产生的拉应力三种。

1)紧边和松边产生的拉应力

因为普通 V 带紧边拉力和松边拉力不等,所以带的紧边和松边的拉应力值也不等,分别为 σ_1 和 σ_2。传动带在由紧边绕到松边的过程中,拉应力逐渐由 σ_1 减小到 σ_2;传动带在由松边绕到紧边的过程中,拉应力逐渐由 σ_2 增大到 σ_1。

紧边拉应力的表达式为

$$\sigma_1 = \frac{F_1}{S} \tag{5-7}$$

松边拉应力的表达式为

$$\sigma_2 = \frac{F_2}{S} \tag{5-8}$$

上面式中,S 为普通 V 带的横截面积(mm^2)。

2)离心力产生的拉应力

工作时,普通 V 带随带轮做圆周运动,产生离心拉力 F_c,使普通 V 带在全长上产生离心拉应力 σ_c,即

$$\sigma_c = \frac{F_c}{S} = \frac{qv^2}{S} \tag{5-9}$$

式中,q 为普通 V 带单位长度的质量(kg/m);v 为带速(m/s)。

3)普通 V 带的弯曲变形产生的拉应力

普通 V 带绕过带轮时发生弯曲变形,从而产生弯曲应力。由材料力学得普通 V 带的弯曲应力 σ_b 为

$$\sigma_b = E \frac{h}{d_d} \tag{5-10}$$

式中,E 为普通 V 带的弹性模量(MPa);h 为普通 V 带的高度(mm);d_d 为带轮的基准直径(mm)。

弯曲应力只发生在普通 V 带绕过带轮处。h 越大，d_d 越小，普通 V 带的弯曲应力就越大。因此，普通 V 带绕过小带轮时的弯曲应力 σ_{b1} 大于普通 V 带绕过大带轮时的弯曲应力 σ_{b2}。为避免弯曲应力过大，小带轮的直径不能过小。

普通 V 带传动的应力分布如图 5-11 所示。普通 V 带在变应力情况下工作，易产生疲劳破坏。当普通 V 带在紧边绕上小带轮时应力达到最大值，其值为

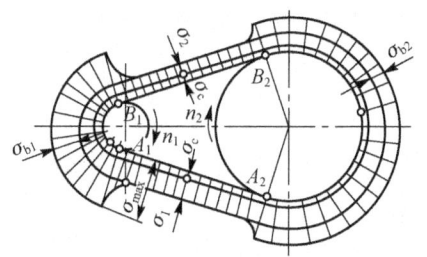

图 5-11　普通 V 带传动的应力分布

$$\sigma_{\max} = \sigma_1 + \sigma_{b1} + \sigma_c \tag{5-11}$$

3. 普通 V 带的弹性滑动和传动比

1）普通 V 带的弹性滑动

弹性滑动是指正常工作时带和带轮产生微量滑动的现象，是不可避免的。

如图 5-12 所示，当普通 V 带绕过主动轮 O_1 时，由于拉力逐渐减小，使普通 V 带逐渐缩短，这时普通 V 带沿与主动轮的转向相反的方向滑动，使普通 V 带的速度 v 落后于主动轮的圆周速度 v_1。当普通 V 带绕过从动轮 O_2 时，由于拉力逐渐增大，使普通 V 带逐渐伸长，这时普通 V 带沿与从动轮的转向相同的方向滑动，使普通 V 带的速度 v 超前于从动轮的圆周速度 v_2。由此可见，弹性滑动是由弹性变形和拉力差引起的。

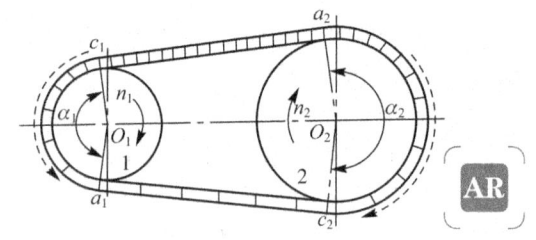

图 5-12　普通 V 带的弹性滑动

2）传动比

普通 V 带的弹性滑动使从动轮的圆周速度低于主动轮的圆周速度，其速度的降低率用滑动率表示，即

$$\varepsilon = \frac{v_1 - v_2}{v_1} \times 100\% = \left(1 - \frac{d_{d2} n_2}{d_{d1} n_1}\right) \times 100\% \tag{5-12}$$

式中，n_1、n_2 分别为主动轮、从动轮的转速（r/min）；d_{d1}、d_{d2} 分别为主动轮、从动轮的基准直径（mm）。

由式（5-12）得普通 V 带传动的传动比为

$$i = \frac{n_1}{n_2} = \frac{d_{d2}}{d_{d1}(1-\varepsilon)} \tag{5-13}$$

滑动率 ε 反映了弹性滑动的大小，滑动率 ε 随载荷的改变而改变，载荷越大，滑动率 ε 越大，传动比 i 越大。普通 V 带传动的滑动率 $\varepsilon = 0.01 \sim 0.02$，其值很小，一般在计算时可忽略不计。

五、普通 V 带传动的设计

1. 普通 V 带传动的失效形式和设计准则

1）失效形式

普通 V 带传动的失效形式有两种，即打滑和带的疲劳破坏。

(1) 打滑。当外载荷引起的有效拉力大于普通 V 带与带轮接触面间的摩擦力总和的最大值时,带将沿带轮轮面发生全面滑动,从动轮转速迅速下降甚至为零,使传动失效,这种现象称为打滑。打滑时,从动轮转速急剧降低,并将造成带的严重磨损,致使传动失效,因此,应尽量避免出现打滑现象。

(2) 带的疲劳破坏。普通 V 带工作时受到交变应力的作用,转速越高,带越短,则单位时间内带绕过带轮的次数越多,带的应力变化就越频繁。长时间工作,当应力循环次数达到一定值时,普通 V 带将会产生脱层、撕裂,最后导致疲劳断裂,从而使带传动失效。

2) 设计准则

由于普通 V 带传动的失效形式是打滑和带的疲劳破坏,因而普通 V 带传动的设计准则是在保证普通 V 带传动不打滑的条件下,使带具有一定的疲劳强度。

2. 单根普通 V 带的基本额定功率

在传动装置正确安装和维护的条件下,按规定的几何尺寸和环境条件,在规定的时间周期内,给定普通 V 带所能传递的功率称为普通 V 带传动的额定功率。普通 V 带传动的额定功率与普通 V 带的截面、小带轮的带速、传动比、包角和带长等因素有关。

在特定条件下,即传动比 $i=1$,特定的带长、载荷平稳时,单根普通 V 带所能传递的额定功率 P_0 称为单根普通 V 带的基本额定功率,其值见表 5-3。

表 5-3 单根普通 V 带的基本额定功率　　　　　　　　　　　单位:kW

型号	小带轮基准直径 d_{d1}/mm	小带轮转速 n_1/(r/min)						
		400	730	800	980	1 200	1 460	2 800
Y	20	—	—	—	0.02	0.02	0.02	0.04
	25	—	—	0.03	0.03	0.03	0.04	0.07
	28	—	—	0.03	0.04	0.04	0.05	0.08
	31.5	—	0.03	0.04	0.05	0.05	0.06	0.10
	40	—	0.04	0.05	0.06	0.07	0.08	0.14
	45	0.04	0.05	0.06	0.07	0.08	0.09	0.16
	50	0.05	0.06	0.07	0.08	0.09	0.11	0.18
Z	50	0.06	0.09	0.10	0.12	0.14	0.16	0.26
	63	0.08	0.13	0.15	0.18	0.22	0.25	0.41
	71	0.09	0.17	0.20	0.23	0.27	0.31	0.50
	80	0.14	0.20	0.22	0.26	0.30	0.35	0.56
	90	0.14	0.22	0.24	0.28	0.33	0.37	0.60
A	75	0.27	0.42	0.45	0.52	0.60	0.68	1.00
	90	0.39	0.63	0.68	0.79	0.93	1.07	1.64
	100	0.47	0.77	0.83	0.97	1.14	1.32	2.05
	112	0.56	0.93	1.00	1.18	1.39	1.62	2.51
	125	0.67	1.11	1.19	1.40	1.66	1.93	2.98
	140	0.78	1.31	1.41	1.66	1.96	2.29	3.48
	160	0.94	1.56	1.69	2.00	2.36	2.74	4.06

续表

型号	小带轮基准直径 d_{d1}/mm	小带轮转速 n_1/(r/min)						
		400	730	800	980	1 200	1 460	2 800
B	125	0.84	1.34	1.44	1.67	1.93	2.20	2.96
	140	1.15	1.69	1.82	2.13	2.47	2.83	3.85
	160	1.32	2.16	2.32	2.72	3.17	3.64	4.89
	180	1.59	2.61	2.81	3.30	3.85	4.41	5.76
	200	1.85	3.06	3.30	3.86	4.50	5.15	6.43
	224	2.17	3.59	3.86	4.50	5.26	5.99	6.95
	250	2.50	4.14	4.46	5.22	6.04	6.85	7.14
	280	2.89	4.77	5.13	5.93	6.90	7.78	6.80
C	200	2.41	3.80	4.07	4.66	5.29	5.86	5.01
	224	2.99	4.78	5.12	5.89	6.71	7.47	6.08
	250	3.62	5.82	6.23	7.18	8.21	9.06	6.56
	280	4.32	6.99	7.52	8.65	9.81	10.47	6.13
	315	5.14	9.34	8.92	10.23	11.53	12.48	4.16
	355	6.05	9.79	10.46	11.92	13.31	14.12	—

普通 V 带传动的实际工作条件往往与上述特定条件不同,对查得的值应加以修正。实际工作条件下,单根普通 V 带的基本额定功率 $[P_0]$ 为

$$[P_0] = (P_0 + \Delta P_0) K_\alpha K_L \tag{5-14}$$

式中, ΔP_0 为单根普通 V 带的基本额定功率增量(kW),考虑实际传动比 $i \neq 1$ 时,普通 V 带绕过大带轮所受的弯曲应力比特定条件下的小,其值见表 5-4; K_α 为包角系数,考虑不同包角对传递功率的影响,其值见表 5-5; K_L 为带长修正系数,考虑不同带长对传递功率的影响,其值见表 5-2。

表 5-4 单根普通 V 带的基本额定功率增量　　　　　　　　单位:kW

型号	传动比	小带轮转速 n_1/(r/min)						
		400	730	800	980	1 200	1 460	2 800
Z	1.00～1.01	0.00	0.00	0.00	0.00	0.00	0.00	0.00
	1.02～1.04	0.00	0.00	0.00	0.00	0.00	0.00	0.01
	1.05～1.08	0.00	0.00	0.00	0.00	0.01	0.01	0.02
	1.09～1.12	0.00	0.00	0.00	0.01	0.01	0.01	0.02
	1.13～1.18	0.00	0.00	0.01	0.01	0.01	0.01	0.03
	1.19～1.24	0.00	0.00	0.01	0.01	0.01	0.02	0.03
	1.25～1.34	0.00	0.01	0.01	0.01	0.02	0.02	0.03
	1.35～1.51	0.00	0.01	0.01	0.02	0.02	0.02	0.04
	1.52～1.99	0.01	0.01	0.02	0.02	0.02	0.02	0.04
	≥2.0	0.01	0.02	0.02	0.02	0.03	0.03	0.04

续表

型号	传动比	小带轮转速 n_1/(r/min)						
		400	730	800	980	1 200	1 460	2 800
A	1.00~1.01	0.00	0.00	0.00	0.00	0.00	0.00	0.00
	1.02~1.04	0.01	0.01	0.01	0.01	0.02	0.02	0.04
	1.05~1.08	0.01	0.02	0.02	0.03	0.03	0.04	0.08
	1.09~1.12	0.02	0.03	0.03	0.04	0.05	0.06	0.11
	1.13~1.18	0.02	0.04	0.04	0.05	0.07	0.08	0.15
	1.19~1.24	0.03	0.05	0.05	0.06	0.08	0.09	0.19
	1.25~1.34	0.03	0.06	0.06	0.07	0.10	0.11	0.23
	1.35~1.51	0.04	0.07	0.08	0.08	0.11	0.13	0.26
	1.52~1.99	0.04	0.08	0.09	0.10	0.13	0.15	0.30
	≥2.0	0.05	0.09	0.10	0.11	0.15	0.17	0.34
B	1.00~1.01	0.00	0.00	0.00	0.00	0.00	0.00	0.00
	1.02~1.04	0.01	0.02	0.03	0.03	0.04	0.04	0.10
	1.05~1.08	0.03	0.05	0.06	0.07	0.08	0.10	0.20
	1.09~1.12	0.04	0.07	0.07	0.10	0.13	0.15	0.29
	1.13~1.18	0.06	0.10	0.11	0.13	0.17	0.20	0.39
	1.19~1.24	0.07	0.12	0.14	0.17	0.21	0.25	0.49
	1.25~1.34	0.08	0.15	0.17	0.20	0.25	0.31	0.59
	1.35~1.51	0.10	0.17	0.20	0.23	0.30	0.36	0.69
	1.52~1.99	0.11	0.20	0.23	0.26	0.34	0.40	0.79
	≥2.0	0.13	0.22	0.25	0.30	0.38	0.46	0.89
C	1.00~1.01	0.00	0.00	0.00	0.00	0.00	0.00	0.00
	1.02~1.04	0.04	0.07	0.08	0.09	0.12	0.14	0.27
	1.05~1.08	0.08	0.14	0.16	0.19	0.24	0.28	0.55
	1.09~1.12	0.12	0.21	0.23	0.27	0.35	0.42	0.82
	1.13~1.18	0.16	0.27	0.31	0.37	0.47	0.58	1.10
	1.19~1.24	0.20	0.34	0.39	0.47	0.59	0.71	1.37
	1.25~1.34	0.23	0.41	0.47	0.56	0.70	0.85	1.64
	1.35~1.51	0.27	0.48	0.55	0.65	0.82	0.99	1.92
	1.52~1.99	0.31	0.55	0.63	0.74	0.94	1.14	2.19
	≥2.0	0.35	0.62	0.71	0.83	1.06	1.27	2.37

表5-5 包角系数

包角 α/(°)	180	175	170	165	160	155	150	145	140	135	130	125	120	115	110	105	100	95	90
包角系数 K_α	1.00	0.99	0.98	0.96	0.95	0.93	0.92	0.91	0.89	0.88	0.86	0.84	0.82	0.80	0.78	0.76	0.74	0.72	0.69

3. 普通V带传动的设计步骤

1) 确定普通V带传动的计算功率

普通V带传动的计算功率是根据需要传递的额定功率,并在考虑载荷性质和每天运转时间的长短等因素的影响而确定的,其表达式为

$$P_C = K_A P_N \tag{5-15}$$

式中,P_C 为普通 V 带传动的计算功率(kW);K_A 为工作情况系数,其值见表 5-6;P_N 为普通 V 带传动需要传递的额定功率(kW)。

表 5-6 工作情况系数

载荷性质	工作机	原动机					
		空、轻载起动			重载起动		
		每天工作时间/h					
		<10	10~16	>16	<10	10~16	>16
载荷平稳	液体搅拌机、通风机和鼓风机($P \leqslant$ 7.5 kW)、离心式水泵和压缩机	1.0	1.1	1.2	1.1	1.2	1.3
载荷变动较小	带式输送机(不均匀载荷)、通风机($P >$ 7.5 kW)、发电机、金属切削机床、印刷机、冲床、压力机、旋转筛和木工机械	1.1	1.2	1.3	1.2	1.3	1.4
载荷变动较大	制砖机、斗式提升机、往复式水泵和压缩机、起重机、磨粉机、冲剪机床、橡胶机械、振动筛、纺织机械、重载输送机	1.2	1.3	1.4	1.4	1.5	1.6
载荷变动很大	破碎机(旋转式、颚式等)、磨碎机(球磨、棒磨、管磨)、卷扬机	1.3	1.4	1.5	1.5	1.6	1.8

2)选择普通 V 带的型号

图 5-13 所示为普通 V 带的选型图。普通 V 带的型号可根据计算功率 P_C 和小带轮的转速 n_1 由图 5-13 进行选取,其中,实线为普通 V 带的型号分界线,虚线为小带轮基准直径取值范围的分界线。当坐标交点位于或接近两种型号区域边界线时,可分别取两种型号同时计算,分析比较后进行取舍。

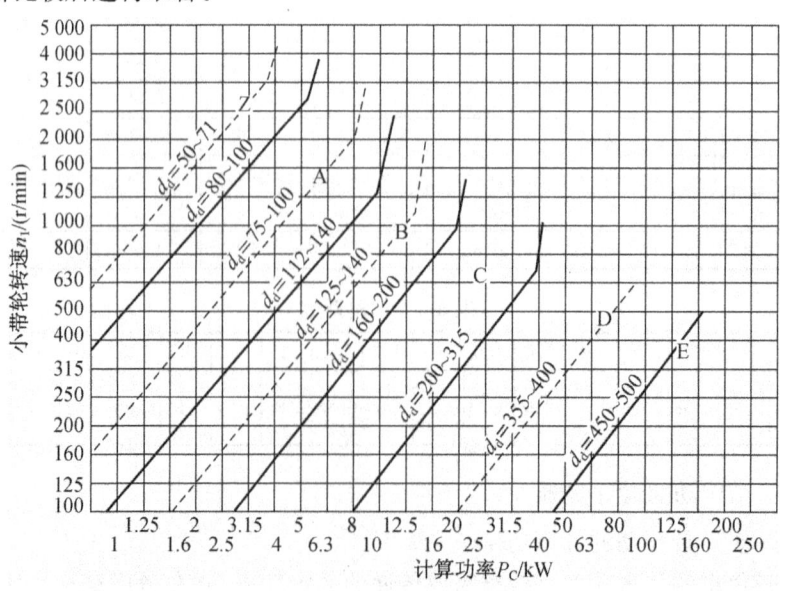

图 5-13 普通 V 带的选型图

3)确定普通 V 带轮的基准直径

小带轮的基准直径 d_{d1} 越小,传动结构越紧凑,而普通 V 带的弯曲应力就越大,从而导致普通 V 带的使用寿命降低。因此,设计时应使小带轮的基准直径 d_{d1} 大于或等于各型号普通 V 带轮的最小基准直径 d_{min},d_{min} 的值见表 5-7。

表 5-7　普通 V 带轮的基准直径系列　　　　　　　　　　　　　　单位:mm

型号	Y	Z	A	B	C	D	E
最小基准直径 d_{min}	20	50	75	125	200	355	500
基准直径系列	20　22.4　25　28　31.5　35.5　40　45　50　63　71　75　80　85　90　95　100　106　112　118　125　132　140　150　160　170　180　200　212　224　236　250　265　280　315　355　375　400　425　450　475　500　530　560　600　630　670　710　750　800　900　1 000 等							

忽略弹性滑动的影响,由式(5-13)得大带轮的基准直径 d_{d2} 为

$$d_{d2} = \frac{n_1}{n_2} d_{d1} \tag{5-16}$$

基准直径 d_{d1}、d_{d2} 应符合表 5-7 中普通 V 带轮的基准直径系列数值要求。

4)验算带速

普通 V 带速度的计算公式为

$$v = \frac{\pi d_{d1} n_1}{60 \times 1\,000} \tag{5-17}$$

若带速过高会使离心力增大,同时单位时间内带绕过带轮的次数增多,从而降低传动带的使用寿命。若带速过低,传递一定功率时,只能使传动所需的有效拉力增大,带的根数增多。一般使 $v = 5 \sim 25$ m/s,其中 $v = 10 \sim 15$ m/s 最佳。

5)确定中心距和普通 V 带的基准长度

普通 V 带传动的中心距取大些有利于增大包角,但中心距过大会造成结构不紧凑,在载荷变化或高速运转时带会发生抖动,使普通 V 带的传递能力降低;若普通 V 带传动的中心距取得过小会导致普通 V 带较短,包角较小,应力循环次数增多,使普通 V 带的传递能力降低。因此,设计时应根据具体的结构要求或按下式初步确定中心距

$$0.7(d_{d1} + d_{d2}) \leqslant a_0 \leqslant 2(d_{d1} + d_{d2}) \tag{5-18}$$

式中,a_0 为普通 V 带初步确定的中心距(mm)。

初步确定普通 V 带的中心距后可由下式初步确定普通 V 带的基准长度

$$L_0 = 2a_0 + \frac{\pi}{2}(d_{d1} + d_{d2}) + \frac{(d_{d2} - d_{d1})^2}{4a_0} \tag{5-19}$$

式中,L_0 为普通 V 带初步确定的基准长度(mm)。

查表 5-2,在表中选择与 L_0 最接近的数值作为普通 V 带的基准长度 L_d,再由下式确定实际中心距

$$a \approx a_0 + \frac{L_d - L_0}{2} \tag{5-20}$$

式中,a 为普通 V 带实际的中心距(mm)。

6) 验算小带轮的包角

小带轮包角的计算公式为

$$\alpha \approx 180° - 57.3° \times \frac{d_{d2} - d_{d1}}{a} \quad (5\text{-}21)$$

一般要求 $\alpha \geq 120°$，若不满足该条件，可通过增大中心距和改变传动比等措施改进。

7) 确定普通 V 带的根数

为了保证普通 V 带传动不打滑，且有一定的疲劳强度，必须保证每根 V 带所传递的功率不超过它所能传递的额定功率，即

$$z > \frac{P_C}{[P_0]} = \frac{P_C}{(P_0 + \Delta P_0) K_\alpha K_L} \quad (5\text{-}22)$$

普通 V 带的根数 z 应圆整，为保证各根带受力均匀，其根数不宜过多，一般取 2~6 根，最多不超过 10 根，否则将引起载荷在各根带上分布不均。

8) 计算单根普通 V 带的初拉力

保持适当的初拉力是带传动正常工作的前提。若初拉力不足，则会使普通 V 带的传动能力下降，导致普通 V 带传动出现打滑现象；若初拉力过大，则会增大轴和轴承上的压力，降低普通 V 带的寿命，因此，初拉力的大小应适当。

单根普通 V 带的初拉力的计算公式为

$$F_0 = 500 \frac{(2.5 - K_\alpha) P_C}{K_\alpha z v} + q v^2 \quad (5\text{-}23)$$

式中，F_0 为单根普通 V 带的初拉力(N)。

由于新带易松弛，对于非自动张紧的普通 V 带传动，安装新带时的初拉力应为计算值的 1.5 倍。

9) 计算普通 V 带对轴的压力

普通 V 带张紧会影响安装带轮的轴和轴承的强度和寿命，因此，必须确定作用在轴上的压力，一般按静止状态下带轮两边均作用初拉力进行计算，如图 5-14 所示，则普通 V 带对轴的压力可按下式计算

$$F_Q = 2z F_0 \sin \frac{\alpha_1}{2} \quad (5\text{-}24)$$

式中，F_Q 为普通 V 带对轴的压力(N)。

10) 设计普通 V 带轮的结构

设计普通 V 带轮的结构包括确定结构类型、结构尺寸、轮槽尺寸、材料，绘制带轮工作图。

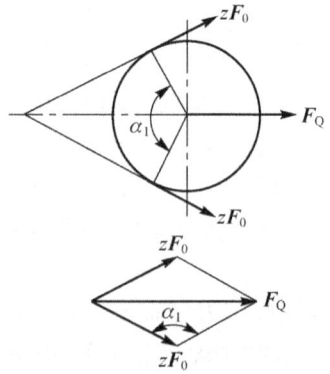

图 5-14 普通 V 带对轴的压力

六、普通 V 带传动的张紧、安装和维护

1. 普通 V 带传动的张紧

根据摩擦传动原理，普通 V 带必须在预张紧后才能正常工作；运转一定时间后，普通 V 带会松弛，为了保证传动能力，必须重新张紧。普通 V 带传动的张紧方法有调整中心距和利用张紧轮两种。

1)调整中心距

常见的调整中心距的装置包括定期张紧装置和自动张紧装置。

(1)定期张紧装置。定期张紧装置是指定期改变轴的位置,以调节带的张紧力,使带重新回复工作能力的装置。图 5-15 所示为滑道式定期张紧装置,该装置适用于水平的传动场合,把装有带轮的电动机安装在滑轨的底座上,需要调整中心距时,松开螺母,转动调节螺钉即可完成中心距的调整,使初拉力满足普通 V 带传动的传动能力,然后拧紧螺母。图 5-16 所示为摆架式定期张紧装置,该装置适用于倾斜的传动场合,电动机固定在摆动架上,转动调节螺钉即可完成中心距的调整。

(2)自动张紧装置。自动张紧装置是指把装有带轮的电动机安装在摆动架上,依靠电动机的自重,使带轮随着电动机绕固定轴摆动,以自动保持张紧的装置。这种张紧装置适用于中小功率的带传动。图 5-17 所示为自动张紧装置。

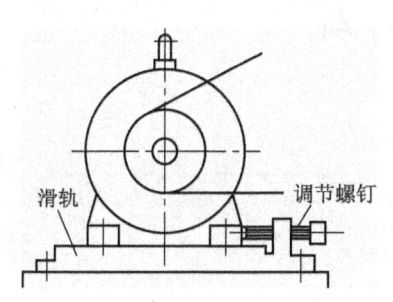
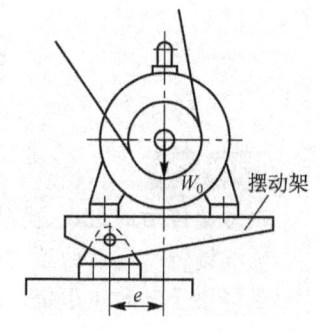

图 5-15 滑道式定期张紧装置　　图 5-16 摆架式定期张紧装置　　图 5-17 自动张紧装置

2)利用张紧轮

当中心距不便调节时,可采用具有张紧轮的装置。图 5-18 所示为普通 V 带传动用的张紧装置,其张紧轮安放在 V 带松边内侧,且靠近大带轮,使普通 V 带只受单方向弯曲,可提高普通 V 带的使用寿命。

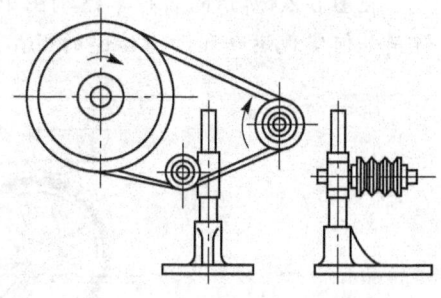

2. 普通 V 带传动的安装和维护

1)普通 V 带轮的安装

平行轴传动时,各普通 V 带轮的轴线必须保持规定的平行度。各轮宽的中心线、各轮的对应轮槽中

图 5-18 普通 V 带传动用的张紧装置

心线等均应共面且与轴线垂直,否则会加速普通 V 带的磨损,缩短带的寿命。

2)普通 V 带的安装

普通 V 带安装时应注意以下几点:

(1)通常应通过调整各轮中心距的方法来安装普通 V 带和张紧。切忌硬将普通 V 带从带轮上扳下或扳上,严禁用撬棍等工具将普通 V 带强行撬入或撬出。

(2)安装普通 V 带时,两带轮轴线必须平行,轮槽应对正,以免带扭曲和磨损加剧。

(3)同组使用的普通 V 带应型号相同、长度相等,不同厂家生产的普通 V 带、新旧普通 V 带不能混合使用。

(4)安装普通 V 带时,应按规定的初拉力张紧。对于中等中心距的带传动也可凭经验张紧。带传动张紧程度以大拇指能将带按下 15 mm 为宜,如图 5-19 所示。

3)普通 V 带传动的维护

普通 V 带传动的维护需注意以下几点:

(1)普通 V 带传动装置外面应加防护罩,以保证安全,防止带与酸、碱或油接触而被腐蚀。

(2)普通 V 带传动不需润滑,禁止往带上加润滑油或润滑脂,应及时清理带轮槽内及传动带上的油污。

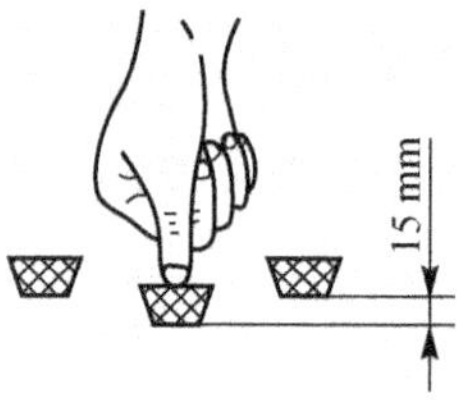

图 5-19　普通 V 带的张紧程度

(3)应定期检查,如有一根带松弛或损坏则应全部更换新带。

(4)普通 V 带传动的工作温度不应超过 60 ℃。

(5)如果普通 V 带传动装置需闲置一段时间后再用,应将带放松。

学习情境二　链　传　动

学习目标

熟悉链传动的组成、类型、特点及应用;

理解链传动运动的不均匀性;

了解滚子链和齿形链。

课堂导入

在图 5-20 所示的自行车结构图中,由脚蹬(或电机)带动链轮,链条带动后轮实现转动。链是如何实现运动和动力传递的呢?通过学习本节知识,就会找到答案。

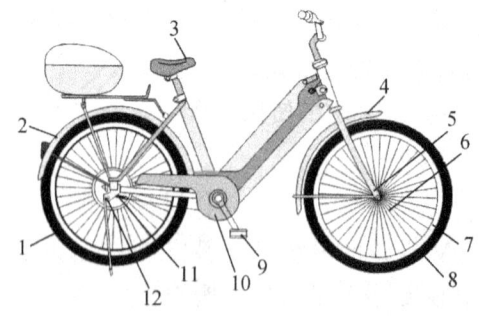

图 5-20　自行车

1—后轮;2—后泥板;3—鞍座;4—前泥板;5—前叉;6—辐条;7—轮辋;
8—前轮;9—脚蹬;10—链轮;11—链条;12—轮毂电机

基本知识

一、链传动的组成、类型、特点及应用

1. 链传动的组成

链传动由装在平行轴上的主动链轮、从动链轮和绕在链轮上的环形链条组成,如图 5-21

所示。它是以链条作为中间挠性件,靠链条与链轮轮齿的啮合来传递动力的。

2. 链传动的类型

链传动的类型很多,按用途不同,链可分为传动链、输送链和起重链。

1)传动链

传动链主要用于一般机械中传递运动和动力,也可用于输送等场合。

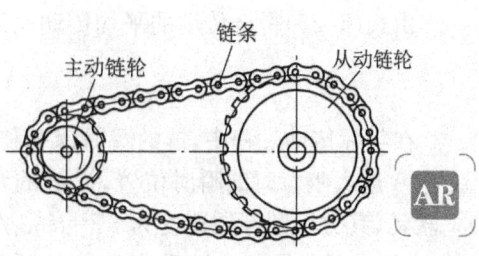

图 5-21　链传动的组成

传动链是链传动中最常用的,其广泛应用于矿山机械、冶金机械、运输机械、机床传动及石油化工等行业。

传动链按结构不同又可分为短节距精密滚子链(简称为滚子链)、短节距精密套筒链(简称为套筒链)、齿形链和成形链。其中滚子链和齿形链如图 5-22 所示。

2)输送链

输送链主要用于输送工件、物品和材料等,能直接用于各种机械上,也可以组成链式输送机作为一个单元出现,如有特定输送任务的链条,使用时需加特定的附件。

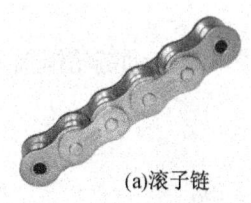

(a)滚子链

3)起重链

起重链主要用来传力,起牵引、悬挂物品的作用。

3. 链传动的特点及应用

链传动与带传动相比,具有如下特点:

(1)链传动无弹性滑动和打滑,能获得准确的平均传动比,但瞬时传动比不恒定。相同工作条件下,链传动结构更为紧凑,传动效率较高。

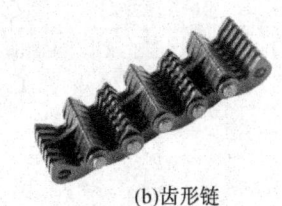

(b)齿形链

图 5-22　滚子链和齿形链

(2)链条不需要像带那样的张紧力,对轴的压力较小。

(3)链传动传递的功率较大,过载能力强,能在低速重载下较好地工作。

(4)链传动能适应恶劣环境,如多尘、油污、腐蚀和高强度场合。

但是链传动的瞬时链速和瞬时传动比不为常数,传动平稳性较差,工作时有冲击和噪声,磨损后易发生跳齿,不宜在载荷变化很大和急速反向的传动中应用。

链传动适用于两轴线平行且距离较远、瞬时传动比无严格要求及工作环境恶劣的场合。链传动适用的范围为:传递功率 $P\leqslant 100$ kW,中心距 $a\leqslant 6$ m,传动比 $i\leqslant 8$,链速 $v\leqslant 15$ m/s,传动效率为 0.95~0.98。

二、链传动运动的不均匀性

链由许多链节连接而成,当链与链轮啮合时,可看做链条绕在正多边形链轮上。该正多边形的边长为链节距 p,链轮回转一周,链条移动的距离为 zp,故链的平均速度为

$$v=\frac{z_1 n_1 p}{60\times 1\,000}=\frac{z_2 n_2 p}{60\times 1\,000} \qquad (5-25)$$

式中,z_1、z_2 为主、从动链轮的齿数;n_1、n_2 为主、从动链轮的转速(r/min);v 为链的平均速度(m/s)。

由式(5-25)得链传动的平均传动比为

$$i = \frac{n_1}{n_2} = \frac{z_2}{z_1} \tag{5-26}$$

在实际传动过程中,链的瞬时速度和链传动的瞬时传动比都是变化的。图 5-23 所示为铰链 A 进入啮合时的瞬时位置,设链的紧边在工作时处于水平位置,主动链轮以等角速度 ω_1 转动,其分度圆圆周速度为 $v_A = d_1\omega_1/2$,链水平运动的瞬时速度 v 等于主动链轮圆周速度 v_A 的水平分量 v_{1x},链垂直运动的瞬时速度 v'_A 等于主动链轮圆周速度 v_A 的垂直分量 v_{1y},即

$$\begin{aligned} v &= v_A \cos\beta = \frac{d_1}{2}\omega_1 \cos\beta \\ v'_A &= v_A \sin\beta = \frac{d_2}{2}\omega_1 \sin\beta \end{aligned} \tag{5-27}$$

式中,β 为主动链轮销轴 A 的圆周速度与水平线的夹角(°)。

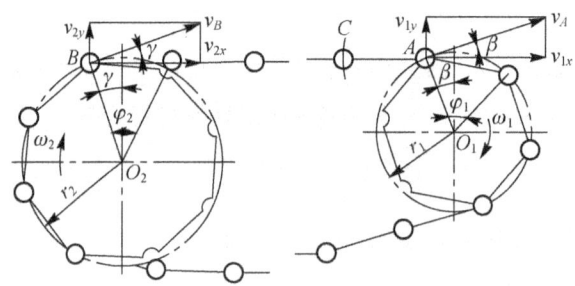

图 5-23 链传动的运动分析

设一个链节所对的中心角为 φ_1,$\varphi_1 = 360°/z_1$,则 β 在 $-\varphi_1/2$ 到 $\varphi_1/2$ 之间变化。当 $\beta = \pm\varphi_1/2$ 时,水平方向的链速最小,即 $v = v_{\min} = 1/2[d_1\omega_1\cos(\varphi_1/2)]$;当 $\beta = 0°$ 时,水平方向的链速最大,即 $v = v_{\max} = d_1\omega_1/2$。

由上述分析可知,每绕过一个链节,链速周期性地由小变大,再由大变小变化,这造成了链传动运动的不均匀性。链轮的节距越大,链轮齿数越少,链速的不均匀性就越明显。

同理,对于从动链轮而言,每个链节在啮合过程中所对应的中心角 $\varphi_2 = 360°/z_2$,则从动链轮销轴 B 的圆周速度与水平线的夹角 γ 在 $-\varphi_2/2$ 到 $\varphi_2/2$ 之间变化。由于从动链轮 γ 角和链速 v 的变化,使得其角速度 ω_2 也是变化的,其表达式为

$$\omega_2 = \frac{v}{\dfrac{d_2}{2}\cos\gamma} = \frac{d_1\omega_1\cos\beta}{d_2\cos\gamma} \tag{5-28}$$

由式(5-28)得链传动的瞬时传动比为

$$i = \frac{\omega_1}{\omega_2} = \frac{d_2\cos\gamma}{d_1\cos\beta} \tag{5-29}$$

由式(5-29)可知,链传动的瞬时传动比是变化的。只有当 $d_1 = d_2$,即 $z_1 = z_2$,且链传动的中心距为链节距 p 的整数倍时,才会使 β 和 γ 的变化时刻相等,瞬时传动比才能恒定不变。

三、滚子链和齿形链简介

1. 滚子链

1)滚子链的结构及标准

如图 5-24 所示,滚子链由内链板 5、外链板 4、销轴 3、套筒 2 和滚子 1 组成。内链板与套筒、外链板与销轴间为过盈配合;套筒与销轴、滚子与套筒间为间隙配合。润滑油通过内、外链板间的间隙渗入到销轴与套筒的接触面上,以减轻其磨损。内、外链板交错连接而构成铰链,传动时内外链节可相对挠曲,套筒则绕销轴自由转动,同时,滚子沿链轮齿廓滚动,可减少链与轮齿的磨损。内、外链板制成"∞"形,以减轻重量并保持链条各截面的强度接近相等。

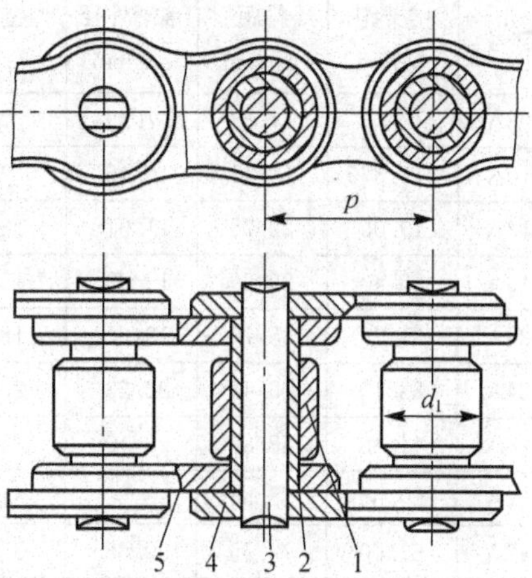

链条上相邻两销轴的中心距称为链的节距,用 p 表示,它是链传动最重要的参数之一。节距越大,链条各零件的尺寸越大,传递的功率也越大。

图 5-24 滚子链的结构
1—滚子;2—套筒;3—销轴;
4—外链板;5—内链板

滚子链可制成单排滚子链、双排滚子链和多排滚子链,如图 5-25 所示。多排滚子链用于传递较大功率的场合,但排数不宜过多,一般不超过四排,否则会由于精度的影响而出现各排滚子链承载不均匀的现象。

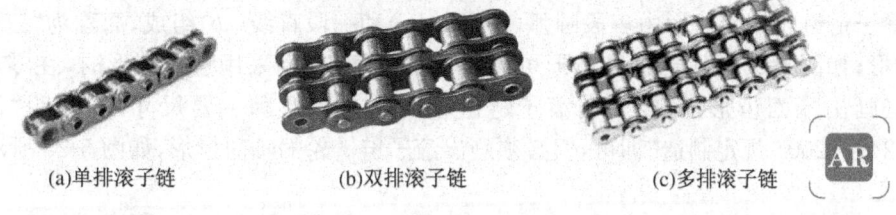

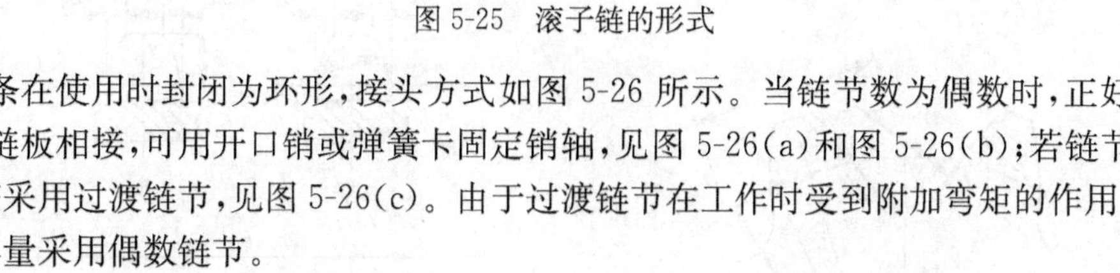

(a)单排滚子链　　(b)双排滚子链　　(c)多排滚子链

图 5-25 滚子链的形式

链条在使用时封闭为环形,接头方式如图 5-26 所示。当链节数为偶数时,正好是外链板与内链板相接,可用开口销或弹簧卡固定销轴,见图 5-26(a)和图 5-26(b);若链节数为奇数,则需采用过渡链节,见图 5-26(c)。由于过渡链节在工作时受到附加弯矩的作用,应避免使用,尽量采用偶数链节。

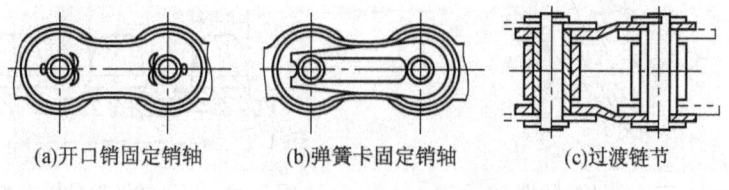

(a)开口销固定销轴　　(b)弹簧卡固定销轴　　(c)过渡链节

图 5-26 滚子链的接头方式

滚子链是标准件,我国目前使用的滚子链的标准为 GB/T 1243—2006,分为 A、B 两个系列。A 系列用于重载、高速和重要传动,B 系列用于一般传动。常用的 A 系列滚子链的基本参数和尺寸见表 5-8。

表 5-8　常用的 A 系列滚子链的基本参数和尺寸

链号	链节距 p/mm	排距 p_t/mm	滚子外径 d_r/mm	内链节内宽 b_1/mm	销轴直径 d_2/mm	内链板高度 h_2/mm	极限拉伸载荷(单排)F_Q/N	每米质量(单排) q/(kg/m)
08A	12.70	14.38	7.95	7.85	3.96	12.07	13 800	0.60
10A	15.875	18.11	10.16	9.40	5.08	15.09	21 800	1.00
12A	19.05	22.78	11.91	12.57	5.94	18.08	31 100	1.50
16A	25.40	29.29	15.88	15.75	7.92	24.13	55 600	2.60
20A	31.75	35.76	19.05	18.90	9.53	30.18	86 700	3.80
24A	38.10	45.44	22.23	25.22	11.10	36.20	124 600	5.60
28A	44.45	48.87	25.40	25.22	12.70	42.24	169 000	7.50
32A	50.80	58.55	28.58	31.55	14.27	48.26	222 400	10.10
40A	63.50	71.55	39.68	37.85	19.84	60.33	347 000	16.10
48A	76.20	87.83	47.63	47.35	23.80	72.39	500 400	22.60

注:1. 多排链极限拉伸载荷按表列 F_Q 值乘以排数计算。
　　2. 使用过渡链节时,其极限拉伸载荷按表列数值的 80% 计算。

2) 滚子链链轮

滚子链链轮的齿形应保证链节能平稳而自由地进入和退出啮合,使其不易脱链,且应该形状简单,便于加工。国家标准 GB/T 1243—2006 规定滚子链链轮端面的实际齿形只要在最大和最小的齿槽形状之间即可,这使轮齿齿廓曲线的设计具有很大的灵活性。目前,应用最广的滚子链链轮端面齿形由三段圆弧($\overset{\frown}{dc}$、$\overset{\frown}{ba}$、$\overset{\frown}{aa}$)和一段直线($\overline{cb}$)组成,简称为"三圆弧一直线"齿形,如图 5-27 所示。这种齿形可用标准刀具切制,当采用这种齿形时,在零件工作图上不必画出端面齿形,只要注明滚子链链轮的基本参数和主要尺寸,并注明"齿形按 GB/T 1243—2006 规定制造"即可,但必须画出滚子链链轮的轴向齿形,如图 5-28 所示。

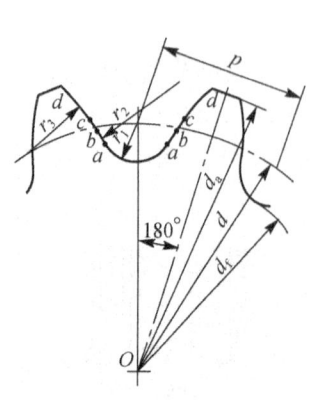

图 5-27　滚子链链轮的端面齿形

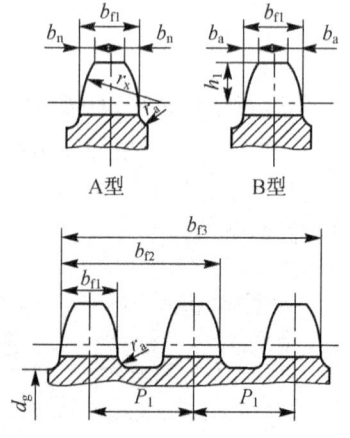

图 5-28　滚子链链轮的轴向齿形

滚子链链轮按直径的大小不同可制成实心式、孔板式和组合式,如图 5-29 所示。小直径链轮可制成实心式,见图 5-29(a);中等直径链轮可制成孔板式,见图 5-29(b);大直径链轮可制成组合式,通过螺栓联接或焊接等方式装配在一起,分别见图 5-29(c)和图 5-29(d)。

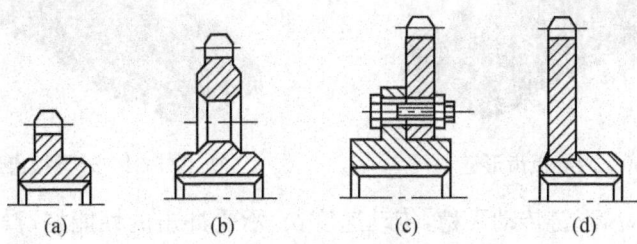

图 5-29 滚子链链轮的结构

滚子链链轮的结构、各部分名称及代号见表 5-9。

表 5-9 滚子链链轮的结构、各部分名称及代号

结 构

名 称	代 号	计算公式	备 注
分度圆直径	d	$d = \dfrac{p}{\sin \dfrac{180°}{z}}$	—
齿顶圆直径	d_a	$d_{a\max} = d + 1.25p - d_1$ $d_{a\min} = d + \left(1 - \dfrac{1.6}{z}\right)p - d_1$	可在 $d_{a\min} \sim d_{a\max}$ 范围内任意选取,但选用 $d_{a\max}$ 时,应考虑采用展成法加工,有发生顶切的可能性
齿根圆直径	d_f	$d_f = d - d_1$	—
齿侧凸缘(或排间槽)直径	d_g	$d_g \leqslant p \cot \dfrac{180°}{z} - 1.04 h_2 - 0.76$	h_2 为内链节高度

注:d_a、d_g 值取整数,其他尺寸精确到 0.01 mm。

滚子链链轮的材料应有足够的强度、耐磨性和耐冲击性:当低速轻载时,可采用中碳钢;当中速中载时,可采用中碳钢淬火;当高速重载时,可采用低碳钢或低碳合金钢渗碳淬火和中碳钢或中碳合金钢表面淬火。由于小链轮轮齿的啮合次数比大链轮轮齿的啮合次数多,受冲击也比较大,因而所用材料应优于大链轮的所用材料。

2. 齿形链

齿形链是由许多齿形链板用铰链联接而成的。齿形链板的两侧是直边,工作时链板侧边与链轮齿廓相啮合,两工作面的夹角一般为 60°。根据导向形式的不同,齿形链可分为内导板齿形链和外导板齿形链,分别如图 5-30 和图 5-31 所示。

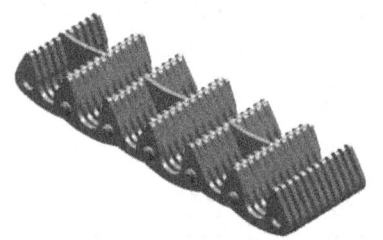
图 5-30 内导板齿形链

图 5-31 外导板齿形链

与滚子链相比,齿形链传动平稳,传动速度快,承受冲击的性能好,噪声小,也称为无声链,但其结构复杂,不易装拆,质量较大,容易磨损,成本高。

学习情境三 齿轮传动

学习目标

了解齿轮传动的分类、特点及应用;
掌握渐开线的形成、性质及渐开线齿廓的啮合特性;
掌握渐开线直齿圆柱齿轮的基本参数和几何尺寸的计算方法;
掌握渐开线直齿圆柱齿轮的啮合传动;
理解渐开线斜齿圆柱齿轮传动和直齿圆锥齿轮传动;
熟悉齿轮的失效形式。

课堂导入

图 5-32 所示为怀表中的齿轮传动,图 5-33 所示为减速器中的齿轮传动,图 5-34 所示为内燃机中的齿轮传动。齿轮应具备哪些基本要求才能正常工作呢?齿轮传动都有哪些基本类型?通过学习本节知识,就会找到答案。

图 5-32 怀表中的齿轮传动　　图 5-33 减速器中的齿轮传动　　图 5-34 内燃机中的齿轮传动

基本知识

齿轮传动是机械传动中应用最为广泛的一种,主要用于传递任意两轴间的运动和动力。其圆周速度可达 300 m/s,传递功率可达 10^5 kW,齿轮直径可从不到 1 mm 至 150 m 以上。

一、齿轮传动的分类、特点及应用

1. 齿轮传动的分类

齿轮传动的分类方法很多,根据不同的分类方法可分为不同的类型。

1)按两轮轴线的相对位置和齿向分

齿轮传动按两轮轴线的相对位置和齿向可分为平面齿轮传动和空间齿轮传动。

(1)平面齿轮传动。平面齿轮传动用于传递两平行轴之间的运动。其齿轮的形状为圆柱形,故也称为圆柱齿轮传动。圆柱齿轮传动按轮齿齿向又可分为以下几种类型:

①直齿圆柱齿轮传动。直齿圆柱齿轮传动简称为直齿轮传动,其轮齿方向与轴线平行。直齿圆柱齿轮传动按啮合方式可分为外啮合直齿圆柱齿轮传动、内啮合直齿圆柱齿轮传动和齿轮齿条传动,分别如图 5-35(a)、图 5-35(b)和图 5-35(c)所示。

②平行轴斜圆柱齿轮传动。若为单个齿轮,将其简称为斜齿轮。平行轴斜圆柱齿轮传动的轮齿方向相对轴线倾斜一个角度,如图 5-35(d)所示。平行轴斜圆柱齿轮传动按啮合方式可分为外啮合平行轴斜圆柱齿轮传动、内啮合平行轴斜圆柱齿轮传动和齿轮齿条传动。

③人字齿轮传动。人字齿轮传动相当于螺旋角相等、螺旋方向相反的两个斜齿轮拼合而成,如图 5-35(e)所示。

(2)空间齿轮传动。空间齿轮传动用于传递不平行两轴间的运动,常见的类型有以下几种:

①交错轴斜齿轮传动。交错轴斜齿轮传动中单个齿轮与斜齿圆柱齿轮完全相同,但两齿轮的轴线位置既不相交也不平行。两轴间的交错角可以为任意值,如图 5-35(f)所示。

②圆锥齿轮传动。圆锥齿轮传动用于实现两相交轴间的传动。圆锥齿轮轮齿分布于截圆锥体的表面上。圆锥齿轮传动按轮齿齿向可分为直齿圆锥齿轮传动、斜齿圆锥齿轮传动和曲齿圆锥齿轮传动,分别如图 5-35(g)、图 5-35(h)和图 5-35(i)所示。其中,直齿圆锥齿轮传动应用较广。

③蜗杆传动。蜗杆传动用于实现两交错轴间的传动,两轴的交错角通常为 90°,如图 5-35(j)所示。

④准双曲面齿轮传动。准双曲面齿轮传动用于实现两交错轴间的传动,如图 5-35(k)所示。

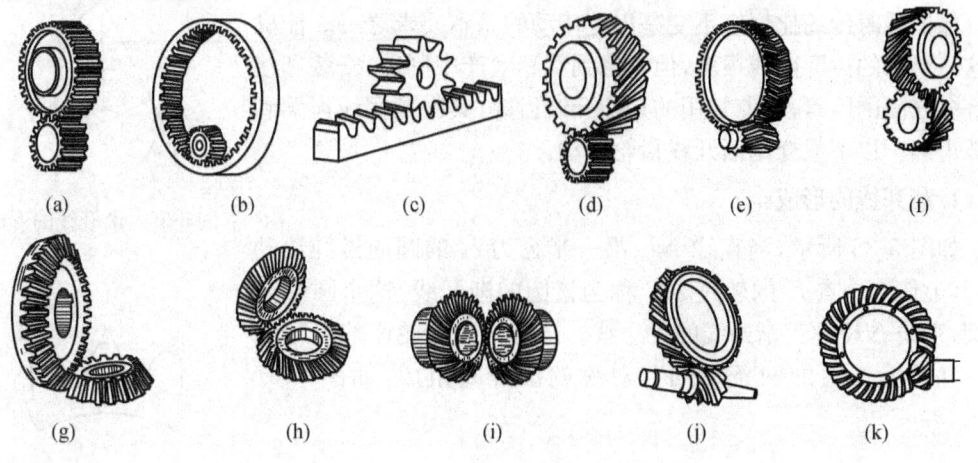

图 5-35 齿轮传动的基本类型

2) 按齿轮的齿廓曲线分

齿轮传动按齿轮齿廓曲线的形状可分为渐开线齿轮传动、摆线齿轮传动和圆弧齿轮传动。其中,渐开线齿轮传动应用最广。

3) 按齿轮的工作条件分

齿轮传动按齿轮的工作条件不同,可分为开式齿轮传动和闭式齿轮传动。开式齿轮传动工作条件差,齿轮易磨损,适用于低速传动;闭式齿轮传动润滑与保护条件好,多用于重要场合。

2. 齿轮传动的特点

与其他传动相比,齿轮传动具有以下优点:
(1) 能保持瞬时传动比(两轮瞬时角速度之比)不变。
(2) 传递动力大,传动效率高,一般为 0.95~0.98,最高可达 0.99。
(3) 使用寿命长,一般可达 10~20 年。
(4) 适用范围广,能传递夹角为任意值的两轴间的运动。
(5) 结构紧凑,工作可靠。

其主要缺点为:
(1) 不适宜用于远距离两轴间的传动。
(2) 制造和安装精度要求较高,因此成本也较高。

3. 齿轮传动的应用

齿轮传动可实现平行轴、相交轴和交错轴之间的运动和动力传递,瞬时传动比恒定,工作平稳,结构紧凑,传动速度和传递功率范围广。

两轴平行时,常用直齿圆柱齿轮传动;两轴相交时,常用圆锥齿轮传动;传动比较大或需要反向自锁时,常用蜗杆传动。

斜齿圆柱齿轮在啮合过程中,齿轮逐渐进入啮合,又逐渐脱离啮合,齿轮的加载和卸载都比较平缓,且齿轮的倾斜增加了重合度,故承载能力高。

二、渐开线与渐开线齿廓

保证瞬时传动比恒定不变是齿轮传动的基本要求之一。能满足这一要求的齿廓曲线很多,但考虑到实际生产中制造、安装和使用等多方面的因素,目前常用的是渐开线齿廓,其次是摆线齿廓和圆弧齿廓。以下只介绍渐开线齿轮传动。

1. 渐开线的形成

如图 5-36 所示,当直线 NK 沿一半径为 r_b 的圆周做纯滚动时,其上任意一点 K 的轨迹 AK 称为该圆的渐开线,这个圆称为基圆,直线 NK 称为渐开线的发生线。渐开线齿轮轮齿的齿廓由同一基圆上产生的两条反向且对称的渐开线组成,如图 5-37 所示。

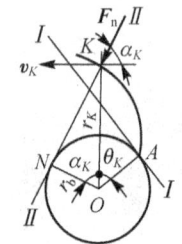

图 5-36 渐开线的形成

图 5-37 渐开线齿廓

2. 渐开线的性质

由渐开线的形成可知，渐开线具有以下性质：

(1) 发生线沿基圆滚过的长度等于基圆上被滚过的弧长，即 $\overline{NK} = \overset{\frown}{NA}$。

(2) 渐开线上任意一点的法线均与基圆相切。发生线 NK 沿基圆做纯滚动，它与基圆始终保持相切，NK 与基圆的切点 N 即为渐开线上点 K 的曲率中心。NK 是 K 点的曲率半径。

(3) 渐开线上任意一点 K 处的正压力方向与该点速度方向 v_K 所夹的锐角称为渐开线齿廓在 K 点的压力角。由图 5-36 可知

$$\cos \alpha_K = \frac{r_b}{r_K} \tag{5-30}$$

式中，α_K 为渐开线上 K 点的压力角(°)；r_b 为基圆半径(mm)；r_K 为渐开线上 K 点的向径(mm)。

渐开线上不同的 K 点，其向径 r_K 不同，因此，渐开线上各点的压力角也不相等。离基圆越远，其压力角越大，基圆上的压力角为 $0°$。

(4) 渐开线的形状取决于基圆半径。如图 5-38 所示，基圆半径越小，渐开线越弯曲；基圆半径越大，渐开线越平直；当基圆趋于无穷大时，渐开线变为直线。齿条上的齿廓就是这种直线齿廓。

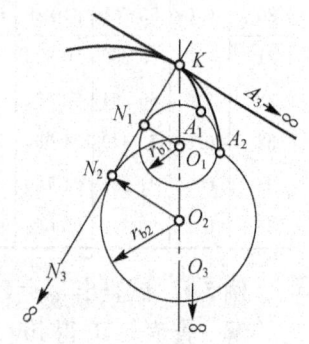

图 5-38 不同基圆的渐开线

(5) 基圆内无渐开线。渐开线是从基圆开始向外展开的，因此基圆内无渐开线。

3. 渐开线方程

在工程中，为分析渐开线齿廓的啮合特性，计算齿轮的参数和几何尺寸，常需要用到渐开线方程。渐开线上任意一点 K 的位置可以用向径 r_K 和展角 θ_K 来表示，见图 5-36。根据渐开线形成过程，推导出渐开线极坐标方程为

$$\left. \begin{array}{l} r_K = \dfrac{r_b}{\cos \alpha_K} \\ \theta_K = \operatorname{inv} \alpha_K = \tan \alpha_K - \alpha_K \end{array} \right\} \tag{5-31}$$

式中，α_K 和 θ_K 的单位为弧度(rad)。

为了计算方便，工程上已将不同压力角渐开线函数的值列成表，常用的渐开线函数表见表 5-10。若表 5-10 中查询不到，可采用内插法解得(如例 5-2)。

表 5-10 常用的渐开线函数表

$\alpha_K/(°)$	次	0′	5′	10′	15′	20′	25′	30′	35′	40′	45′	50′	55′
16	0.0	07 493	07 613	07 735	07 857	07 982	08 107	08 234	08 362	08 492	08 623	08 756	08 889
17	0.0	90 250	91 610	92 990	94 390	95 800	97 220	98 660	10 012	10 158	10 307	10 456	10 608
18	0.0	10 760	10 915	11 071	11 228	11 387	11 547	11 709	11 873	12 038	12 205	12 373	12 543
19	0.0	12 715	12 888	13 063	13 240	13 418	13 598	13 779	13 963	14 148	14 334	14 523	14 713
20	0.0	14 904	15 098	15 293	15 490	15 689	15 890	16 092	16 296	16 502	16 710	16 920	17 132
21	0.0	17 345	17 560	17 777	17 996	18 217	18 440	18 665	18 891	19 120	19 350	19 583	19 817
22	0.0	20 054	20 292	20 533	20 775	21 019	21 266	21 514	21 765	22 018	22 272	22 529	22 788

续表

$\alpha_K/(°)$	次	0′	5′	10′	15′	20′	25′	30′	35′	40′	45′	50′	55′
23	0.0	23 049	23 312	23 588	23 845	24 114	24 386	24 660	24 936	25 214	25 495	25 778	26 062
24	0.0	26 350	26 639	26 931	27 225	27 521	27 820	28 121	28 424	28 729	29 037	29 348	29 660
25	0.0	29 975	30 293	30 613	30 935	31 260	31 587	31 917	32 249	32 583	32 920	33 260	33 602
26	0.0	33 947	34 294	34 644	34 997	35 352	35 709	36 069	36 432	36 798	37 166	37 537	37 910
27	0.0	38 287	38 666	39 047	39 432	39 819	40 209	40 602	40 997	41 395	41 797	42 201	42 607
28	0.0	43 017	43 430	43 845	44 262	44 685	45 110	45 537	45 967	46 400	46 837	47 276	47 718
29	0.0	48 164	48 598	49 064	49 518	49 976	50 437	50 901	51 368	51 838	52 312	52 788	53 268
30	0.0	53 751	54 238	54 728	55 221	55 717	56 217	56 720	57 226	57 736	58 249	58 765	59 285
31	0.0	59 809	60 335	60 866	61 400	61 937	62 478	63 022	63 570	64 122	64 677	65 236	65 798
32	0.0	66 364	66 934	67 507	68 084	68 665	69 250	69 838	70 430	71 026	71 626	72 230	72 838
33	0.0	73 449	74 064	74 684	75 307	75 934	76 565	77 200	77 839	78 483	79 130	79 781	80 437
34	0.0	81 097	81 760	82 428	83 101	83 777	84 457	85 142	85 832	86 525	87 223	87 925	88 631
35	0.0	89 342	90 058	90 777	91 502	92 230	92 963	93 701	94 443	95 190	95 942	96 698	97 459

例 5-1 试查出 $\alpha_K = 20°$ 的渐开线函数。

解 查表 5-10 得 $\text{inv}\,\alpha_K = \text{inv}\,20° = 0.014\,904$。

例 5-2 试查出 $\alpha_K = 23°18'$ 的渐开线函数。

解 用内插法求解。查表 5-9 得

$$\text{inv}\,23°15' = 0.023\,845, \text{inv}\,23°20' = 0.024\,114$$

则 $\text{inv}\,23°18' = \dfrac{0.024\,114 - 0.023\,845}{5} \times 3 + 0.023\,845 = 0.024\,006\,4$。

4. 渐开线齿廓啮合的基本定律

如图 5-39 所示,O_1、O_2 分别为两齿轮的转动中心,齿轮 1 以角速度 ω_1 转动并以齿廓 K_1 推动齿轮 2 的齿廓 K_2 以角速度 ω_2 转动。则齿轮 1 和齿轮 2 在 K 点的速度分别为 $v_{K1} = \omega_1 \overline{O_1 K}$ 和 $v_{K2} = \omega_2 \overline{O_2 K}$,为保证两齿廓既不分离又不相互嵌入地连续转动,沿齿廓接触点 K 的公法线 n—n 方向上,齿廓间不能有相对运动,即两齿廓接触点 K 的公法线方向上的分速度要相等,则

$$v_{K1} \cos \alpha_{K1} = v_{K2} \cos \alpha_{K2}$$

即

$$\frac{\omega_1}{\omega_2} = \frac{\overline{O_2 K} \cos \alpha_{K2}}{\overline{O_1 K} \cos \alpha_{K1}}$$

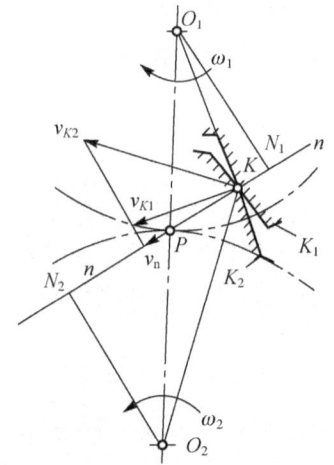

图 5-39 渐开线齿廓啮合的基本定律

故这对齿轮的瞬时传动比为

$$i_{12} = \frac{\omega_1}{\omega_2} = \frac{\overline{O_2 K} \cos \alpha_{K2}}{\overline{O_1 K} \cos \alpha_{K1}} = \frac{\overline{O_2 N_2}}{\overline{O_1 N_1}} = \frac{\overline{O_2 P}}{\overline{O_1 P}} \qquad (5\text{-}32)$$

式(5-32)说明平面任意渐开线齿廓的两齿轮啮合时,其瞬时角速度的比值等于齿廓接

触点公法线将其中心距分成两段长度的反比,这就是渐开线齿廓啮合的基本定律。节点 P 的位置与齿廓曲线有关。

5. 渐开线齿廓的啮合特性

1) 瞬时传动比恒定

图 5-39 中,在两齿轮齿廓啮合过程中,啮合线的位置保持不变,因此,啮合线 N_1N_2 与中心线 O_1O_2 交点(节点)P 为定点。由式(5-32)分析可得

$$i_{12} = \frac{\omega_1}{\omega_2} = \frac{\overline{O_2K}\cos\alpha_{K2}}{\overline{O_1K}\cos\alpha_{K1}} = \frac{\overline{O_2N_2}}{\overline{O_1N_1}} = \frac{\overline{O_2P}}{\overline{O_1P}} = \frac{r_{b2}}{r_{b1}} = \text{常数} \quad (5-33)$$

由式(5-33)可知,渐开线齿轮传动的瞬时传动比等于主动轮和从动轮基圆半径的反比。由于两啮合齿轮的基圆半径是定值,因此,渐开线齿轮传动的瞬时传动比能保持恒定不变。

2) 中心距可分性

渐开线齿轮的传动比取决于两轮的基圆半径。齿轮加工完,基圆大小就确定了。因此,其传动比的大小不受两轮安装时中心距误差的影响,此特性称为中心距可分性。这种特性给渐开线齿轮加工、安装和使用带来很大的方便。图 5-40(a)所示为一对标准渐开线齿轮正确安装时啮合传动的瞬时情形,图 5-40(b)所示为存在中心距误差时啮合传动的瞬时情形。

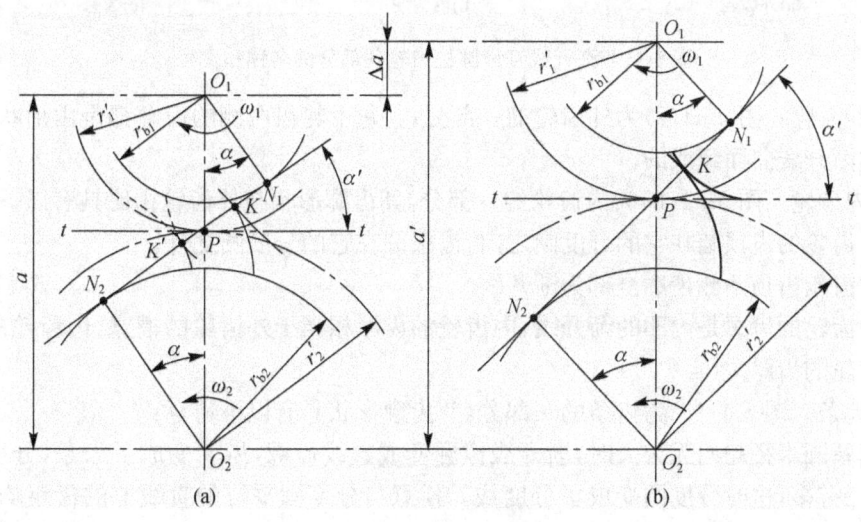

图 5-40 渐开线齿轮的啮合传动

3) 啮合角恒定

图 5-40 中,啮合线 N_1N_2 与节圆公切线 $t—t$ 之间的夹角 α' 称为啮合角。实际上 α' 就是节圆上的压力角。

4) 齿廓间正压力方向恒定

两齿轮啮合传动时,啮合角恒定,力的作用方向也恒定。若传递的转矩恒定,其压力大小也保持恒定,因此,传动平稳。

5) 齿廓间具有相对滑动

一对齿轮在啮合过程中,只有在节点 P 两齿轮的线速度相等,在节点 P 外任意一点啮合时,啮合点处的速度 v_1、v_2 大小与方向均不同。因此,在齿轮传动中两齿轮的齿廓之间存

在相对滑动,且啮合点离节点 P 越远,齿廓间相对滑动速度越大。在传动力的作用下,必然引起齿轮的磨损。

三、渐开线直齿圆柱齿轮的基本参数和几何尺寸的计算

渐开线直齿圆柱齿轮按轮齿加工在圆柱体的外表面还是内表面上,分为外齿轮和内齿轮。而齿条则是渐开线直齿圆柱齿轮的一种特殊形式。图 5-41 所示为渐开线直齿圆柱齿轮各部分的名称和代号。

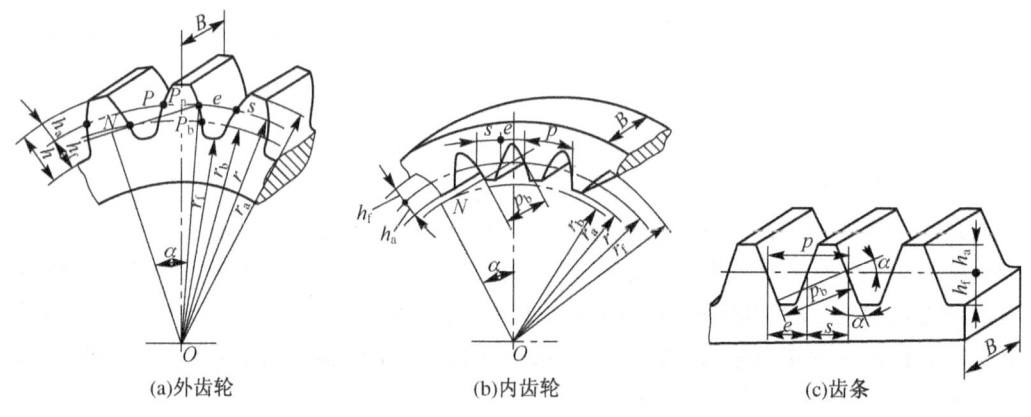

图 5-41 渐开线直齿圆柱齿轮各部分的名称和代号

(1)外齿轮。图 5-41(a)为外齿轮的一部分,其每个轮齿两侧的齿廓都是由形状相同、方向相反的渐开线曲面组成的。

(2)内齿轮。图 5-41(b)为内齿轮的一部分,其齿廓形状与外齿轮相比具有以下特点:

①内齿轮的齿顶圆在它的分度圆之内,齿根圆在它的分度圆之外。

②内齿轮齿顶两侧齿廓全部为渐开线。

③内齿轮的齿廓是内凹的渐开线,内齿轮的齿厚相当于外齿轮的槽宽,内齿轮的槽宽相当于外齿轮的齿厚。

(3)齿条。图 5-41(c)为齿条的一部分,其齿廓形状具有以下特点:

①当基圆半径趋向无穷大时,渐开线齿廓变成直线齿廓,齿轮变成了齿条,分度圆无穷大、齿数无穷多,这时分度圆变成了分度线。任意与分度圆平行的直线上的齿距均相等,即 $p_i = \pi m$。分度线上的 $s=e$,其他平行线上的 $s_i \neq e_i$。

②齿条上的齿廓是直线,齿条移动时,齿廓上各点速度的方向、大小均一致。因此,齿条上各点压力角相等,均为标准压力角,即 $\alpha = 20°$。

1. 渐开线直齿圆柱齿轮各部分名称及代号

渐开线直齿圆柱齿轮各部分的名称及代号如下:

(1)齿数。在整个齿轮圆周上轮齿的个数称为齿轮的齿数,用 z 表示。

(2)齿顶圆。过齿轮所有齿顶端部的圆称为齿顶圆,用 r_a 表示其半径,用 d_a 表示其直径。

(3)齿根圆。过齿轮所有齿槽底部的圆称为齿根圆,用 r_f 表示其半径,用 d_f 表示其直径。

(4)分度圆。在齿顶圆和齿根圆之间,规定一直径为 d 的圆,作为计算齿轮几何尺寸的基准圆,该圆称为分度圆,用 r 表示其半径。

(5)齿槽宽。齿轮上相邻轮齿之间的空间称为齿槽。在任意直径的圆周上,相邻两齿反向齿廓间的弧长称为该圆上的齿槽宽,用 e_i 表示。分度圆上的齿槽宽用 e 表示。

(6)齿厚。在任意直径的圆周上,同一轮齿两侧齿廓间的弧长称为该圆上的齿厚,用 s_i 表示。分度圆上的齿厚用 s 表示。

(7)齿距。在任意直径的圆周上,相邻两齿同侧齿廓间的弧长称为该圆上的齿距,用 p_i 表示。分度圆上的齿距用 p 表示。齿距为齿槽宽和齿厚之和,即 $p_i = e_i + s_i$,标准齿轮在分度圆上,齿槽宽等于齿厚,即 $e = s = p/2$。

(8)齿顶高。分度圆与齿顶圆之间的部分称为齿顶,其径向高度称为齿顶高,用 h_a 表示。

(9)齿根高。分度圆与齿根圆之间的部分称为齿根,其径向高度称为齿根高,用 h_f 表示。

(10)全齿高。齿顶圆与齿根圆之间的径向高度称为全齿高,用 h 表示,即 $h = h_a + h_f$。

(11)齿宽。齿轮的有齿部分沿齿轮轴线方向度量的宽度称为齿宽,用 B 表示。

2. 渐开线直齿圆柱齿轮的基本参数

渐开线直齿圆柱齿轮的基本参数为齿数 z、模数 m、压力角 α、齿顶高系数 h_a^* 和顶隙系数 c^*,一共五个。除齿数 z 外,其余四个都规定了标准值。

1)模数

齿轮的分度圆周长为 $\pi d = zp$,故 $d = zp/\pi$。由于 π 是个无理数,因而其计算所得的分度圆周长也是个无理数。为了便于设计、制造和检验,将分度圆上齿距 p 与 π 的比值规定为标准值,并将该标准值称为齿轮的模数。标准模数系列见表 5-11。

表 5-11 标准模数系列(GB/T 1357—2008) 单位:mm

第一系列	1	1.25	1.5	2	2.5	3	4	5	6	8	10	12	16	20	25	32	40	50
第二系列	1.125	1.375	1.75	2.25	2.75	3.5	4.5	5.5	(6.5)	7	9	11	14	18	22	28	36	45

注:1. 优先选用第一系列,括号内的模数尽量不用。
2. 本标准适用于渐开线直齿圆柱齿轮。

齿轮模数的计算公式为

$$m = \frac{p}{\pi} \quad (5\text{-}34)$$

式中,m 为齿轮的模数(mm)。

模数是齿轮尺寸计算中重要的参数。当齿数相同时,模数越大,则齿轮的尺寸越大,齿轮所能承受的载荷也越大,如图 5-42 所示。

2)压力角

在前面分析过,渐开线齿廓上各点的压力角不同,通常所说的齿轮压力角是指分度圆上的压力角,用 α 表示,国际规定分度圆上的压力角为标准值,我国取 $\alpha = 20°$。由式(5-31)可知

$$\cos \alpha = \frac{r_b}{r} \quad (5\text{-}35)$$

由此可见,分度圆是一个具有标准模数和标准压

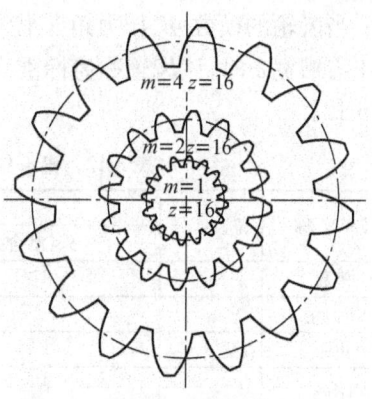

图 5-42 模数大小对齿轮尺寸的影响

力角的圆。具有这样分度圆的齿轮才可称为标准齿轮。

分度圆上压力角的大小对齿轮的形状有一定影响,由式(5-35)分析可知,当分度圆半径 r 不变时,若压力角 α 增大,则基圆半径 r_b 减小,齿轮的齿顶变尖,齿根变厚,承载能力增大,但传动较困难;若压力角 α 减小,则基圆半径 r_b 增大,齿轮的齿顶变宽,齿根变薄,承载能力降低,如图 5-43 所示。

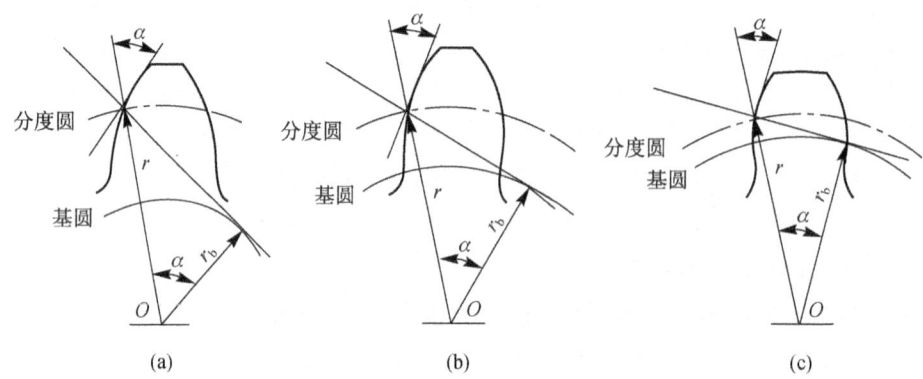

图 5-43　压力角对齿轮形状的影响

3) 齿顶高系数

齿顶高与模数的比值称为齿顶高系数,用 h_a^* 表示,即

$$h_a^* = \frac{h_a}{m} \tag{5-36}$$

齿顶高系数在国标中已规定了标准值,正常齿 $h_a^* = 1$,短齿 $h_a^* = 0.8$。

4) 顶隙系数

两齿轮正常啮合时,一个齿轮的齿顶与另一个齿轮的齿槽底间有一定的径向间隙,这一径向间隙称为顶隙,用 c 表示。顶隙与模数的比值称为顶隙系数,用 c^* 表示,即

$$c^* = \frac{c}{m} \tag{5-37}$$

顶隙系数在国标中已规定了标准值,正常齿 $c^* = 0.25$,短齿 $c^* = 0.3$。

3. 渐开线标准直齿圆柱齿轮几何尺寸的计算

当齿轮的模数 m、压力角 α、齿顶高系数 h_a^* 和顶隙系数 c^* 为标准值,且分度圆上齿厚 s 等于齿槽宽 e 时,该齿轮称为标准齿轮。渐开线标准直齿圆柱齿轮几何尺寸的计算公式见表 5-12。

表 5-12　渐开线标准直齿圆柱齿轮几何尺寸的计算公式

名　称	符　号	计算公式		
		外(啮合)齿轮	内(啮合)齿轮	齿　条
模数	m	根据轮齿承受载荷、结构条件等定出,选用标准值		
压力角	α	选用标准值		
齿距	p	$p = \pi m$		
齿厚	s	$s = \dfrac{\pi m}{2}$		

续表

名　称	符号	计算公式 外(啮合)齿轮	计算公式 内(啮合)齿轮	齿　条
齿槽宽	e	\multicolumn{2}{c|}{$e=\dfrac{\pi m}{2}$}	
顶隙	c	\multicolumn{2}{c|}{$c=c^* m$}	
分度圆直径	d	\multicolumn{2}{c|}{$d=mz$}	∞
齿顶高	h_a	\multicolumn{2}{c|}{$h_a=h_a^* m$}	
齿根高	h_f	\multicolumn{2}{c|}{$h_f=(h_a^*+c^*)m$}	
齿全高	h	\multicolumn{2}{c|}{$h=h_a+h_f$}	
齿顶圆直径	d_a	$d_a=(z+2h_a^*)m$	$d_a=(z-2h_a^*)m$	∞
齿根圆直径	d_f	$d_f=(z-2h_a^*-2c^*)m$	$d_f=(z+2h_a^*+2c^*)m$	∞
基圆直径	d_b	\multicolumn{2}{c|}{$d_b=d\cos\alpha$}	∞
中心距	a	$a=\dfrac{d_1+d_2}{2}$	$a=\dfrac{d_2-d_1}{2}$	∞

四、渐开线直齿圆柱齿轮的啮合传动

1. 渐开线直齿圆柱齿轮的正确啮合条件

一对渐开线直齿圆柱齿轮要正确啮合，必须满足一定的条件。为保证齿轮圆周上的轮齿依次正确啮合，轮齿的分布必须使主动轮和从动轮相邻同侧齿廓在啮合线上所卡的线段（称为法节）$\overline{K_1K}=\overline{K_2K}$，如图 5-44(a)所示；否则将会出现相邻两齿廓在啮合线上重叠或不接触，使齿轮无法正确啮合传动，分别如图 5-44(b)和图 5-44(c)所示。

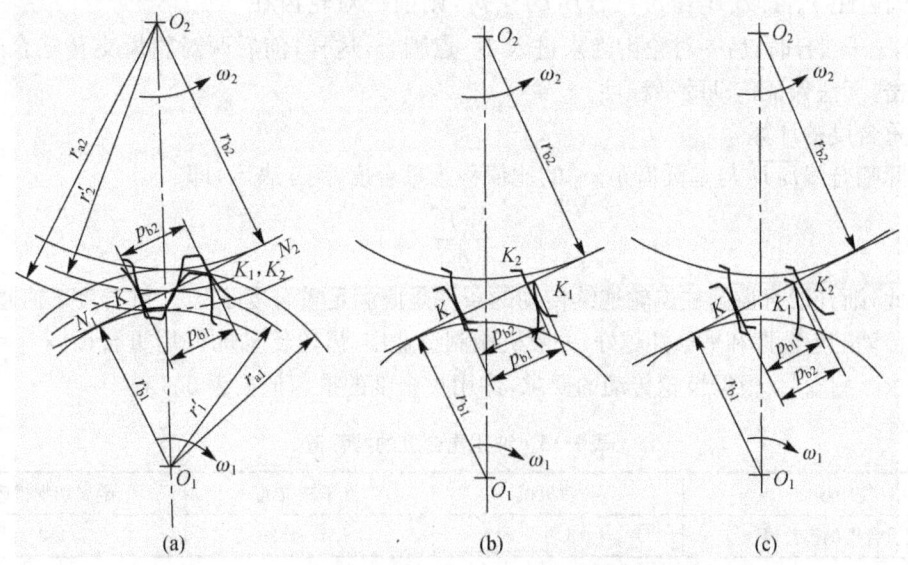

图 5-44　渐开线直齿圆柱齿轮的正确啮合条件

图 5-44(a)中的线段的长度$\overline{K_1K}(\overline{K_2K})$即为齿轮的基圆齿距 $p_{b1}(p_{b2})$，从而得出两渐开线直齿圆柱齿轮的正确啮合条件为两齿轮的基圆齿距相等，即 $p_{b1}=p_{b2}$，而 $p_b=\pi m\cos\alpha$，则有

$$\pi m_1\cos\alpha_1 = \pi m_2\cos\alpha_2 \tag{5-38}$$

在式(5-38)中,由于渐开线直齿圆柱齿轮模数 m 和压力角 α 均已标准化,因而其正确啮合的条件是:

(1)两渐开线直齿圆柱齿轮的模数相等,即 $m_1=m_2=m$。

(2)两渐开线直齿圆柱齿轮的压力角相等,即 $\alpha_1=\alpha_2=\alpha$。

因此,一对渐开线直齿圆柱齿轮的传动比又可表示为

$$i_{12}=\frac{\omega_1}{\omega_2}=\frac{n_1}{n_2}=\frac{r'_2}{r'_1}=\frac{r_{b2}}{r_{b1}}=\frac{r_2\cos\alpha}{r_1\cos\alpha}=\frac{r_2}{r_1}=\frac{z_2}{z_1} \tag{5-39}$$

2. 渐开线直齿圆柱齿轮连续传动的条件和重合度的计算

1)连续传动的条件

图 5-45 所示为一对外啮合直齿圆柱齿轮,主动轮推动前一对轮齿在 K 点啮合。当前一对轮齿尚未脱开时,后一对轮齿开始在 B_2 点啮合,B_2 点称为啮合初始点,即从动轮的齿顶圆与啮合线的交点,线段 $\overline{B_2K}$ 等于齿轮的基圆齿距,即 $\overline{B_2K}=p_{b1}=p_{b2}$;当前一对轮齿继续转到 B_1 点时,B_1 点称为啮合终止点,即主动轮的齿顶圆与啮合线的交点,前一对轮齿将脱开啮合。线段 $\overline{B_1B_2}$ 称为实际啮合线。轮齿啮合只能在 $\overline{B_1B_2}$ 内进行,因为基圆内无渐开线,所以两轮的齿顶圆不能超过 N_1、N_2 点。因此,线段 $\overline{N_1N_2}$ 是理论上最长的啮合线,故称为理论啮合线。N_1、N_2 称为啮合极限点。

为保证齿轮传动的连续性,实际啮合线的长度应大于或等于齿轮基圆齿距 p_b,即 $\overline{B_1B_2}\geqslant p_b$。若 $\overline{B_1B_2}<p_b$,则前一对轮齿在 B_1 点处脱开啮合时,后一对轮齿尚未进入 B_2 点啮合,这样,前后两对轮齿交替啮合时必然造成冲击,无法保证传动的平稳性。

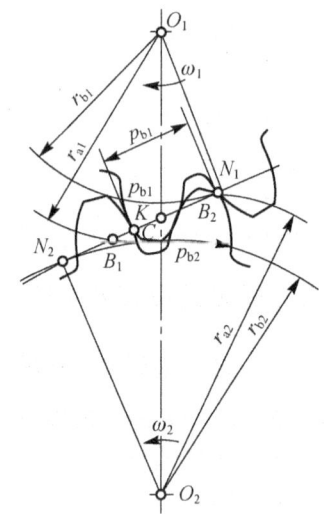

图 5-45 齿轮连续传动条件

2)重合度的计算

实际啮合线 $\overline{B_1B_2}$ 与基圆齿距 p_b 的比值称为重合度,用 ε 表示,即

$$\varepsilon=\frac{\overline{B_1B_2}}{p_b}\geqslant 1 \tag{5-40}$$

因此,渐开线直齿圆柱齿轮连续传动的条件是应满足重合度 $\varepsilon\geqslant 1$。重合度 ε 值越大,表明齿轮传动的连续性和平稳性越好,一般机械制造业中,齿轮传动的许用重合度 $[\varepsilon_a]=1.3\sim 1.4$,要求 $\varepsilon\geqslant[\varepsilon_a]$。根据齿轮传动的要求,许用重合度的推荐值见表 5-13。

表 5-13 许用重合度的推荐值

使用场合	一般机械	汽车拖拉机	金属切削机床
许用重合度的推荐值 $[\varepsilon_a]$	1.4	1.1~1.2	1.3

如图 5-46 所示,实际啮合线 $\overline{B_1B_2}=\overline{B_1C}+\overline{B_2C}$,而 $\overline{B_1C}$ 和 $\overline{B_2C}$ 的表达式分别为

$$\overline{B_1C}=\overline{B_1N_1}-\overline{CN_1}=r_{b1}(\tan\alpha_{a1}-\tan\alpha')=\frac{1}{2}mz_1\cos\alpha(\tan\alpha_{a1}-\tan\alpha')$$

$$\overline{B_2C}=\overline{B_2N_2}-\overline{CN_2}=\frac{1}{2}mz_2\cos\alpha(\tan\alpha_{a2}-\tan\alpha') \tag{5-41}$$

式中,α'为啮合角(°);α_{a1}、α_{a2}分别为两齿轮的齿顶压力角(°),其值分别为$\alpha_{a1}=\arccos(r_{b1}/r_{a1})$,$\alpha_{a2}=\arccos(r_{b2}/r_{a2})$。

将式(5-41)和基圆齿距$p_b=\pi m\cos\alpha$代入式(5-40),化简得

$$\varepsilon=\frac{1}{2\pi}[z_1(\tan\alpha_{a1}-\tan\alpha')+z_2(\tan\alpha_{a2}-\tan\alpha')]$$
(5-42)

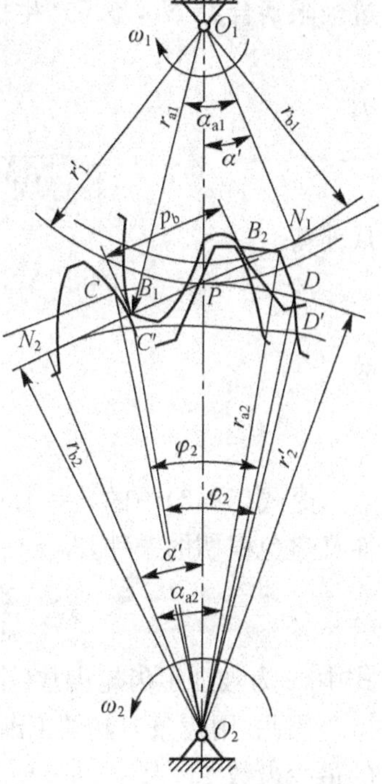

3. 渐开线直齿圆柱齿轮的根切现象及最少齿数

1) 渐开线直齿圆柱齿轮的根切现象

用范成法加工渐开线齿轮的过程中,有时刀具齿顶会把被加工齿轮根部的渐开线齿廓切去一部分,如图5-47所示,这种现象称为根切。根切将削弱齿根强度,甚至可能降低传动的重合度,影响传动质量,应尽量避免。

根切现象是因为刀具齿顶线(齿条型刀具)或齿顶圆(齿轮插刀)超过了极限啮合点N_1(啮合线与被切齿轮基圆的切点)而产生的,如图5-48所示。齿条刀具的齿顶线超过极限啮合点N_1,当刀具齿廓通过N_1点处于位置Ⅱ时,已经将渐开线齿廓加工完了,但当范成运动继续进行时,切削刃仍将继续进行切削。若齿条移动距离s到位置Ⅲ时,切削刃与啮合线交于一点K,此时齿轮应转过φ角,其分度圆转过的弧长为s。故有

$$\overline{N_1K}=s\cos\alpha=\varphi r\cos\alpha=\varphi r_b=\overparen{N_1N_1'}$$

图5-46 重合度

自同一点N_1出发的直线$\overline{N_1K}$为刀具两位置之间的法向距离,而$\overparen{N_1N_1'}$为齿轮基圆上转过的弧长,它们的长度相等,因而渐开线齿廓上的一点N_1'必然落在切削刃上一点K的后面,即N_1'点附近的渐开线必然被切削刃切掉而产生根切,如图5-48中的阴影部分。

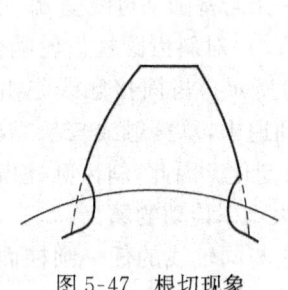

图5-47 根切现象

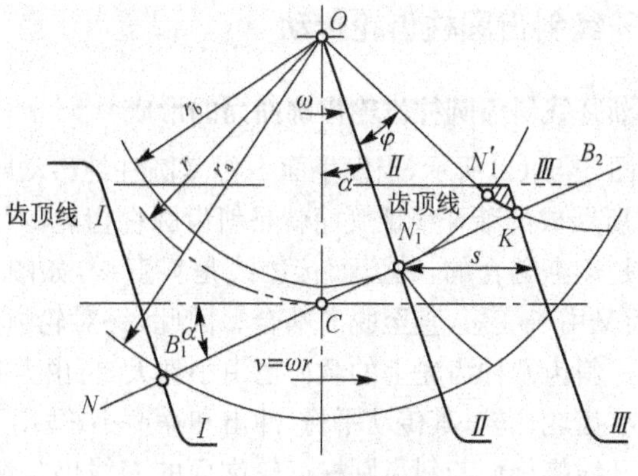

图5-48 产生根切的原因

2)最少齿数

用范成法加工齿轮时,产生根切的根本原因是刀具的齿顶线(圆)超过了极限啮合点N_1。因此,可以采取移距变位的方法避免根切。如图 5-49 所示,此时刀具的齿顶线刚好通过极限啮合点 N_1,是不产生根切的极限情况,其变位量为 xm,即不根切的条件为

$$\overline{N_1M} \geqslant h_a^* m - xm$$

因

$$\overline{N_1M} = \overline{CN_1}\sin \alpha = r\sin^2\alpha = \frac{1}{2}mz\sin^2\alpha$$

从而得

$$\frac{1}{2}mz\sin^2\alpha \geqslant h_a^* m - xm$$

故

$$x \geqslant h_a^* - \frac{1}{2}z\sin^2\alpha \tag{5-43}$$

令式(5-43)中的 $x=0$,可得加工标准齿轮($x=0$)而又避免根切的条件,即

$$z \geqslant \frac{2h_a^*}{\sin^2\alpha} \tag{5-44}$$

式中,z 为被加工齿轮齿数(个)。

因此,用齿条刀具加工渐开线标准齿轮不产生根切的最少齿数 z_{min} 为

$$z_{min} = \frac{2h_a^*}{\sin^2\alpha} \tag{5-45}$$

当 $h_a^*=1,\alpha=20°$ 时,$z_{min}=17$。因此,齿数小于 17 的渐开线标准齿轮会产生根切。若允许有根切,则最少齿数可取 14。

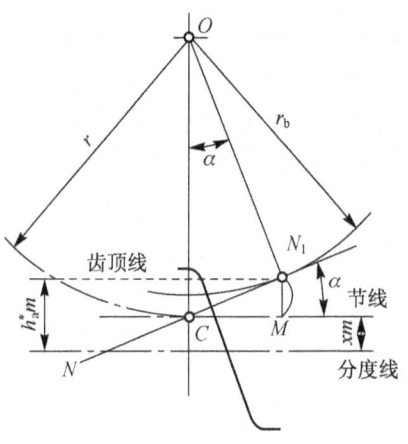

图 5-49 不产生根切的最少齿数

五、渐开线斜齿圆柱齿轮传动

1. 渐开线斜齿圆柱齿轮齿廓曲面的形成

如图 5-50(a)所示,当发生面 S 沿基圆柱纯滚动时,其上一条与基圆柱母线呈 β_b 角的直线 KK 所展成的渐开线螺旋面就是斜齿圆柱齿轮的齿廓曲面。一对斜齿圆柱齿轮啮合时,其齿廓是逐渐啮合的,其齿面接触线是斜直线,如图 5-50(b)所示。齿面接触线先由短变长,而后又由长变短,直至脱离啮合。因此,一对轮齿从进入到退出,总接触线较长,故承载能力高。斜齿圆柱齿轮上的载荷也由小到大,再由大到小逐渐变化。因此,斜齿圆柱齿轮与直齿圆柱齿轮比较,其传动平稳,冲击和噪声小,适用于高速、大功率传动的场合。

渐开线螺旋面与斜齿圆柱齿轮端面的交线仍是渐开线,它与同轴线的任一圆柱面的交线为螺旋线,不同圆柱面上的螺旋角不同,基圆柱上的螺旋角为

$$\tan\beta_b = \pi\frac{d_b}{P_h} \tag{5-46}$$

式中,β_b 为基圆柱上的螺旋角(°);d_b 为基圆柱直径(mm);P_h 为螺旋线的导程(mm)。

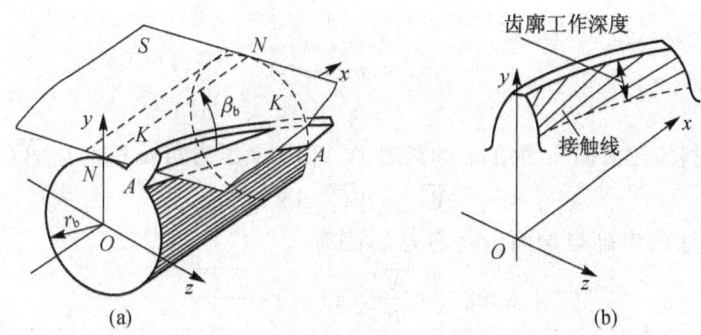

图 5-50　斜齿圆柱齿轮齿廓曲面的形成

2. 渐开线斜齿圆柱齿轮的基本参数及几何尺寸的计算

在斜齿圆柱齿轮加工中，一般多用滚齿法或铣齿法，此时刀具沿斜齿圆柱齿轮的螺旋线方向进刀。因此，斜齿圆柱齿轮的法面参数 m_n、α_n、h_{an}^* 和 c_n^* 等与刀具参数相同，均为标准值。而斜齿圆柱齿轮的齿面为渐开线螺旋面，其端面齿形为渐开线。一对斜齿圆柱齿轮啮合，从端面看与直齿圆柱齿轮相同，因此，斜齿圆柱齿轮的几何尺寸 d、d_a、d_b 和 d_f 等的计算应在端面上进行。为此，必须知道端面参数与法面参数间的换算关系。

1）螺旋角

螺旋线的切线与分度圆柱母线所夹的锐角称为螺旋角，用 β 表示。由式(5-46)可得 $\tan\beta = \pi d/P_h$，即

$$\frac{\tan\beta_b}{\tan\beta} = \frac{d_b}{d} \tag{5-47}$$

斜齿圆柱齿轮轮齿的倾斜程度通常用分度圆柱上的螺旋角 β 表示，如图 5-51 所示，一般取 $\beta = 8°\sim 20°$。按螺旋线旋向的不同斜齿圆柱齿轮有左旋和右旋之分，如图 5-52 所示。

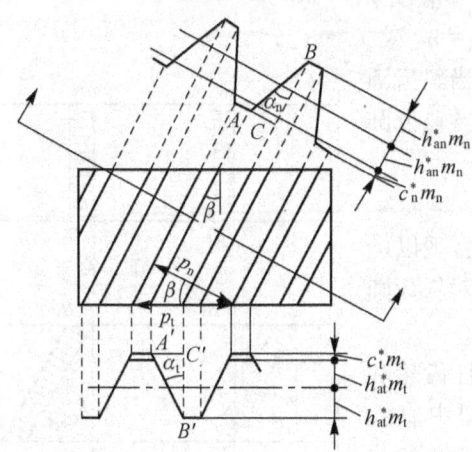

图 5-51　斜齿圆柱齿轮的基本参数

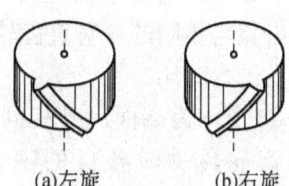

图 5-52　斜齿圆柱齿轮的旋向

2）模数

由于斜齿轮可以与斜齿条正确啮合，因而可以通过斜齿条来研究其法面模数与端面模数间的关系。斜齿条的法面齿距 p_n 与端面齿距 p_t 存在如下关系

$$p_n = p_t \cos\beta \tag{5-48}$$

因为 $p_n = \pi m_n$, $p_t = \pi m_t$, 所以
$$m_n = m_t \cos \beta \tag{5-49}$$

3)压力角

图 5-51 中,斜齿轮法面压力角 α_n 的对边 $\overline{AC}$ 和端面压力角 α_t 的对边 $\overline{A'C'}$ 存在如下关系
$$\overline{AC} = \overline{A'C'} \cos \beta \tag{5-50}$$

由于斜齿轮法面齿高与端面齿高均为 h,则有
$$\tan \alpha_n = \frac{\overline{AC}}{h}, \tan \alpha_t = \frac{\overline{A'C'}}{h} \tag{5-51}$$

即
$$\tan \alpha_n = \tan \alpha_t \cos \beta \tag{5-52}$$

4)齿顶高系数和顶隙系数

斜齿轮法面齿顶高与端面齿顶高是相同的,故
$$h_a = h_{an}^* m_n = h_{at}^* m_t \tag{5-53}$$

即
$$h_{at}^* = \frac{h_{an}^* m_n}{m_t} = h_{an}^* \cos \beta \tag{5-54}$$

同理,其顶隙系数也存在如下关系
$$c_t^* = c_n^* \cos \beta \tag{5-55}$$

3. 渐开线斜齿圆柱齿轮正确啮合的条件和重合度

1)渐开线斜齿圆柱齿轮正确啮合的条件

一对斜齿圆柱齿轮正确啮合时,除应满足直齿圆柱齿轮的正确啮合条件外,其螺旋角还应相匹配,即斜齿圆柱齿轮的正确啮合条件为:

(1)两斜齿圆柱齿轮的模数相等,即 $m_{n1} = m_{n2}$ 或 $m_{t1} = m_{t2}$。

(2)两斜齿圆柱齿轮的压力角相等,即 $\alpha_{n1} = \alpha_{n2}$ 或 $\alpha_{t1} = \alpha_{t2}$。

(3)两斜齿圆柱齿轮的螺旋角大小相等,当斜齿圆柱齿轮外啮合时,旋向应相反,即 $\beta_1 = -\beta_2$;当斜齿圆柱齿轮内啮合时,旋向应相同,即 $\beta_1 = \beta_2$。

2)渐开线斜齿圆柱齿轮传动的重合度

为便于分析斜齿圆柱齿轮传动的重合度,现以端面尺寸和齿宽均相同的一对直齿轮传动与一对斜齿圆柱齿轮传动进行对比。

图 5-53 所示为端面尺寸相同的直齿圆柱齿轮和斜齿圆柱齿轮传动时各自的啮合平面。图中直线 B_2—B_2 表示在啮合平面内,一对轮齿进入啮合的位置;直线 B_1—B_1 表示在啮合平面内,一对轮齿脱离啮合的位置。对于直齿圆柱齿轮来说,当其前端齿廓在 B_2 点进入啮合时,其后端齿廓沿齿宽同时进入啮合;当其前端齿廓在 B_1 点脱离啮合时,其后端齿廓沿齿宽也同时脱离啮合,即此时其重合度为 $\varepsilon_\alpha = L/p_{bt}$。对于斜齿轮来说,当其前端齿廓 B_2 点进入啮合时,其后端齿廓尚未进入啮合;当

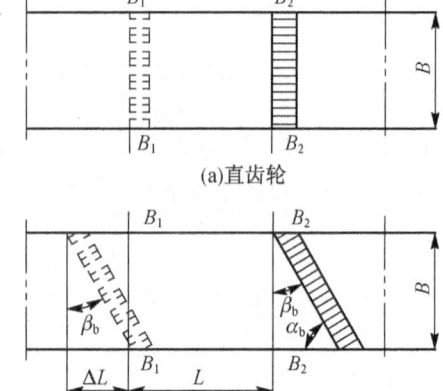

图 5-53 轴面重合度

其前端齿廓在 B_1 点脱离啮合时,其后端齿廓还要继续啮合一段长度 ΔL,直到其到达 B_1' 点,才能完成啮合,即此时其重合度为 $\varepsilon_\beta = \Delta L / p_{bt}$。因此,斜齿圆柱齿轮传动的重合度为

$$\varepsilon_\gamma = \varepsilon_\alpha + \varepsilon_\beta = \varepsilon_\alpha + \frac{B \sin \beta}{\pi m_n} \tag{5-56}$$

式中,ε_α 为端面重合度,与直齿轮重合度的计算相同;ε_β 为轴面重合度。

由式(5-56)可知,斜齿圆柱齿轮传动的重合度还随齿宽 B 和螺旋角 β 的增大而增大,故斜齿圆柱齿轮比直齿轮传动平稳,承载能力强。

4. 渐开线斜齿圆柱齿轮的法面齿形及当量齿数

用仿形法加工斜齿圆柱齿轮时,刀具沿螺旋形齿槽方向进刀,其形状应与齿轮的法面齿形相同。由于斜齿轮的端面为渐开线,而其法面齿形比较复杂,不易精确求得,一般用以下近似方法求出法面齿形。过斜齿圆柱齿轮分度圆柱齿廓上任意一点 C 作垂直于分度圆柱螺旋线的法面,如图 5-54 所示,该法面将分度圆柱剖开,其剖面为一椭圆,C 点附近的齿形可看作斜齿轮的法面齿形,椭圆的长半轴长度 a 和短半轴长度 b 的表达式分别为

$$a = \frac{d}{2\cos\beta}$$

$$b = \frac{d}{2}$$

椭圆上节点 C 处的曲率半径 ρ 为

$$\rho = \frac{a^2}{b} = \frac{d}{2\cos^2\beta}$$

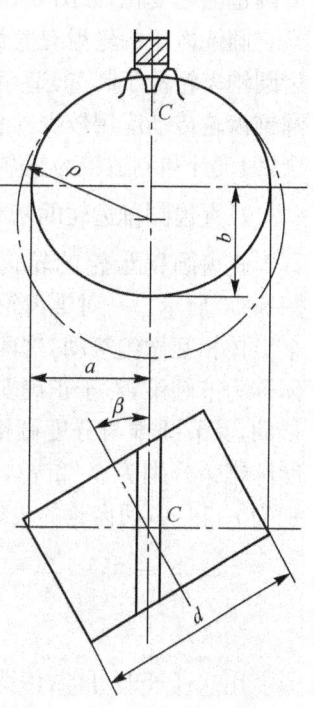

图 5-54 斜齿轮的当量齿轮

若以 ρ 作为假想直齿圆柱齿轮的分度圆半径,设假想直齿圆柱齿轮的模数 m 和压力角 α 分别等于斜齿圆柱齿轮的法面模数 m_n 和法面压力角 α_n,则该直齿圆柱齿轮的齿形就可看成斜齿圆柱齿轮的法面齿形,这个假想的直齿圆柱齿轮称为斜齿圆柱齿轮的当量齿轮。

当量齿轮的齿数称为当量齿数,用 z_v 表示,其表达式为

$$z_v = \frac{2\rho}{m_n} = \frac{d}{m_n \cos^2\beta} = \frac{m_n z}{m_n \cos^3\beta} = \frac{z}{\cos^3\beta} \tag{5-57}$$

在计算斜齿圆柱齿轮强度时,要用当量齿数 z_v 来决定齿形系数;在用仿形法加工斜齿轮时,选择铣刀号数也要用到当量齿数。

5. 渐开线斜齿圆柱齿轮的最少齿数

由式(5-57)可知,z_v 一般不是整数,也不需要圆整,它是虚拟的,且 z_v 大于 z。渐开线标准斜齿圆柱齿轮的当量齿轮不发生根切的最少齿数 $z_{vmin}=17$。因此,渐开线标准斜齿圆柱齿轮不产生根切的最少齿数为

$$z_{min} = z_{vmin} \cos^3\beta \tag{5-58}$$

由此可见,渐开线标准斜齿圆柱齿轮的最少齿数比渐开线标准直齿圆柱齿轮的要少,因此斜齿轮传动机构更加紧凑。

六、直齿圆锥齿轮传动

圆锥齿轮用于传递两相交轴之间的运动和动力，两齿轮轴线之间的交角称为轴交角，用 Σ 表示。最常见的是两轴相交成 $\Sigma=90°$ 的直齿圆锥齿轮传动。直齿圆锥齿轮轮齿一端大，一端小，齿厚由大端到小端逐渐变小，模数和分度圆也随之变化，如图 5-55 所示。

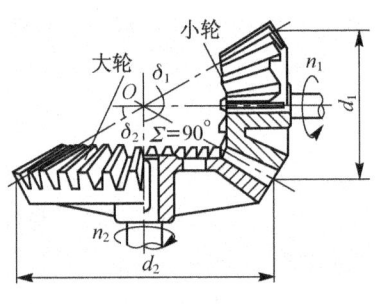

图 5-55　直齿圆锥齿轮传动

圆锥齿轮的轮齿有直齿、斜齿和曲线齿三种类型。直齿圆锥齿轮易于制造，适用于低速、轻载传动的场合；斜齿圆锥齿轮传动应用较少；曲线齿圆锥齿轮传动平稳，承载能力强，常用于高速、重载传动的场合，但设计和制造较为复杂。以下主要介绍直齿圆锥齿轮传动。

1. 直齿圆锥齿轮的基本参数和几何尺寸的计算

直齿圆锥齿轮的轮齿分布在锥面上，如图 5-56 所示。一对锥齿轮的运动可看做是两个锥体相互做纯滚动，这两个锥顶共点的圆锥体称为节圆锥，对于正确安装的标准圆锥齿轮传动，其节圆锥与分度圆锥重合，两齿轮的分度圆锥角分别为 δ_1 和 δ_2，大端分度圆半径分别为 r_1 和 r_2，两齿轮的传动比为

$$i_{12} = \frac{n_1}{n_2} = \frac{z_2}{z_1} = \frac{r_2}{r_1} = \cot\delta_1 = \tan\delta_2 \tag{5-59}$$

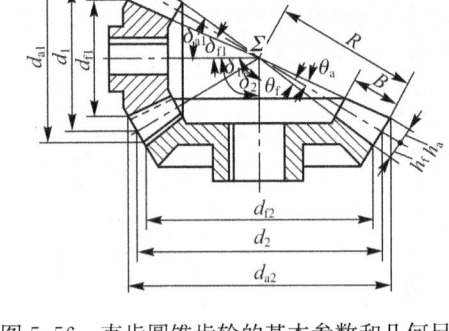

图 5-56　直齿圆锥齿轮的基本参数和几何尺寸

由式(5-59)可知，传动比一定时，两齿轮的分度圆锥角一定。标准直齿圆锥齿轮传动的几何尺寸计算公式见表 5-14。

表 5-14　标准直齿圆锥齿轮传动的几何尺寸计算公式（$\Sigma=90°$）

名　称	符　号	计算公式
分度圆锥角	δ	$\delta_1 = \mathrm{arccot}\dfrac{z_2}{z_1}, \delta_2 = 90° - \delta_1$
分度圆直径	d	$d_1 = mz_1, d_2 = mz_2$
齿顶高	h_a	$h_{a1} = h_{a2} = h_a^* m$
齿根高	h_f	$h_{f1} = h_{f2} = (h_a^* + c^*)m$
齿顶圆直径	d_a	$d_{a1} = d_1 + 2h_a\cos\delta_1, d_{a2} = d_2 + 2h_a\cos\delta_2$
齿根圆直径	d_f	$d_{f1} = d_1 - 2h_f\cos\delta_1, d_{f2} = d_2 - 2h_f\cos\delta_2$
锥距	R	$R = \dfrac{1}{2}\sqrt{d_1^2 + d_2^2}$
齿宽	b	$b \leqslant \dfrac{1}{3}R$
齿顶角	θ_a	不等顶隙收缩齿：$\theta_{a1} = \theta_{a2} = \arctan\dfrac{h_a}{R}$；等顶隙收缩齿：$\theta_{a1} = \theta_{f1}, \theta_{a2} = \theta_{f2}$
齿根角	θ_f	$\theta_{f1} = \theta_{f2} = \arctan\dfrac{h_f}{R}$
齿顶圆锥角	δ_a	$\delta_{a1} = \delta_1 + \theta_{a1}, \delta_{a2} = \delta_2 + \theta_{a2}$
齿根圆锥角	δ_f	$\delta_{f1} = \delta_1 - \theta_{f1}, \delta_{f2} = \delta_2 - \theta_{f2}$

2. 直齿圆锥齿轮的正确啮合条件

由于一对直齿圆锥齿轮的轮齿只在法面内啮合,因而其正确啮合条件为:
(1) 两直齿圆锥齿轮法面模数相等,即 $m_{n1}=m_{n2}=m$。
(2) 两直齿圆锥齿轮法面压力角相等,即 $\alpha_{n1}=\alpha_{n2}=\alpha$。
(3) 两直齿圆锥齿轮轴交角 $\Sigma=\delta_1+\delta_2$。

3. 直齿圆锥齿轮的背锥和当量齿数

1) 直齿圆锥齿轮的背锥

如图 5-57 所示,与直齿圆锥齿轮分度圆锥 $\triangle OAB$ 共轴线且锥面互相垂直的圆锥 $\triangle O_1AB$,称为直齿圆锥齿轮的背锥。背锥与球面相切于直齿圆锥齿轮大端的分度圆上。

将球面上的轮齿向背锥上投影,a、b 点的投影为 a'、b' 点,由图 5-57 可知 $ab \approx a'b'$,即背锥上的齿高部分近似等于球面上的齿高部分,故可用背锥上的齿廓代替球面上的齿廓。

2) 直齿圆锥齿轮的当量齿数

如图 5-58 所示,将两直齿圆锥齿轮的背锥展开成平面,则形成两扇形,它们的半径为其两背锥的锥距 r_{v1} 和 r_{v2},将两扇形齿轮补足为完整的圆柱齿轮,这两个圆柱齿轮的齿数称为直齿圆锥齿轮的当量齿数,用 z_{v1} 和 z_{v2} 表示。由式(5-59)求得

$$\left. \begin{array}{l} z_{v1} = \dfrac{z_1}{\cos \delta_1} \\ z_{v2} = \dfrac{z_2}{\cos \delta_2} \end{array} \right\} \quad (5\text{-}60)$$

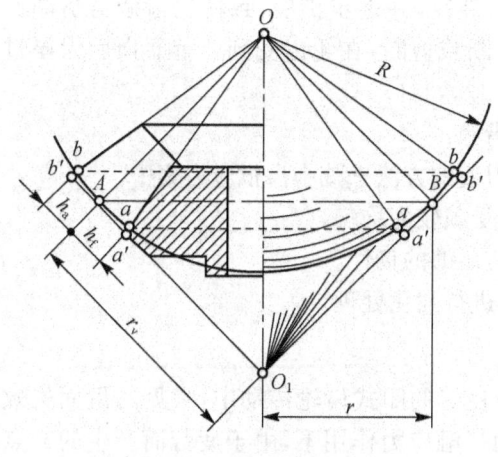

图 5-57 直齿圆锥齿轮的背锥

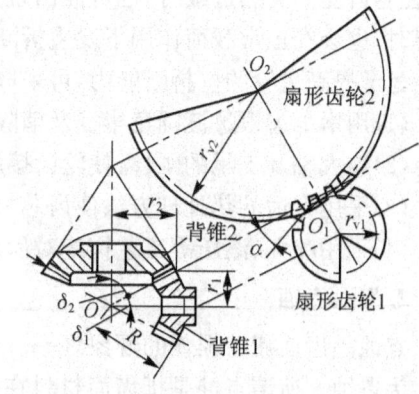

图 5-58 直齿圆锥齿轮的当量齿数

4. 直齿圆锥齿轮的最少齿数

标准直齿圆锥齿轮的当量齿轮不发生根切的最少齿数 $z_{vmin}=17$。因此,标准直齿圆锥齿轮不产生根切的最少齿数为

$$z_{min} = z_{vmin} \cos \delta = 17 \cos \delta \quad (5\text{-}61)$$

由上式可看出,直齿圆锥齿轮的最少齿数比直齿圆柱齿轮的要少。

七、齿轮传动的失效形式

齿轮传动的失效主要是指轮齿的失效,其失效形式是多种多样的。常见的失效形式有

轮齿折断、齿面磨损、齿面点蚀、齿面胶合和齿面塑性变形,如图5-59所示。

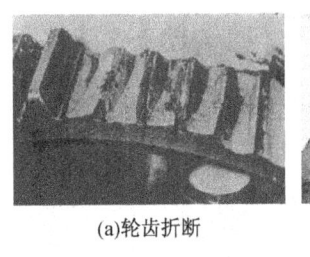
(a)轮齿折断

(b)齿面点蚀

(c)齿面磨损

(d)齿面胶合

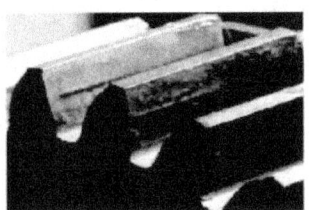
(e)齿面塑性变形

图5-59 齿轮的失效形式

1. 轮齿折断

轮齿折断有多种形式,在正常情况下,主要是齿根弯曲疲劳折断,因为在轮齿受载时,齿根处产生的弯曲应力最大,再加上齿根过渡部分的截面突变及加工刀痕等引起的应力集中作用,当轮齿重复受载后,齿根处就会产生疲劳裂纹,并逐步扩展,致使轮齿疲劳折断。此外,在轮齿受到突然过载时,也可能出现过载折断或剪断;在轮齿受到严重磨损后齿厚过分减薄时,也会在正常载荷作用下发生折断。

为了提高齿轮的抗折断能力,可采取下列措施:

(1)用增加齿根过渡圆角半径及消除加工刀痕的方法来减小齿根应力集中。
(2)增大轴及支承的刚性,使轮齿接触线上受载较为均匀。
(3)采用合适的热处理方法使齿芯材料具有足够的韧性。
(4)采用喷丸、滚压等工艺措施对齿根表层进行强化处理。

2. 齿面点蚀

点蚀是齿面疲劳损伤的现象之一。在润滑良好的闭式齿轮传动中,常见的齿面失效形式多为点蚀。所谓点蚀是指齿面材料在变化的接触应力作用下,由于疲劳而产生的麻点状损伤现象。齿面上最初出现的点蚀仅为针尖大小的麻点,如工作条件未加改善,麻点就会逐渐扩大,甚至数点连成一片,最后形成了明显的齿面损伤。点蚀首先出现在靠近节线的齿根面上,然后再向其他部位扩展。

提高齿轮材料的硬度,可以增强齿轮抗点蚀的能力。开式齿轮传动由于齿面磨损较快,因而很少出现点蚀。

3. 齿面磨损

在齿轮传动中,齿面随着工作条件的不同会出现不同的磨损形式。如当啮合齿面间落入磨料性物质(如砂粒、铁屑等)时,齿面即被逐渐磨损而至报废,这种磨损称为磨粒磨损,它是开式齿轮传动的主要失效形式之一。改用闭式齿轮传动是避免齿面磨粒磨损最有效的方法。

4. 齿面胶合

对于高速重载的齿轮传动,如航空发动机减速器的主传动齿轮,齿面间的压力大,瞬间温度高,润滑效果差,当瞬时温度过高时,相啮合的两齿面就会发生黏在一起的现象,由于此时两齿面又在作相对滑动,相黏结的部位即被撕破,于是在齿面上沿相对滑动的方向形成伤痕,称为胶合。传动时齿面瞬时温度越高、相对滑动速度越大的地方,越易发生胶合。

有些低速重载的重型齿轮传动,由于齿面间的油膜遭到破坏,也会产生胶合失效。此时,齿面的瞬时温度并无明显增高,故称为冷胶合。加强润滑措施,采用抗胶合能力强的润滑油,如硫化油,在润滑油中加入极压添加剂等,均可防止或减轻齿面的胶合。

5. 齿面塑性变形

齿面塑性变形属于轮齿永久变形的失效形式,它是由于在过大的应力作用下,轮齿材料处于屈服状态而产生的齿面或齿体塑性流动所形成的。塑性变形一般发生在硬度低的齿轮上,但在重载作用下,硬度高的齿轮上也会出现。提高轮齿齿面硬度,采用高黏度的或加有极压添加剂的润滑油均有助于减缓或防止轮齿产生塑性变形。

学习情境四 蜗杆传动

学习目标

了解蜗杆传动的类型和特点;
掌握蜗杆传动的基本参数与几何尺寸;
掌握蜗杆传动的受力方向和蜗轮转向的判定方法;
熟悉蜗杆传动的失效形式、安装与维护方法。

课堂导入

图5-60所示为各种机床上常用的万能分度头,万能分度头就是通过一对蜗轮、蜗杆来传递运动的。蜗杆传动是如何工作的呢?通过学习本节知识,就会找到答案。

图 5-60 各种机床上常用的万能分度头

🔷 基本知识

蜗杆传动机构主要由蜗杆和蜗轮组成,如图 5-61 所示。其主要用于传递空间两交错轴间的运动和动力,通常两轴交错角 $\Sigma=90°$;一般以蜗杆为主动件,做减速传动,且种类较多。

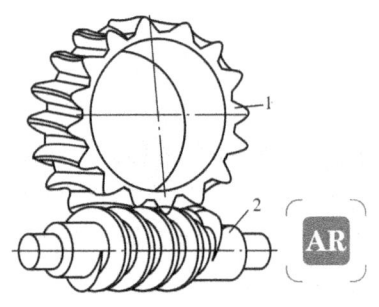

图 5-61 蜗杆传动机构
1—蜗轮;2—蜗杆

一、蜗杆传动的类型和特点

1. 蜗杆传动的类型

按蜗杆形状不同,蜗杆传动可分为圆柱蜗杆传动、环面蜗杆传动和锥面蜗杆传动,分别如图 5-62(a)、(b) 和 (c) 所示。

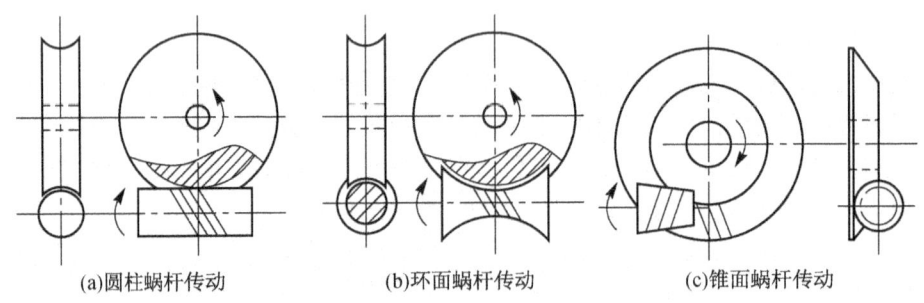

(a) 圆柱蜗杆传动　　(b) 环面蜗杆传动　　(c) 锥面蜗杆传动

图 5-62 蜗杆传动的类型

蜗杆形如螺杆,有单头和多头之分,且有左旋和右旋之分,一般常用右旋蜗杆。圆柱蜗杆按其齿廓曲线形状不同又可分为阿基米德蜗杆(ZA 型)和渐开线蜗杆(ZI 型)。其中,阿基米德蜗杆由于加工方便,因而应用最为广泛。本章仅介绍阿基米德蜗杆的传动。

图 5-63 所示为阿基米德蜗杆,其端面齿廓为阿基米德螺旋线,轴向齿廓为直线。加工阿基米德蜗杆类似于用梯形车刀在车床上加工普通梯形螺纹的螺旋。阿基米德蜗杆一般用于头数较少、载荷较小、不太重要的传动。

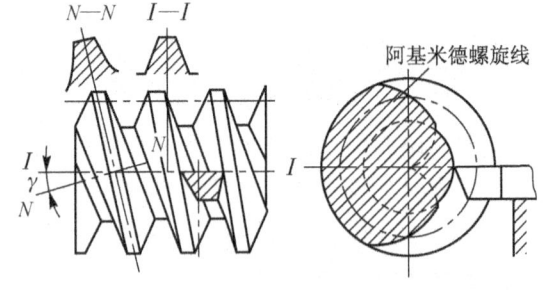

图 5-63 阿基米德蜗杆

2. 蜗杆传动的特点

蜗杆传动与齿轮传动相比具有如下特点:

(1) 传动比大,结构紧凑。这是蜗杆传动的最大特点。在动力传动中,蜗杆传动可使空间两交错轴间产生很大的传动比,其结构比交错轴斜齿轮机构紧凑。一般传动比可达 10～80,在一些手动或分度机构中,可大于 300。

(2) 传动平稳,噪声小。蜗杆传动中,由于蜗杆齿是连续的螺旋齿,且与蜗轮的啮合是连续的,因而蜗杆传动平稳,噪声小。

(3) 可实现自锁。当蜗杆导程角小于齿面间的当量摩擦角,且蜗轮为主动件时,蜗杆传动具有自锁性,即只能由蜗杆带动蜗轮,而蜗轮不能带动蜗杆,故常用于起重或其他需要自锁的场合。

(4)传动效率低。蜗杆传动齿面间存在较大的相对滑动,摩擦损耗大,传动效率较低。一般 $\eta=0.7\sim0.8$,具有自锁性的蜗杆传动的效率 $\eta\leqslant0.5$。

(5)制造成本高。为了提高减摩性和耐磨性,蜗轮齿圈常用青铜制造,因此,成本较高。

二、蜗杆传动的基本参数与几何尺寸

图 5-64 所示为阿基米德蜗杆传动。通过蜗杆轴线并垂直于蜗轮轴线的剖面称为中间平面(也可称为主平面),该平面为蜗杆的轴面或蜗轮的端面。在中间平面内,蜗杆与蜗轮的啮合相当于渐开线齿轮与齿条的啮合。因此,在蜗杆传动的设计计算中,均以中间平面的基本参数和几何尺寸为基准,并沿用齿轮传动的计算关系。

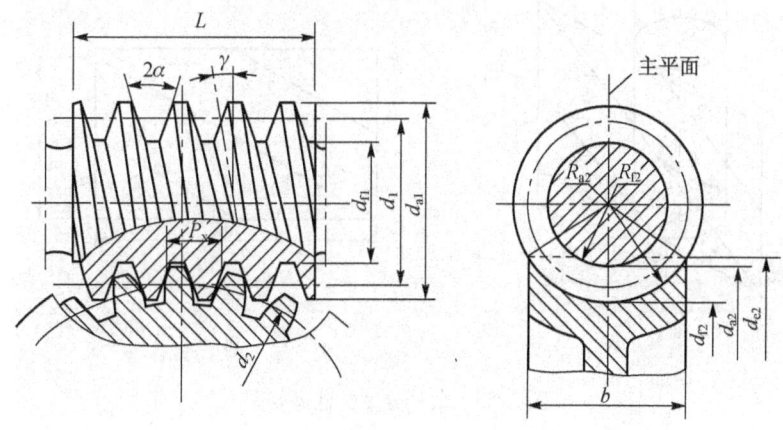

图 5-64 阿基米德蜗杆传动

1. 模数和压力角

如前所述,阿基米德蜗杆传动在主平面内相当于渐开线齿轮与齿条相啮合,与齿轮传动相同。为了便于加工和保证轮齿的正确啮合,蜗杆的轴面模数 m_{x1} 应等于蜗轮的端面模数 m_{t2};蜗杆的轴面压力角 α_{x1} 应等于蜗轮的端面压力角 α_{t2};蜗杆分度圆上的螺旋线升角 γ 应等于蜗轮分度圆上螺旋角 β,且两者螺旋方向相同,即

$$m_{x1} = m_{t2} = m$$
$$\alpha_{x1} = \alpha_{t2} = \alpha$$
$$\gamma = \beta$$

这就是蜗杆传动的正确啮合条件。蜗杆传动在中间平面上的模数和压力角为规定的标准值。

2. 蜗杆头数、蜗轮齿数和传动比

蜗杆头数 z_1(齿数)即为蜗杆螺旋线的数目,蜗杆的头数 z_1 一般取 1、2、4。当传动比大或要求蜗杆自锁时,取 $z_1=1$;当传递功率较大时,为提高传动效率、减少能量损失,常取 $z_1=2$ 或 4。蜗杆头数越多,加工精度越难保证。

一般情况下取蜗轮齿数 $z_2=28\sim80$。如果 $z_2<28$,会使蜗杆传动的平稳性降低,且易产生根切;若 z_2 过大,蜗轮直径增大,与之相啮合的蜗杆的长度增加,刚度减小,从而影响啮合的精度。

蜗杆传动通常以蜗杆为主动件,其传动比 i 等于蜗杆与蜗轮的转速之比。当蜗杆转一周时,蜗轮转过 z_1 个齿,即转过 z_1/z_2 周,所以传动比的计算公式为

$$i = \frac{n_1}{n_2} = \frac{1}{\frac{z_1}{z_2}} = \frac{z_2}{z_1} \tag{5-62}$$

3. 蜗杆的导程角

按照螺纹形成原理,将蜗杆的分度圆柱展开,如图 5-65 所示。其螺旋线与端面的夹角 γ 即为蜗杆分度圆柱上的螺旋线升角,或称为蜗杆的导程角。

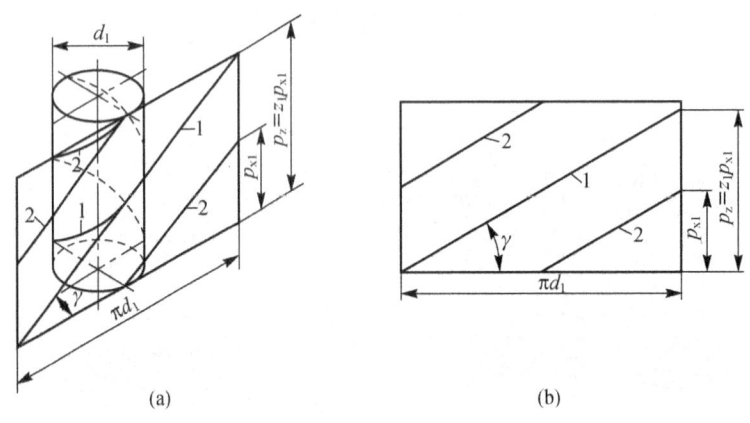

图 5-65 蜗杆分度圆柱展开图

由图 5-65 可得,蜗杆的导程角 γ 为

$$\tan \gamma = \frac{z_1 p_{x1}}{\pi d_1} = \frac{z_1 \pi m}{\pi d_1} = \frac{z_1 m}{d_1}$$

$$d_1 = m \frac{z_1}{\tan \gamma} \tag{5-63}$$

4. 中心距

标准蜗杆传动的中心距为

$$a = \frac{d_1 + d_2}{2} = \frac{m}{2}(q + z_2) \tag{5-64}$$

式中,q 为蜗杆分度圆直径 d_1 与模数 m 的比值,称为蜗杆直径系数。

三、蜗杆传动的受力方向和蜗轮转向的判定

蜗杆传动的受力情况类似于斜齿圆柱齿轮传动,如图 5-66(a)所示。蜗杆螺旋齿上法向力 F_n 作用在螺旋齿法面内蜗杆分度圆和蜗轮分度圆的切点上,即在主平面内的啮合点 P 处。将法向力 F_n 分解为三个互相垂直的分力:圆周力 F_{t1}、轴向力 F_{a1} 和径向力 F_{r1}。蜗轮是从动件,由于蜗杆轴与蜗轮轴交错成 $90°$,根据作用力与反作用力原理,作用于蜗轮的圆周力 F_{t2},大小等于蜗杆上的轴向力 F_{a1};作用于蜗轮上的轴向力 F_{a2},大小等于蜗杆上的圆周力 F_{t1};蜗轮上的径向力 F_{r2},大小等于蜗杆上的径向力 F_{r1}。这三对力分别大小相等,方向相反,如图 5-66(b)所示。

由于蜗轮转向与其所受圆周力 F_{t2} 的方向相同,故通过对蜗杆传动的受力分析即可判

定蜗轮的转向。如图 5-66(b)所示,蜗杆上轴向力 F_{a1} 的方向可用左、右手螺旋定则来判别。右旋蜗杆用右手(左旋用左手),四指顺着蜗杆转动的方向弯曲,则大拇指所指的方向即为轴向力 F_{a1} 的方向。而蜗轮圆周力 F_{t2} 的方向与 F_{a1} 的方向相反,从而可判定蜗轮的转向。

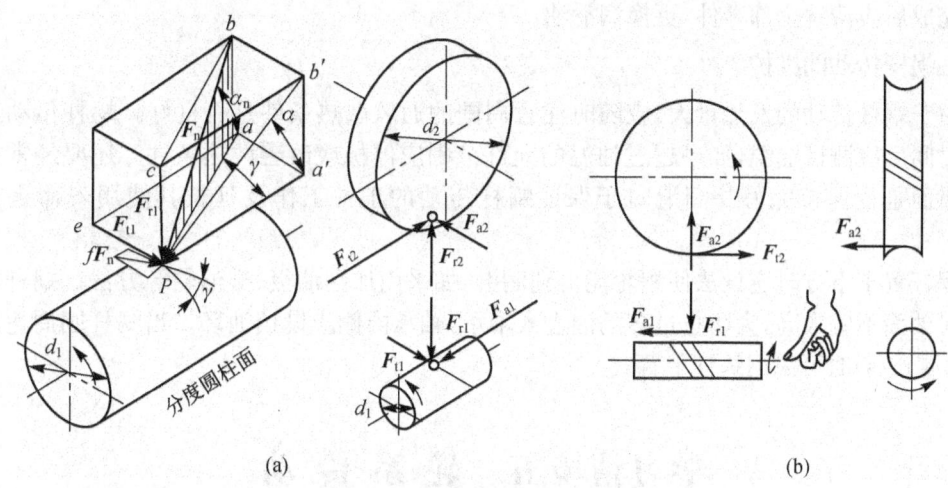

图 5-66 蜗杆传动的受力分析

四、蜗杆传动的失效形式、安装与维护

1. 蜗杆传动的失效形式

蜗杆传动的失效形式与齿轮传动的相类似,主要有齿面点蚀、齿面胶合、齿面磨损和轮齿折断等。在蜗杆传动中,由于材料及结构的原因,蜗杆轮齿的强度高于蜗轮轮齿的强度,所以失效常常发生在蜗轮的轮齿上。由于蜗杆、蜗轮的齿廓间相对滑动速度较大,发热量大而效率低,因此传动的主要失效形式为齿面胶合、齿面磨损和齿面点蚀等。当润滑条件差及散热不良时,闭式蜗杆传动极易出现胶合。开式蜗杆传动以及润滑油不清洁的闭式蜗杆传动中,轮齿磨损的速度很快。

2. 蜗杆传动的安装

蜗杆传动的安装精度要求很高。根据蜗杆传动的啮合特点,应使蜗轮的主平面通过蜗杆的轴线,如图 5-67 所示。装配时必须调整蜗轮的轴向位置。可以采用垫片组调整蜗轮的轴向位置及轴承的间隙,还可以利用蜗轮与轴承之间的套筒作较大距离的调整,调整时可以改变套筒的长度,实际安装时这两种方法有时可以联用。

为保证蜗杆传动的正确啮合,工作时蜗轮的主平面不允许有轴向移动,因此蜗轮轴的支承不允许有游动端,应采用两端固定的支承方式。

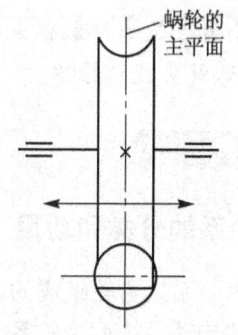

图 5-67 蜗轮的安装位置要求

由于蜗杆轴的支承跨距大,轴的热伸长大,其支承多采用一端固定另一端游动的支承方式。支承的固定端一般采用套杯结构,以便于固定轴承,游动端根据具体需要确定是否采用

套杯。对于支承跨距较短($L \leqslant 300$ mm)、传动功率小的上置式蜗杆,或间断工作、发热量不大的蜗杆传动,蜗杆轴的热伸长较小,可采用两端固定的支承方式。

蜗杆传动装配后要进行跑合,以使齿面接触良好。跑合时采用低速运转,逐步加载至额定载荷跑合 1~5 h。若发现蜗杆齿面上粘有青铜应立即停车,用细砂纸打去后再继续跑合。跑合完成后应清洗全部零件,更换润滑油。

3. 蜗杆传动的维护

由于蜗杆传动的发热量大,应随时注意周围的通风散热条件是否良好。蜗杆传动工作一段时间后应测试油温,如果超过油温的允许范围应停机或改善散热条件。还要经常检查蜗轮齿面是否保持完好。润滑对于保证蜗杆传动的正常工作及延长其使用寿命是很重要的。

蜗杆置于下方时应设法使蜗轮能得到润滑,如采用加刮油板、溅油轮等方法。蜗杆浸油润滑时油面不宜太高,为防止过多的油进入轴承,轴承内侧应设挡油环。当蜗杆圆周速度较大($v > 4$ m/s)时可采用蜗杆上置式。

学习情境五　轮 系 传 动

学习目标

了解轮系的分类和功用;
掌握定轴轮系传动比的计算;
掌握行星轮系传动比的计算;
了解混合轮系传动比的计算。

课堂导入

图 5-68 所示为手表中的齿轮轮系。手表的各个指针的正确位置关系就是依靠这些相互啮合的齿轮来实现的。轮系中的各个齿轮是如何配合来得到所需传动比的呢?通过学习本节知识,就会找到答案。

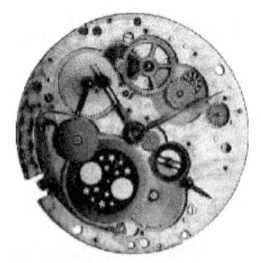

图 5-68　手表中的齿轮轮系

基本知识

一、轮系的分类和功用

由一系列齿轮组成的,介于原动机和执行机构之间,把原动机的运动和动力传递给执行机构的传动系统称为轮系。

1. 轮系的分类

根据轮系运转中齿轮轴线的空间位置是否固定,可将轮系分为定轴轮系、行星轮系和混合轮系,如图 5-69 所示。

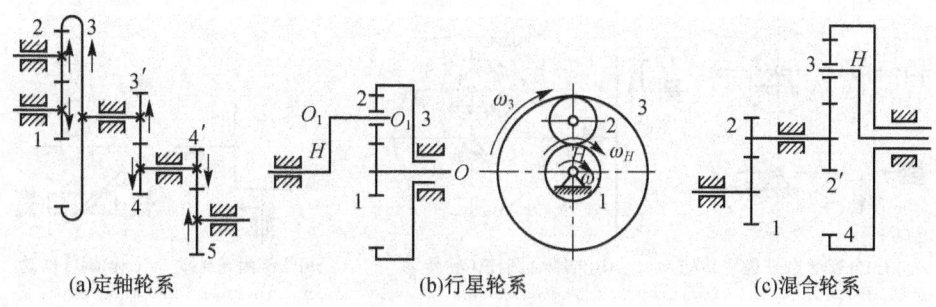

(a)定轴轮系　　　　(b)行星轮系　　　　(c)混合轮系

图 5-69　轮系的分类

1)定轴轮系

轮系传动时,若轮系中各个齿轮轴线相对于机架的位置都是固定的,则这种轮系称为定轴轮系。定轴轮系包括平面定轴轮系和空间定轴轮系两类。

2)行星轮系

轮系传动时,若轮系中至少有一个齿轮轴线绕另一个齿轮的固定轴线转动,则这种轮系称为行星轮系。行星轮系包括差动轮系和简单行星轮系两类。

3)混合轮系

轮系传动时,若轮系中既包含定轴轮系,又包含行星轮系,或包含几个行星轮系,则这种轮系称为混合轮系(也称为复合轮系)。

2. 轮系的功用

在机械传动中,轮系的功用十分广泛,主要包括以下几个方面:

(1)实现相距较远的两轴之间的传动。

(2)实现多路传动。

(3)实现变速、换向传动。

(4)获得大的传动比。

(5)实现运动的分解与合成。

二、定轴轮系传动比的计算

1. 一对齿轮传动比的计算方法

最简单的定轴轮系是由一对齿轮所组成的,其传动比是指两齿轮的角速度或转速之比,即

$$i_{12} = \frac{\omega_1}{\omega_2} = \frac{n_1}{n_2} = \pm \frac{z_2}{z_1} \tag{5-65}$$

外啮合时,两齿轮转向相反,传动比 i_{12} 取"－"号;内啮合时,两齿轮转向相同,传动比 i_{12} 取"＋"号。此外,两轮的相对转向关系也可用箭头在运动简图上表示,外啮合时,两齿轮的箭头方向相反;内啮合时,两齿轮的箭头方向相同,如图 5-70 所示。

图 5-71 所示为空间齿轮传动,其传动比大小仍由式(5-65)决定。但因其轴线不平行,不能用"±"号表示其转向,只能用箭头在其运动简图上表示。

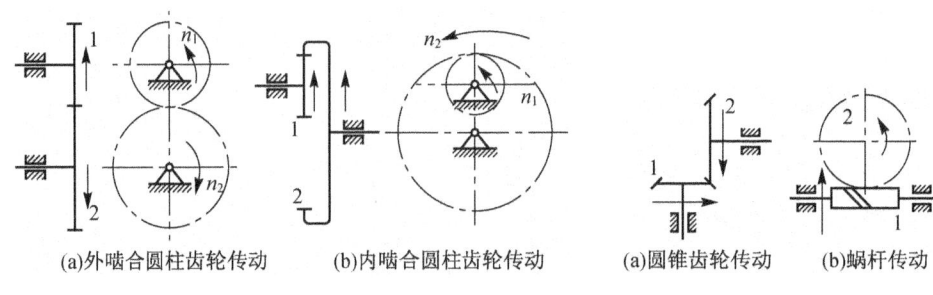

(a) 外啮合圆柱齿轮传动　　(b) 内啮合圆柱齿轮传动　　(a) 圆锥齿轮传动　　(b) 蜗杆传动

图 5-70　一对圆柱齿轮传动　　　　　　　图 5-71　空间齿轮传动

2. 定轴轮系传动比的计算方法

确定轮系的传动比,包括两方面的内容:

(1) 计算轮系传动比的大小。

(2) 确定轮系输入轴与输出轴转向之间的关系。

在图 5-69(a) 中的定轴轮系,设齿轮 1 为主动轮,齿轮 5 为最末的从动轮,则该定轴轮系各对啮合齿轮的传动比分别为

$$i_{12} = \frac{\omega_1}{\omega_2} = \frac{n_1}{n_2} = -\frac{z_2}{z_1}, \quad i_{23} = \frac{\omega_2}{\omega_3} = \frac{n_2}{n_3} = \frac{z_3}{z_2},$$

$$i_{3'4} = \frac{\omega_{3'}}{\omega_4} = \frac{n_{3'}}{n_4} = -\frac{z_4}{z_{3'}}, \quad i_{4'5} = \frac{\omega_{4'}}{\omega_5} = \frac{n_{4'}}{n_5} = -\frac{z_5}{z_{4'}}$$

将各对啮合齿轮传动比相乘得

$$i_{15} = i_{12} i_{23} i_{3'4} i_{4'5} = \frac{\omega_1 \omega_2 \omega_{3'} \omega_{4'}}{\omega_2 \omega_3 \omega_4 \omega_5} = \frac{z_2 z_3 z_4 z_5}{z_1 z_2 z_{3'} z_{4'}} = \frac{z_3 z_4 z_5}{z_1 z_{3'} z_{4'}} \tag{5-66}$$

由式 (5-66) 可知,该定轴轮系的传动比等于各对啮合齿轮传动比的连乘积,其大小等于各对啮合齿轮中所有从动齿轮齿数连乘积与所有主动齿轮齿数连乘积之比。

推广到一般情况,设定轴轮系的首、末齿轮分别为 A、K,则定轴轮系传动比大小的计算公式为

$$i_{AK} = \frac{\omega_A}{\omega_K} = \frac{n_A}{n_K} = (-1)^m \frac{\text{从 } A \text{ 到 } K \text{ 所有从动轮齿数的连乘积}}{\text{从 } A \text{ 到 } K \text{ 所有主动轮齿数的连乘积}} \tag{5-67}$$

式中,m 为全平行轴定轴轮系齿轮 A 到齿轮 K 之间的外啮合次数。

例 5-3　在图 5-69(a) 的定轴轮系中,已知各轮齿数 $z_1=18, z_2=36, z_3=80, z_{3'}=18, z_4=38, z_{4'}=30, z_5=15, n_1=1\,440$ r/min,试计算输出轴的转速和转向。

解　将已知条件代入式 (5-67) 中,得

$$i_{15} = (-1)^3 \frac{36 \times 80 \times 38 \times 15}{18 \times 36 \times 18 \times 30} = -4.7$$

$$n_5 = \frac{n_1}{i_{15}} = \frac{1\,440}{-4.7} \text{ r/min} = -306 \text{ r/min}$$

由于此定轴轮系中有 3 对外啮合齿轮,因而输出轴的转向与输入相反。

三、行星轮系传动比的计算

1. 行星轮系的基本概念

行星轮系由行星轮、行星架和中心轮组成。图 5-72 所示的轮系中,轴线位置固定的齿

轮1、3称为中心轮;一方面绕自身轴线O_2回转(即自转),同时又随构件H绕其几何位置固定的轴线O_H回转(即公转)的齿轮2称为行星轮;支承行星轮的构件H称为行星架。

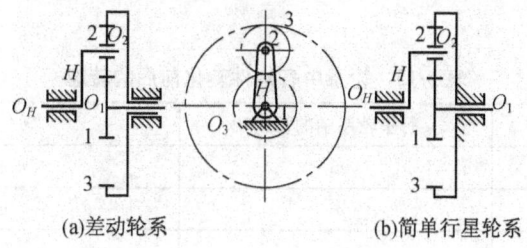

(a)差动轮系　　　　(b)简单行星轮系

图5-72　行星轮系

行星轮系包括差动轮系和简单行星轮系。

(1)差动轮系。若两个中心轮都能转动,轮系的自由度为2,则表明轮系的主动件相对于机架有两个独立的运动,主动件数目为2,轮系具有确定的相对运动,这样的行星轮系称为差动轮系,见图5-72(a)。

(2)简单行星轮系。若固定其中一个中心轮,则轮系的自由度为1,主动件只具有一个独立的运动,主动件数目为1,轮系具有确定相对运动,这样的行星轮系称为简单行星轮系,见图5-72(b)。

由此可知,简单行星轮系只需一个原动件,轮系就有确定的运动,而差动轮系则必须有两个原动件,轮系的运动才能确定。

2. 行星轮系的传动比

在行星轮系中,由于行星轮的运动是兼有自转和公转的复杂运动,因此,其传动比不能直接运用定轴轮系传动比公式进行计算。但如果将轮系中的行星架相对固定,即将行星轮系转化为定轴轮系(称为转化机构),就可以借助此转化机构按式(5-67)进行行星轮系传动比的计算,这种方法称为转化轮系法。

如图5-73(a)所示,根据相对运动原理,假想给整个行星轮系加一个与行星架H转速大小相等、方向相反的公共转速$(-n_H)$,则行星架H静止不动,各构件之间的相对运动关系不发生变化,这样原来的行星轮系就转化为定轴轮系。这个假想的定轴轮系称为原行星轮系的转化轮系,如图5-73(b)所示。

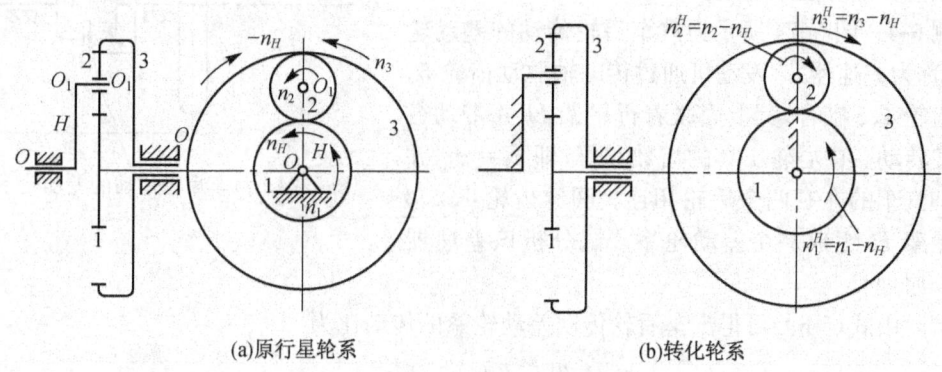

(a)原行星轮系　　　　(b)转化轮系

图5-73　行星轮系的转化

3. 行星轮系传动比的计算方法

转化轮系中各构件相对于行星架 H 的转速分别用 n_1^H、n_2^H、n_3^H、n_H^H 表示,各构件转化前后的转速见表 5-15。

表 5-15 轮系中各构件转化前后的转速

构 件	行星轮系中的转速	转化轮系中的转速
1	n_1	$n_1^H = n_1 - n_H$
2	n_2	$n_2^H = n_2 - n_H$
3	n_3	$n_3^H = n_3 - n_H$
H	n_H	$n_H^H = n_H - n_H = 0$

转化轮系中齿轮 1、3 的传动比可根据式(5-67)进行计算,即

$$i_{13}^H = \frac{n_1^H}{n_3^H} = \frac{n_1 - n_H}{n_3 - n_H} = (-1)^1 \frac{z_2 z_3}{z_1 z_2} = -\frac{z_3}{z_1} \tag{5-68}$$

式中,"−"号表示在转化轮系中齿轮 1、3 的转向相反。

推广到一般情况,设行星轮系的首、末齿轮分别为 A、K,则转化机构的传动比为

$$i_{AK}^H = \frac{n_A^H}{n_K^H} = \frac{n_A - n_H}{n_K - n_H} = (-1)^m \frac{\text{从 } A \text{ 到 } K \text{ 所有从动轮齿数的连乘积}}{\text{从 } A \text{ 到 } K \text{ 所有主动轮齿数的连乘积}} \tag{5-69}$$

应用式(5-69)时,必须注意以下几点:

(1)视齿轮 A 为轮系的主动轮,齿轮 K 为从动轮,中间各轮的主动、从动地位从齿轮 A 起按顺序判定。

(2)将 n_A、n_K 和 n_H 的已知值代入式(5-69)时,必须带有"+"号或"−"号。假定某一构件转向为"+"号,则与其同向的取"+"号,与其反向的取"−"号。

(3)$i_{AK}^H \neq i_{AK}$。i_{AK}^H 为转化机构中 A、K 两轮转速比(即 n_A^H/n_K^H),其大小及正负号按定轴轮系传动比的计算方法确定;而 i_{AK} 是行星轮系中 A、K 两轮的绝对转速比(即 n_A/n_K),其大小及正负号需按式(5-69)经计算后求出。

(4)只有两轴平行时,两轴的转速才能代数相加,故式(5-69)只适用于齿轮 A、K 和行星架 H 轴线平行的场合,且转化机构的传动比 i_{AK}^H 的正负号必须用画箭头的方法来确定。

例 5-4 图 5-74 所示为汽车后轮传动的差动轮系(常称为差速器)。发动机通过传动轴驱动齿轮 5。圆锥齿轮 4、5 啮合,其上固联着行星架 H 并带动行星轮 2 转动。中心轮 1、3 的齿数相等,即 $z_1 = z_3$,并分别和汽车的左右两个后轮相连。圆锥齿轮 1、2、3 及行星架 H 组成一个差动轮系。试分析该差速器的工作原理。

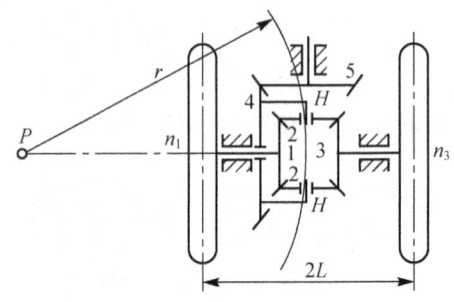

图 5-74 汽车后轮传动的差动轮系

解 由式(5-69)可得汽车后轮传动差动轮系的传动比为

$$i_{13}^H = \frac{n_1 - n_H}{n_3 - n_H} = -\frac{z_3}{z_1} = -1$$

由于该轮系含有圆锥齿轮,故等式右侧的"一"号是通过画箭头的方法来确定的。由上式可得

$$2n_H = n_1 + n_3 \tag{5-70}$$

由于该轮系是自由度为 2 的差动轮系,因而只有圆锥齿轮 5 为主动轮时,圆锥齿轮 1 和 3 的转速是不能确定的,但 $n_1 + n_3$ 却总是常数。

当汽车直线行驶时,由于两个后轮所滚过的距离相同,其转速也相等,所以有

$$n_1 = n_3 = n_H = n_4$$

行星轮 2 没有自转运动。此时,整个行星轮系形成一个同速转动的刚体,一起与圆锥齿轮 4 转动。

当汽车左转弯时,由于右车轮比左车轮滚过的距离大,因而右车轮要比左车轮转动的快一些。由于车轮与路面的滑动摩擦远大于其间的滚动摩擦,故在自由度为 2 的条件下,车轮只能在路面上纯滚动。当车轮在路面上纯滚动向左转弯时,其转速应与弯道半径成正比,即

$$\frac{n_1}{n_3} = \frac{r - L}{r + L} \tag{5-71}$$

将式(5-70)和式(5-71)联立解得

$$n_1 = \frac{r - L}{r} n_4, \quad n_3 = \frac{r + L}{r} n_4$$

可见,此时行星轮除和行星架 H 一起公转外,还绕行星架 H 自转。圆锥齿轮 4 的转速 n_4 通过差动轮系分解为 n_1 和 n_3 两个转速,这两个转速随弯道半径的不同而不同。

四、混合轮系传动比的计算

在实际的机械传动中,混合轮系应用广泛。

混合轮系传动比的计算方法如下:

(1)确定混合轮系中的定轴轮系和行星轮系。具体方法是:首先找出轴线位置变动的行星轮,支承行星轮的即为行星架,与行星轮啮合且几何轴线位置固定的即为中心轮。由行星轮、行星架、中心轮组成的部分为一个基本的行星轮系(注意:一个行星架对应一个基本的行星轮系)。确定出各个基本的行星轮系后,剩余的一系列相互啮合且几何轴线位置固定不变的齿轮即为定轴轮系。

(2)分别列出定轴轮系和行星轮系的传动比计算公式,并代入已知数据。

(3)找出定轴轮系与行星轮系之间的运动关系并联立各式求解,即可求出混合轮系中两轮之间的传动比。

例 5-5 图 5-75 所示的电动卷扬机减速器轮系示意图中,已知各齿轮的齿数 $z_1 = 24, z_2 = 52, z_{2'} = 21, z_3 = 97, z_{3'} = 18, z_4 = 30, z_5 = 78$。求该轮系的传动比 i_{1H}。

解 首先划分轮系,该轮系中,由于双联齿轮 2—2′ 的轴线不固定,因而这两个齿轮属于双联的行星轮,支承它的卷筒 H 即为行星架。与行星轮 2—2′ 相啮合的齿轮 1、3 为中心轮,因此,齿轮 1、2—2′、

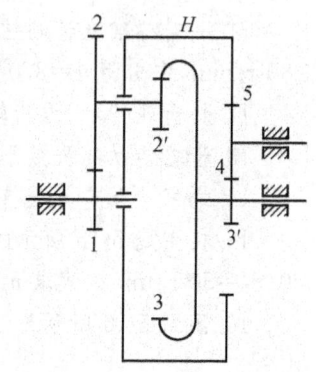

图 5-75 电动卷扬机减速器轮系示意图

3和行星架 H 组成一个差动轮系,其余齿轮 $3'、4$ 和 5 组成一个定轴轮系,两者合在一起即为混合轮系。$3—3'$ 为双联齿轮,即 $n_3=n_{3'}$;行星架 H 与齿轮 5 为同一构件,即 $n_5=n_H$。

差动轮系的传动比为

$$i_{13}^H = \frac{n_1-n_H}{n_3-n_H} = -\frac{z_2 z_3}{z_1 z_{2'}} \tag{5-72}$$

定轴轮系的传动比为

$$i_{3'5} = \frac{n_{3'}}{n_5} = -\frac{z_5}{z_{3'}} \tag{5-73}$$

由式(5-73)解出 n_3 代入式(5-72),并考虑到 $n_5=n_H$,整理得

$$i_{1H} = \frac{n_1}{n_H} = 1 + \frac{z_3 z_2}{z_2 z_1} + \frac{z_5 z_3 z_2}{z_3 z_2 z_1} = 54.38$$

i_{1H} 为正值,说明齿轮 1 和行星架 H 的转向相同。

思考与练习

1. 带传动有哪些类型?带传动有什么特点?
2. 简述带传动中的弹性滑动和打滑现象,并指出哪种现象是避免不了的。
3. 带传动中,什么情况下使用安装张紧轮的方法张紧?在安装张紧轮时需要注意什么?
4. 链传动有哪些类型?链传动有什么特点?
5. 什么是渐开线?渐开线有哪些性质?
6. 渐开线齿廓啮合时有什么特性?
7. 什么是模数?当齿轮的齿数不变时,模数与齿轮的几何尺寸和承载能力有什么关系?
8. 渐开线直齿圆柱齿轮正确啮合的条件是什么?
9 某齿轮传动的小齿轮丢失。但已知与之相配的大齿轮为标准齿轮,其齿数 $z=52$,齿顶圆直径 $d_a=135$ mm,标准安装中心距 $a=112.5$ mm。试求丢失的小齿轮的齿数、模数、分度圆直径、齿顶圆直径和齿根圆直径。
10 有一对磨损严重的直齿圆柱齿轮,数得齿数 $z_1=20,z_2=80$,并量得 $d_{a1}=66$ mm,$d_{a2}=246$ mm,两轮中心距 $a=150$ mm,估计 $\alpha=20°$。现需重新配制一对,试确定该齿轮的模数。
11. 一对标准直齿圆柱齿轮啮合传动,已知主动轮转速 $n_1=840$ r/min,从动轮转速 $n_2=280$ r/min,中心距 $a=270$ mm,模数 $m=5$ mm。试求两齿轮齿数 z_1 和 z_2。
12. 斜齿轮传动、锥齿轮传动适用于什么场合?其正确啮合条件各是什么?
13. 齿轮传动的失效形式有哪些?
14. 蜗杆传动有什么特点?如何判定蜗杆传动中蜗轮的转向?
15. 在图题 5-15 所示的圆锥齿轮组成的行星轮系中,已知 $z_1=20,z_2=30,z_{2'}=50,z_3=80,n_1=50$ r/min。试求 n_H 的大小和方向。
16. 图题 5-16 所示为混合轮系。已知 $z_1=20,z_2=30,z_3=28,z_4=35,z_5=80$,试求传动比 i_{1H}。

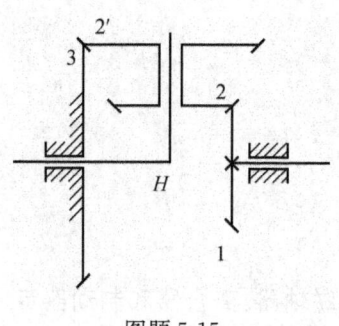

图题 5-15

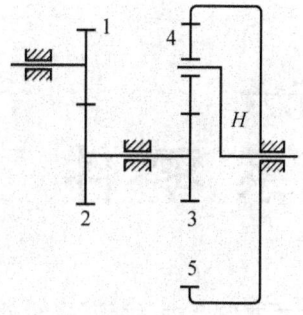

图题 5-16

单元六 轴系零件

轴系零件主要包括轴、轴承、螺纹件、键和销、联轴器、离合器和制动器等。本章主要介绍轴系零件的结构和应用等基本知识。

学习情境一 轴

学习目标

掌握轴的分类及材料；
掌握轴的结构及轴上零件的定位和固定；
了解轴的强度计算方法。

课堂导入

图 6-1 所示为机床主轴，图 6-2 所示为电机主轴，图 6-3 所示为发动机曲轴，它们都是日常生产生活中常见的轴。轴有哪些类型？如何选择轴的材料和设计轴的结构？通过学习本节知识，就会找到答案。

图 6-1　机床主轴　　　图 6-2　电机主轴　　　图 6-3　发动机曲轴

基本知识

轴是机器中的重要零件，其主要功用是支承回转零件（如齿轮、带轮等），并传递转矩和运动。轴的工作情况的好坏直接影响到整台机器的性能和质量。

一、轴的分类及材料

1. 轴的分类

1) 按受载性质分

轴按受载性质的不同可分为传动轴、心轴和转轴。

(1) 传动轴。只承受转矩而不承受弯矩或承受很小弯矩的轴称为传动轴，如汽车传动轴，如图 6-4(a) 所示。

(2)心轴。只承受弯矩而不承受转矩的轴称为心轴。随轴上零件一起转动的心轴称为转动心轴,如火车轮轴,如图 6-4(b)所示;而固定不转动的心轴称为固定心轴,如自行车前轮轴,如图 6-4(c)所示。

(3)转轴。既承受弯矩又承受转矩的轴称为转轴,它是机械中最常见的轴,如减速器中的轴,如图 6-4(d)所示。

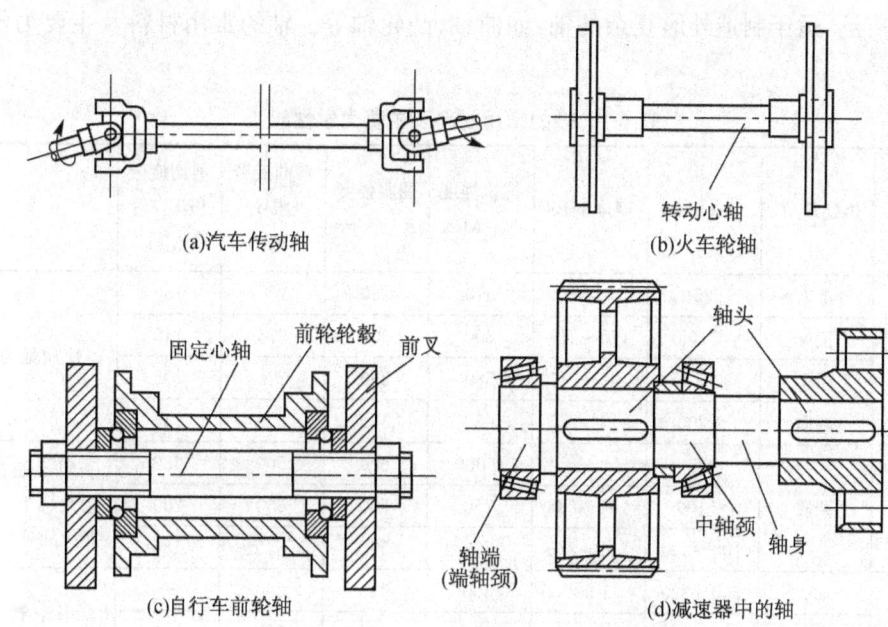

图 6-4　按受载性质分类的轴

2)按结构形状分

轴按结构形状的不同可分为直轴、曲轴和挠性钢丝软轴,直轴又可分为光轴和阶梯轴。图 6-5 所示为按结构形状分类的各种轴。

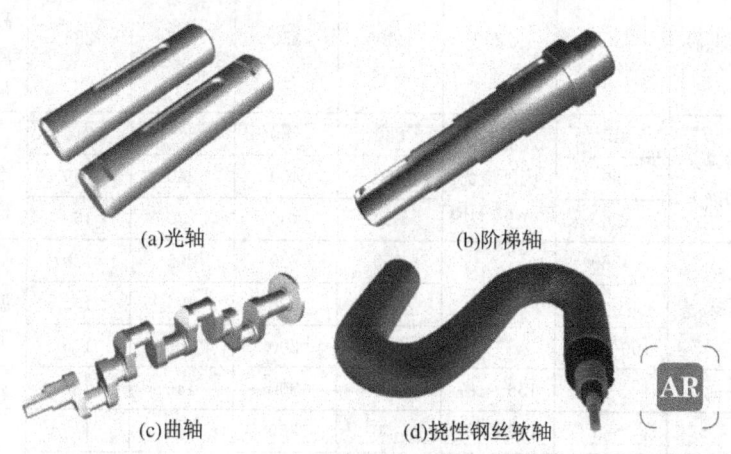

图 6-5　按结构形状分类的各种轴

2. 轴的材料

选择轴的材料时,首先应保证所选材料具有足够的强度和刚度,同时还应保证所选材料对应力集中敏感性低、加工性和经济性好，满足耐磨性和耐腐蚀性的要求。

轴的材料一般不宜采用中碳钢或中碳合金钢。载荷不大、转速不高的轴可采用 Q235A 等碳素结构钢来制造；一般用途和较重要的轴，多采用 45 钢等中碳优质碳素结构钢来制造，经过调质（或正火）处理后可获得良好的综合力学性能，必要时还可采用表面淬火处理。

球墨铸铁和高强度铸铁具有良好的吸振性、耐磨性和铸造性，容易得到复杂的形状，故应用日趋广泛，适于制造外形复杂的轴，如曲轴、凸轮轴等。轴的常用材料及主要力学性能见表 6-1。

表 6-1 轴的常用材料及主要力学性能

材料	热处理/℃	毛坯/mm	硬度 HBS	抗拉强度 R_m/MPa	屈服强度 R_{eL}/MPa	弯曲疲劳极限 σ_{-1}/MPa	剪切疲劳极限 τ_{-1}/MPa	备注
45	正火	25	≤241	610	360	260	150	应用最为广泛
	正火	≤100	170~217	600	300	275	140	
	回火	100~300	162~217	580	290	270	135	
	调质	≤200	217~255	650	360	300	145	
40Cr	调质	25	—	1 000	800	500	280	用于制造载荷较大而且无很大冲击的重要轴
		≤100	241~286	750	550	350	200	
		100~300	241~286	700	500	340	185	
40CrNi		25	300~320	1 000	800	485	280	—
		≤100	270~300	900	750	470	280	用于制造很重要的轴
20Cr2Ni4A		≤150	≥360	1 250	1 070	630	320	
38SiMnMo		≤100	229~286	750	600	360	210	—
		100~300	217~269	700	550	335	195	
38CrMoAlA	碳氮共渗	30	229	1 000	850	495	285	用于制造要求高的耐腐蚀、高强度且热处理变形很小的轴
20Cr	渗碳淬火回火	15	表面的洛氏硬度为 56~62 HRC	850	550	375	215	用于制造要求强度、韧性均较高的轴（如齿轮、蜗轮轴）
		30		650	400	280	160	
		≤60		650	400	280	160	
1Cr18Ni9Ti	淬火	≤60	≤192	550	220	205	120	用于制造高、低温及强腐蚀条件下工作的轴
		60~100		540	200	205	165	
		100~200		500	200	195	105	
QT400-17	—	—	156~197	400	300	145	125	—
QT450-5	—	—	170~207	450	330	160	140	
QT600-2	—	—	197~269	600	420	215	185	

注：σ_{-1}、τ_{-1} 也可以按以下各式近似求得，钢：$\sigma_{-1} \approx 0.27(R_m + R_{eL})$，$\tau_{-1} \approx 0.146(R_m + R_{eL})$；球墨铸铁：$\sigma_{-1} = 0.36R_m$，$\tau_{-1} = 0.31R_m$。

二、轴的结构及轴上零件的定位和固定

轴的结构设计要求就是使轴的各部分具有合理的形状和尺寸,如图6-6(a)所示。其主要要求是:

(1)轴应便于加工,具有良好的工艺性,轴上零件易于拆装和调整。
(2)轴上零件位置合理,轴的受力合理,有利于提高轴的强度和刚度。
(3)轴上零件轴向定位、周向定位应准确,固定可靠,并尽量减少应力集中。

1. 轴的结构

轴的种类较多,结构各异,但都是由许多相同的结构要素组合而成的,如图6-6(b)所示。其主要构成要素有:

(1)轴颈。轴与轴承配合处称为轴颈。
(2)轴头。轴上安装传动零件的部分称为轴头。
(3)键槽。键槽是指轴与传动零件配合处加工出的沟槽。
(4)轴肩和轴环。轴上截面尺寸单向变化处称为轴肩,双向变化处称为轴环。
(5)轴端螺纹。轴端螺纹是指在轴表面加工的各种螺纹。

除此之外,轴还有其他辅助结构要素,如过渡圆弧、螺纹退刀槽、砂轮越程槽、定位挡圈槽和中心孔等。

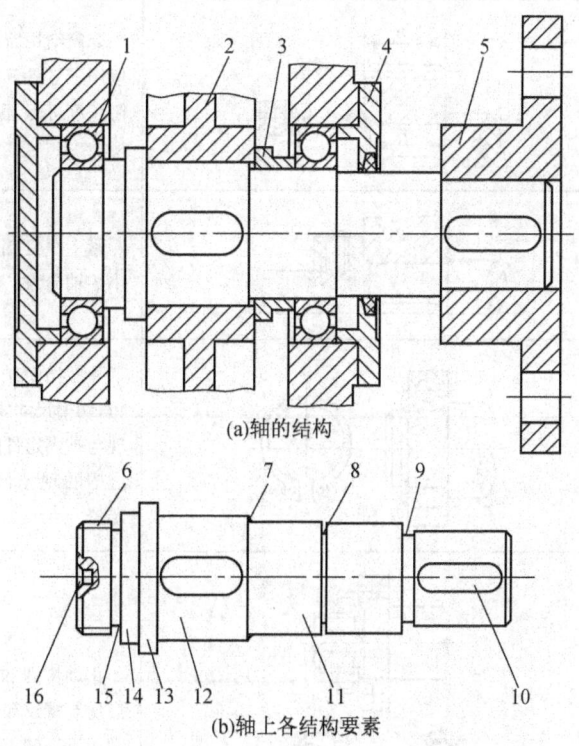

图6-6 圆柱齿轮减速器的低速轴

1—滚动轴承;2—齿轮;3—套筒;4—轴承盖;5—联轴器;6—轴端螺纹;7—过渡圆弧;8—定位挡圈槽;
9—砂轮越程槽;10—键槽;11—轴颈;12—轴头;13—轴环;14—轴肩;15—螺纹退刀槽;16—中心孔

2. 轴上零件的定位和固定

轴上零件的定位和固定包括轴向定位和固定以及周向定位和固定,分别见表 6-2 和表 6-3。

表 6-2 轴上零件的轴向定位和固定

名 称	结 构	特 点
轴肩	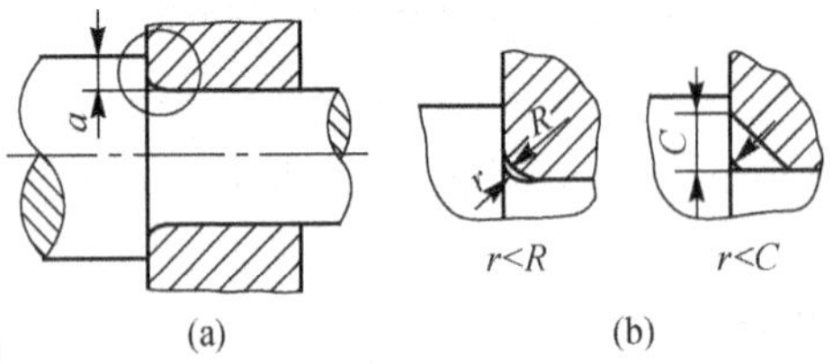 (a) (b) $r<R$ $r<C$	轴肩简单可靠,应用广泛,为使零件端面与轴肩贴合,轴上圆角半径 r 应较零件孔端的圆角半径 R 或倒角 C 稍小,即 $r<R$ 或 $r<C$
轴环	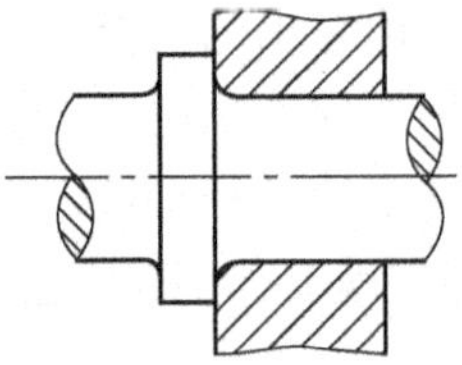	轴环简单可靠,常用于齿轮、轴承等零件的轴向定位
套筒	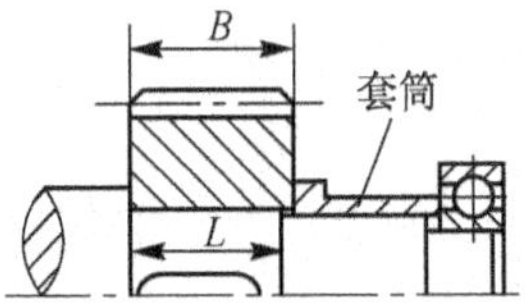	套筒结构简单,可减少轴的阶梯数,一般用于零件间距离不大的场合,修磨套筒长度可保证装配尺寸要求,使用时应使 $L<B$
紧定螺钉挡圈	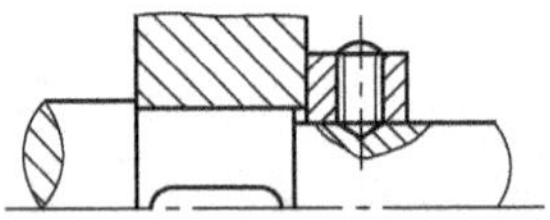	紧定螺钉挡圈结构简单,只能承受很小的轴向力
弹性挡圈	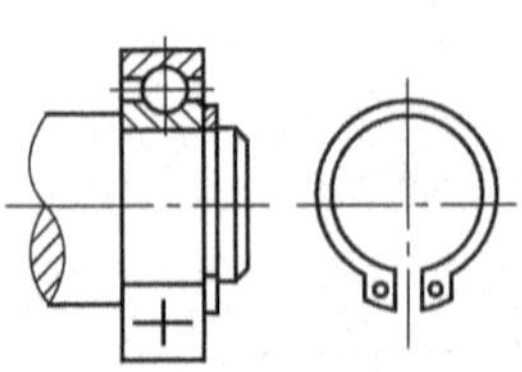	弹性挡圈结构紧凑,只能承受小轴向力,切槽尺寸要有一定精度,否则可能出现与被固定件间的间隙太大或挡圈装不进槽的现象,常用于滚动轴承的轴向定位
止动垫圈和圆螺母	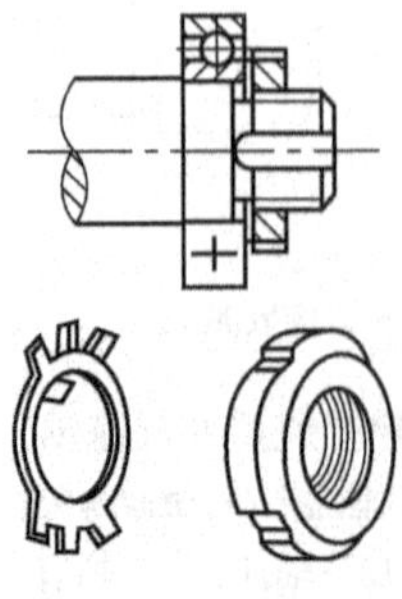	止动垫圈和圆螺母固定可靠,但轴上需切制螺纹和纵向槽,削弱了轴的强度,常用于轴端零件固定

续表

名　称	结　构	特　点
轴端挡圈	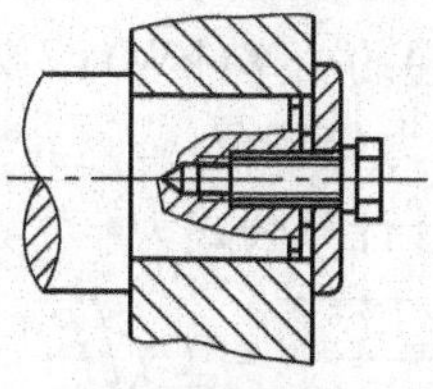	轴端挡圈用于轴端零件的固定，需附加防松装置
锥颈和挡圈	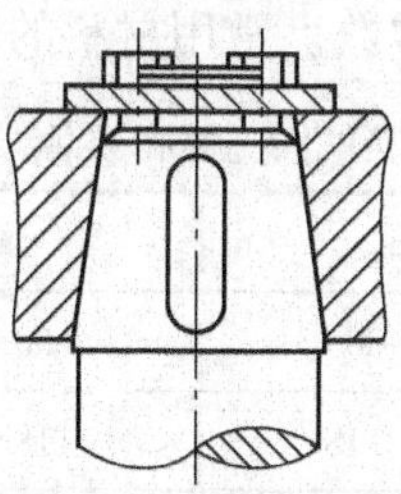	锥颈和挡圈无间隙，对中精度高，抗冲击，用于高速有冲击振动的场合

表 6-3　轴上零件的周向定位和固定

名　称	结　构	特　点	名　称	结　构	特　点
键联接	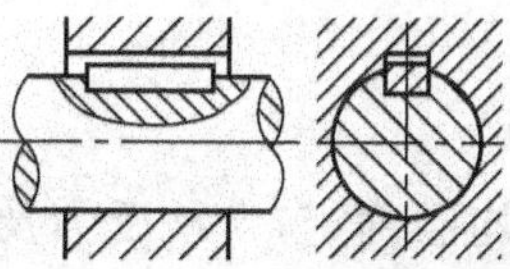	键联接加工容易，拆卸方便，轴向不能限位，不承受轴向力，以平键应用最广	紧定螺钉	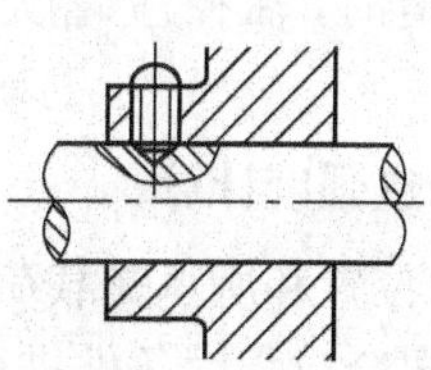	紧定螺钉轴向、周向都可固定，结构简单，不能承受较大的载荷，只用于辅助联接
销联接	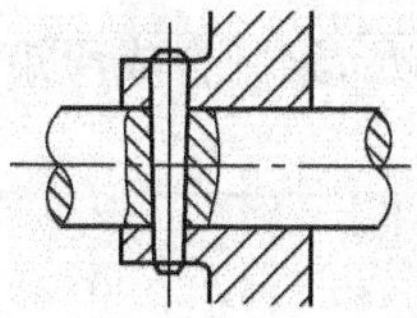	销联接的轴向、周向都可固定，不能承受较大载荷。过载时，销被剪断保护其他零件。销联接常用于安全装置	过盈配合	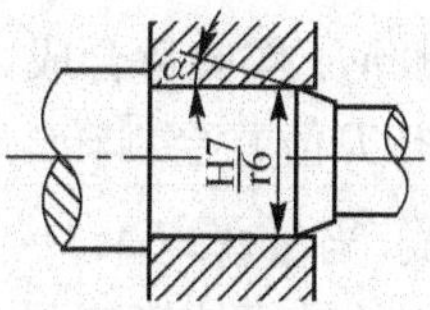	过盈配合轴向、周向同时固定，对中精度高。为装配方便，导入端应加工成10°～30°的锥面。过盈配合拆卸不便，不宜在重载下使用

三、轴的强度计算

轴在工作时应有足够的疲劳强度，因此，设计时必须计算轴的强度。轴常用的强度计算方法有按扭转强度计算和按弯扭合成强度计算。必要时，还要进行安全系数的验算。

1. 按扭转强度计算

一般在进行轴的结构设计前，应先按纯扭转受力情况对轴的直径进行初步估算。轴的扭转强度条件为

$$\tau_T = \frac{T}{W_T} = \frac{9.55 \times 10^6 P}{0.2 d^3 n} \leqslant [\tau_T] \tag{6-1}$$

式中，τ_T 为轴的横截面上的扭转切应力（MPa）；T 为轴所承受的转矩（N·mm）；W_T 为轴的横截面上的抗扭截面系数（mm³）；P 为轴传递的功率（kW）；d 为轴的横截面直径（mm）；n 为轴的转速（r/min）；$[\tau_T]$ 为轴的许用扭转切应力（MPa）。

如果轴的许用切应力 $[\tau_T]$ 已知，轴的设计计算公式为

$$d \geqslant \sqrt[3]{\frac{9.55 \times 10^6 P}{0.2 [\tau_T] n}} = C \sqrt[3]{\frac{P}{n}} \tag{6-2}$$

式中，C 为由轴的材料和承载情况所确定的常数。常用材料的 $[\tau_T]$ 值和 C 值见表 6-4。

表 6-4 常用材料的 $[\tau_T]$ 值和 C 值

轴的材料	Q235,20	35	45	40Cr,35SiMn
$[\tau_T]$/MPa	12～20	20～30	30～40	40～52
C	160～135	135～118	118～107	107～98

注：当作用在轴上的弯矩比转矩小或只承受转矩作用时，$[\tau_T]$ 取较大值，C 取较小值；反之，则 $[\tau_T]$ 取较小值，C 取较大值。

当轴截面上开有键槽时，会削弱轴的强度，则计算得到的直径应适当增大。一般当轴截面上有一个键槽时，轴径应增大 3%～5%；当轴截面上有两个键槽时，轴径应增大 7%～10%。

2. 按弯扭合成强度计算

当轴的支承位置和所承受载荷的大小、方向及作用点等均已确定，支承反力及弯矩可以求得时，可按弯扭合成强度条件进行计算，具体步骤如下：

(1) 根据轴在水平面内、垂直面内的受力情况，画出轴的受力图。

(2) 分别作出水平面上的弯矩图和垂直面上的弯矩图，计算出最大弯矩 M_H 和 M_V 的值。

(3) 将 M_H 和 M_V 作向量合成，得到合成弯矩 $M = \sqrt{M_H^2 + M_V^2}$，绘制合成弯矩图。

(4) 计算转矩 T 值并绘制转矩图。

(5) 弯扭合成，当量弯矩 $M_e = \sqrt{M^2 + (\alpha T)^2}$。

(6) 对于钢制的轴可按第三强度理论进行计算，强度条件为

$$\sigma_e = \frac{M_e}{W} = \frac{\sqrt{M^2 + (\alpha T)^2}}{0.1 d^3} \leqslant [\sigma_{-1}]_b \tag{6-3}$$

式中，σ_e 为当量应力（MPa）；M_e 为当量弯矩（N·mm）；W 为轴的危险截面的抗弯截面系数（mm³），实心圆截面的轴 $W = 0.1 d^3$；M 为合成弯矩（N·mm）；α 为根据转矩性质而定的折算系数。

当扭转应力为静应力时，取 $\alpha = [\sigma_{-1}]_b / [\sigma_{+1}]_b \approx 0.3$；当扭转应力为脉动循环应力时，取 $\alpha = [\sigma_{-1}]_b / [\sigma_0]_b \approx 0.6$；当扭转应力为对称循环应力时，取 $\alpha = 1$。$[\sigma_{+1}]_b$、$[\sigma_0]_b$、$[\sigma_{-1}]_b$ 分别为材料在静应力状态下、脉动循环应力状态下和对称循环应力状态下的许用弯曲应力，其值见表 6-5。

表 6-5 轴的许用弯曲应力   单位:MPa

材料	R_m	$[\sigma_{+1}]_b$	$[\sigma_0]_b$	$[\sigma_{-1}]_b$
碳钢	400	130	70	40
	500	170	75	45
	600	200	95	55
	700	230	110	65
合金钢	800	270	130	75
	900	300	140	80
	1 000	330	150	90
铸钢	400	100	50	30
	500	120	70	40

由式(6-3)可知,危险截面轴径的计算公式为

$$d \geqslant \sqrt[3]{\frac{M_e}{0.1[\sigma_{-1}]_b}} \tag{6-4}$$

例 6-1 如图 6-7(a)所示,已知作用在齿轮上的圆周力 $F_t=17\,400$ N,径向力 $F_r=6\,410$ N,轴向力 $F_a=2\,860$ N;齿轮分度圆直径 $d=146$ mm;作用在轴右端带轮上的外力 $F=4\,500$ N,方向未定;两轴承支承间距 $L=193$ mm,输出轴伸出长度 $K=206$ mm。试计算减速器输出轴危险截面的直径。

解 (1)根据轴在水平面内、垂直面内的受力情况,画出轴的受力图。

①如图 6-7(b)所示,垂直面内 1 点、2 点的支承反力分别为

$$F_{1V} = \frac{F_r \frac{L}{2} - F_a \frac{d}{2}}{L} = \frac{6\,410 \times \frac{193}{2} - 2\,860 \times \frac{146}{2}}{193} \text{ N} = 2\,123 \text{ N}$$

$$F_{2V} = F_r - F_{1V} = (6\,410 - 2\,123) \text{ N} = 4\,287 \text{ N}$$

②如图 6-7(c)所示,水平面内 1 点的支承反力为

$$F_{1H} = F_{2H} = \frac{F_t}{2} = \frac{17\,400}{2} \text{ N} = 8\,700 \text{ N}$$

③如图 6-7(d)所示,外力 **F** 在 1 点、2 点产生的反力分别为

$$F_{1F} = \frac{FK}{L} = 4\,500 \times \frac{206}{193} \text{ N} = 4\,803 \text{ N}$$

$$F_{2F} = F + F_{1F} = (4\,500 + 4\,803) \text{ N} = 9\,303 \text{ N}$$

外力 **F** 的作用方向与带传动的布置有关,在没有确定具体布置前,应按受力最大、最易出现危险的情况考虑。

(2)分别作出垂直面上的弯矩图和水平面上的弯矩图。

①图 6-7(b)中,垂直面上 a 点的弯矩为

$$M_{aV} = F_{2V} \frac{L}{2} = 4\,287 \times \frac{0.193}{2} \text{ N} \cdot \text{m} = 414 \text{ N} \cdot \text{m}$$

$$M'_{aV} = F_{1V} \frac{L}{2} = 2\,123 \times \frac{0.193}{2} \text{ N} \cdot \text{m} = 205 \text{ N} \cdot \text{m}$$

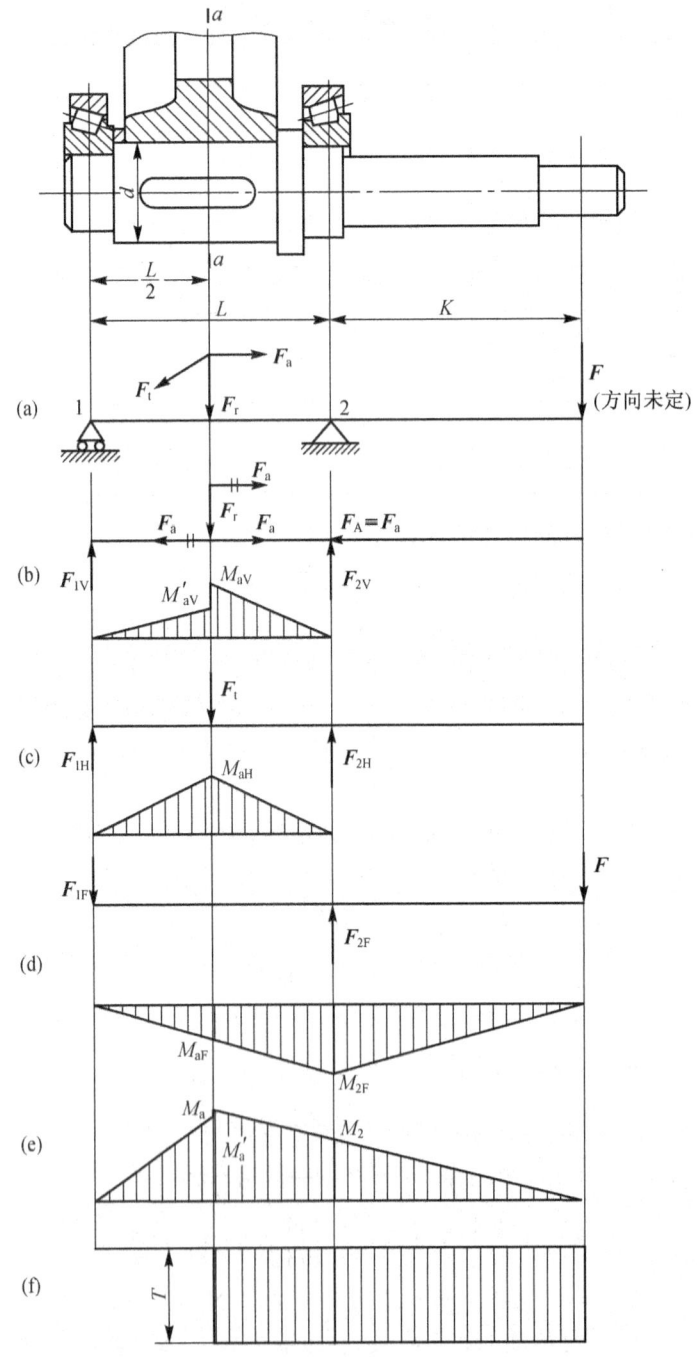

图 6-7 减速器输出轴的受力分析和弯矩、转矩图

② 图 6-7(c)中,水平面上 a 点的弯矩为

$$M_{aH} = F_{1H}\frac{L}{2} = 8\,700 \times \frac{0.193}{2} \text{ N·m} = 840 \text{ N·m}$$

③ 图 6-7(d)中,外力 F 在 a 点、2 点产生的弯矩分别为

$$M_{aF} = F_{1F}\frac{L}{2} = 4\,803 \times \frac{0.193}{2} \text{ N·m} = 463 \text{ N·m}$$

$$M_{2F} = FK = 4\,500 \times 0.206 \text{ N·m} = 927 \text{ N·m}$$

(3)得到合成弯矩,绘制合成弯矩图,如图 6-7(e)所示。

考虑到危险截面的情况,把 M_{aF} 和 $\sqrt{M_{aV}^2 + M_{aH}^2}$ 直接相加,则有

$$M_a = \sqrt{M_{aV}^2 + M_{aH}^2} + M_{aF} = (\sqrt{414^2 + 840^2} + 463) \text{ N·m} = 1\,400 \text{ N·m}$$

$$M_a' = \sqrt{(M_{aV}')^2 + (M_{aH}')^2} + M_{aF} = (\sqrt{205^2 + 840^2} + 463) \text{ N·m} = 1\,328 \text{ N·m}$$

$$M_2 = M_{2F} = 927 \text{ N·m}$$

(4)计算转矩 T 值并绘出转矩图,如图 6-7(f)所示。

$$T = F_t \frac{d}{2} = 17\,400 \times \frac{0.146}{2} \text{ N·m} = 1\,270 \text{ N·m}$$

(5)求危险截面的当量弯矩。从图 6-7 中分析可知,a—a 截面因其轴上装有齿轮,传递运动,所受转矩最大,故最为危险,扭转应力为脉动循环变应力,取 $\alpha = 0.6$。其当量弯矩为

$$M_e = \sqrt{M_a^2 + (\alpha T)^2} = \sqrt{1\,400^2 + (0.6 \times 1\,270)^2} \text{ N·m} = 1\,594 \text{ N·m}$$

(6)计算轴的危险截面轴径。轴的材料选用 45 钢,调质处理,由表 6-1 查得 $R_m = 650$ MPa,查表 6-5,取 $[\sigma_{-1}]_b = 65$ MPa,则

$$d \geqslant \sqrt[3]{\frac{M_e}{0.1[\sigma_{-1}]_b}} = \sqrt[3]{\frac{1\,594 \times 10^3}{0.1 \times 65}} \text{ mm} = 62.6 \text{ mm}$$

因为轴截面上开有一个键槽,所以需要将其直径增大 3%,故

$$d = 62.6 \times (1 + 3\%) \text{ mm} = 64.5 \text{ mm}$$

学习情境二　轴　　承

学习目标

了解滑动轴承的结构、非液体摩擦滑动轴承的设计计算,以及液体静压滑动轴承和液体动压滑动轴承的工作原理;

掌握滚动轴承的结构、代号、选择和组合设计。

课堂导入

图 6-8(a)所示为滑动轴承,图 6-8(b)所示为滚动轴承。滑动轴承和滚动轴承各有什么特点和应用?通过学习本节知识,就会找到答案。

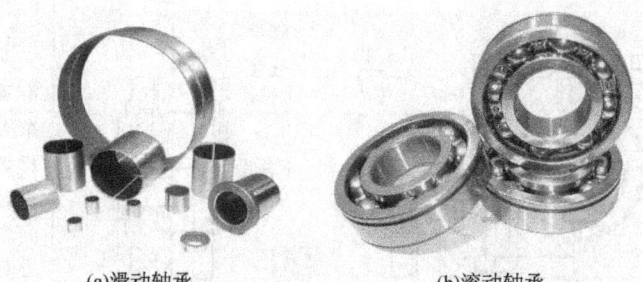

(a)滑动轴承　　　　　　(b)滚动轴承

图 6-8　轴承

> **基本知识**

轴承是支承轴的部件。按工作时摩擦性质的不同,轴承可分为滑动轴承和滚动轴承。

一、滑动轴承

工作时轴承和轴颈的支承面间形成直接或间接滑动摩擦的轴承,称为滑动轴承。

滑动轴承摩擦因数(系数)较大,效率较低,起动欠灵活,但它能保证半液体摩擦润滑,可减少摩擦,提高承载能力;同时它的减振性好,耐冲击,噪声小,径向尺寸小,使用寿命长,又可制成剖分式,使轴的装配更加方便,且结构简单,成本较低。

滑动轴承工作表面的摩擦状态包括液体摩擦状态和非液体摩擦状态。摩擦表面完全被润滑油隔开的轴承称为液体摩擦滑动轴承。这种轴承与轴不直接接触,因此,避免了磨损。液体摩擦滑动轴承制造成本高,多用于高速、精度要求较高或低速、重载的场合。摩擦表面不能被润滑油完全隔开的轴承称为非液体摩擦滑动轴承。这种轴承的摩擦表面容易磨损,但结构简单,制造精度要求较低,用于一般转速、载荷不大或精度要求不高的场合。一般机械设备中使用的滑动轴承大多属于此类。

1. 滑动轴承的类型与结构

滑动轴承按其所能承受载荷的方向不同,可分为径向滑动轴承(主要承受径向载荷)和止推滑动轴承(主要承受轴向载荷)。径向滑动轴承的结构形式有整体式、对开式、调心式和间隙可调式。

滑动轴承的结构、特点和适用场合见表 6-6。

表 6-6 滑动轴承的结构、特点和适用场合

名称	结构	特点	适用场合
整体式滑动轴承	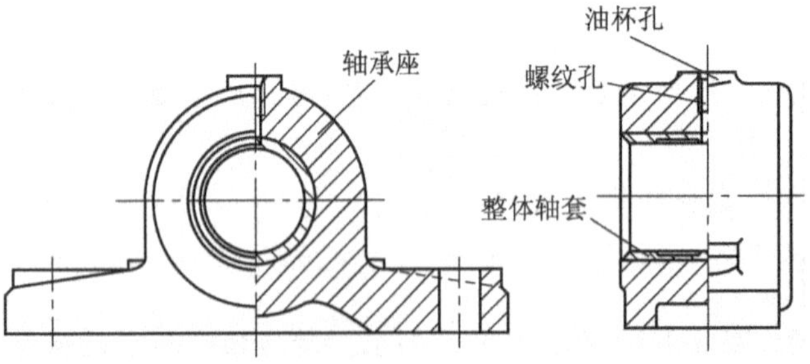	整体式滑动轴承结构简单,成本低廉,因磨损而造成的间隙无法调整,只能从轴向装入或拆出	整体式滑动轴承适用于低速、轻载或间歇性工作的机器中
对开式滑动轴承	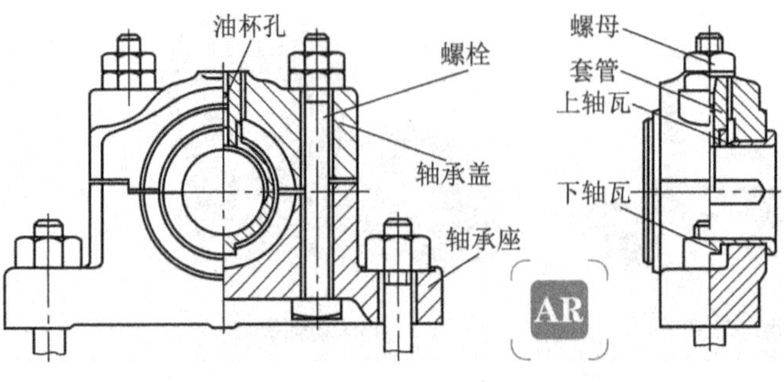	对开式滑动轴承结构复杂,可调整磨损造成的间隙,安装方便	对开式滑动轴承适用于低速、轻载或间歇性工作的机器中

续表

名称	结　构	特　点	适用场合
调心式滑动轴承		调心式滑动轴承可避免因轴颈偏斜与轴承接触不良而引起轴瓦端部边缘的严重磨损	调心式滑动轴承主要适用于宽径比 $B/d>1.5$ 或轴的挠度较大,或两轴承内孔轴线的同轴度误差较大的场合
间隙可调式滑动轴承		间隙可调式滑动轴承通过轴颈与轴瓦间的轴向移动实现轴径向间隙的调整	间隙可调式滑动轴承适用于由于轴瓦磨损较大而造成间隙增大,影响运动精度的场合
止推滑动轴承	空心式　单环式　多环式	止推滑动轴承多采用环状支承面,多环式轴颈可承受双向轴向载荷	止推滑动轴承适用于低速、重载的场合

2．轴瓦的结构与轴承材料

1）轴瓦的结构

轴瓦是轴承与轴颈直接接触的零件,有整体式、对开式和分块式三种结构,如图 6-9 所示。

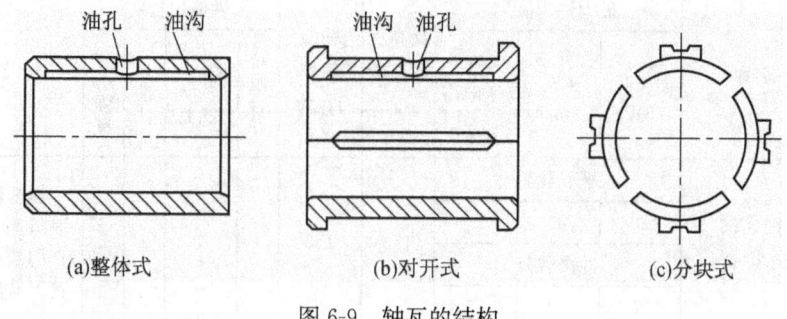

图 6-9　轴瓦的结构

整体式轴瓦用于整体式滑动轴承,通常称为轴套;对开式轴瓦用于对开式滑动轴承,由上、下两半轴瓦组成,一般下轴瓦承受载荷,上轴瓦不承受载荷;分块式轴瓦用于大型滑动轴承,便于运输和装配。

轴瓦可由一种材料制成,也可在高强度材料的轴瓦基体上浇铸一层或两层轴承合金作为轴承衬,称为双金属轴瓦或三金属轴瓦。为了使轴承衬与轴瓦结合牢固,可在轴瓦内表面或侧面上制出沟槽。

为了便于润滑油导入摩擦表面,在轴瓦的非承载区内制出油孔和油沟。油孔用来供油,油沟用来输送和分布润滑油。油沟长度一般约为轴瓦长度的80%,这样可使润滑油均匀分布在整个轴颈上。轴瓦的油沟形式如图6-10所示。

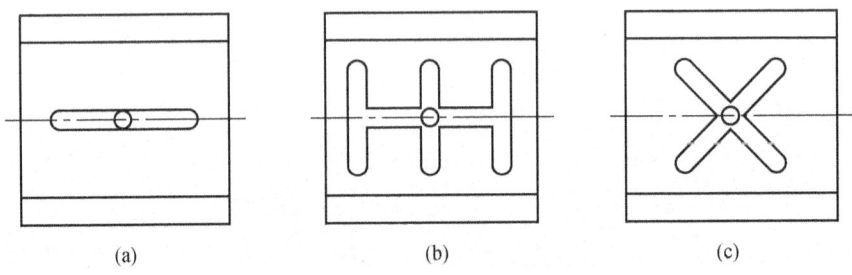

图 6-10 对开式轴瓦的油沟形式

2) 轴承材料

轴承材料是指与轴径直接接触的轴瓦或轴承衬的材料。滑动轴承的主要失效形式有轴瓦或轴承衬过度磨损及胶合、疲劳破坏等,失效形式与轴承材料、润滑剂等直接有关,选择轴承材料时应综合考虑下列因素:

(1) 具有足够的抗压、抗疲劳和抗冲击能力。
(2) 具有良好的减摩性、耐磨性和抗胶合性。
(3) 具有良好的顺应性、嵌入性和跑合性。
(4) 具有足够的强度和塑性。
(5) 具有良好的工艺性、导热性和耐蚀性。

但是,任何一种轴承材料都不可能同时具备上述性能,因此,设计时应根据实际的工作条件,按主要性能来选择材料。

常用轴承材料的性能和应用见表6-7。

表 6-7 常用轴承材料的性能和应用

材料类别	牌号(名称)	最大许用值①			最高工作温度/℃	轴颈硬度HBW	性能比较②				备注
		$[p]$/MPa	$[v]$/(m/s)	$[pv]$/(MPa·m/s)			抗胶合性	顺应性	嵌入性	耐蚀性	疲劳强度	
锡基轴承合金	ZSnSb11Cu6 ZSnSb8Cu4	平稳载荷			150	150	1	1	1	5	锡基轴承合金用于制造高速、重载下工作的重要轴承,变载荷下易疲劳,价贵
		25	80	20							
		冲击载荷									
		20	60	15							

续表

材料类别	牌号(名称)	最大许用值[1]			最高工作温度/℃	轴颈硬度 HBW	性能比较[2]					备注
		$[p]$/MPa	$[v]$/(m/s)	$[pv]$/(MPa·m/s)			抗胶合性	顺应性	嵌入性	耐蚀性	疲劳强度	
铅基轴承合金	ZPbSb16Sn16Cu2	15	12	10	150	150	1	1	3		5	铅基轴承合金用于制造中速、中等载荷的轴承,不宜受显著载荷冲击,可作为锡基轴承合金的代用品
	ZPbSb15Sn5Cu3	5	8	5								
锡青铜	ZCuSn10P1（10-1 锡青铜）	15	10	15	280	300～400	3	5	1		1	10-1 锡青铜用于制造中速、重载及承受变载荷的轴承
	ZCuSn5Pb5Zn5（5-5-5 锡青铜）	8	3	15								5-5-5 锡青铜用于制造中速、中载的轴承
铅青铜	ZCuPb30（30 铅青铜）	25	12	30	280	300	3	4	4		2	铅青铜用于制造高速、重载的轴承,能承受变载和冲击
铝青铜	ZCuAl10Fe3（10-3 铝青铜）	15	4	12	280	300	5	5	5		2	铝青铜最宜用于制造润滑充分的低速、重载轴承
黄铜	ZCuZn16Si4（16-4 硅黄铜）	12	2	10	200	200	5	5	1		1	16-4 硅黄铜用于制造低速、中载的轴承
	ZCuZn40Mn2（40-2 锰黄铜）	10	1	10	200	200	5	5	1		1	40-2 锰黄铜和 2% 铝锡合金用于制造高速、中载的轴承,是较新的轴承材料,强度高、耐腐蚀,表面性能好,可用于制造增压强化柴油机轴承
铝基轴承合金	2%铝锡合金	28～35	14	—	140	300	4	3	1		2	
三元电镀合金	铝-硅-镉镀层	14～35	—	—	170	200～300	1	2	2		2	镀铝锡青铜作中间层,再镀 10～30 μm 的三元减摩层。三元电镀合金疲劳强度高,嵌入性好
银	镀层	28～35	—	—	180	300～400	2	3	1		1	镀银,上附薄层铅,再镀铟。银常用于制造飞机发动机、柴油机轴承
灰铸铁	HT300	0.1～6	0.75～3	0.3～4.5	150	<150	4	5	1		1	灰铸铁宜用于制造低速、轻载的不重要轴承,价廉
	HT150、HT200、HT250	1～4	0.5～2	—	—	—	4	5	1		1	

注：[1]对于液体动压轴承,限制$[pv]$值没有意义,因其与散热等条件关系很大。
[2]性能比较：1—最佳；2—良好；3—较好；4——般；5—最差。

3. 非液体摩擦滑动轴承的设计计算

实际上多数的滑动轴承都处于非液体摩擦状态,这种轴承的主要失效形式为磨损和胶合,设计时通常进行简化的条件性校核计算。

1)径向滑动轴承的设计计算

设计径向滑动轴承时,通常已知轴承径向载荷 F_r、转速 n 和轴颈直径 d。根据这些已知条件选择径向滑动轴承的类型、轴瓦材料,确定轴瓦宽度 B,并进行计算。

对于非液体摩擦滑动轴承,常取轴瓦宽度 $B=(0.8\sim 1.5)d$。若选用标准滑动轴承座,则轴瓦宽度 B 可在相关标准或手册中查到。非液体摩擦滑动轴承在边界润滑和液体润滑同时存在的状态下运转。因此,工程上以维持边界油膜不遭破坏作为设计依据。

(1)验算径向滑动轴承的平均压强 p。为防止轴颈与轴瓦间的润滑油被挤出而发生过度磨损,应限制径向滑动轴承的平均压强 p,即

$$p = \frac{F_r}{Bd} \leqslant [p] \tag{6-5}$$

式中,F_r 为径向滑动轴承所承受的径向载荷(N);B 为轴瓦的宽度(mm);d 为轴颈直径(mm);$[p]$ 为径向滑动轴承的许用平均压强(MPa),见表 6-7。

(2)验算径向滑动轴承的 pv 值。径向滑动轴承的发热量与其单位面积上的摩擦功率 fpv 成正比,摩擦系数 f 值可认为是定值,为防止径向滑动轴承工作时产生过高的温度而导致胶合,应限制 pv 值,即

$$pv = \frac{F_r}{Bd} \cdot \frac{\pi dn}{60 \times 1\,000} = \frac{F_r n}{19\,100 B} \leqslant [pv] \tag{6-6}$$

式中,n 为轴的转速(r/min);$[pv]$ 为径向滑动轴承的许用 pv 值(MPa·m/s),见表 6-7。

(3)验算径向滑动轴承轴颈的圆周速度 v。对于 p 较小的径向滑动轴承,虽然验算 p 和 pv 均合格,但由于轴产生弯曲或轴与轴承不同心,轴承的边缘区域可能产生相当高的压强,当速度 v 过高时,局部 pv 值可能超过其许用值,轴承会加速磨损,因此,还应限制 v,即

$$v = \frac{\pi dn}{60 \times 1\,000} \leqslant [v] \tag{6-7}$$

式中,$[v]$ 为径向滑动轴承轴颈的许用圆周速度(m/s),见表 6-7。

2)止推滑动轴承的设计计算

止推滑动轴承的设计计算与径向滑动轴承的设计计算基本相同。当止推滑动轴承的结构形式与基本尺寸确定后,要对其 p 和 pv 值进行验算。

(1)验算止推滑动轴承的平均压强 p。

$$p = \frac{F_a}{\frac{\pi}{4} z (d_2^2 - d_1^2) K} \leqslant [p] \tag{6-8}$$

式中,F_a 为止推滑动轴承所承受的轴向载荷(N);z 为轴环的数目;d_2、d_1 为轴颈的外径与内径(mm);K 为支承面积减小系数,有油沟时 $K=0.8\sim 0.9$,无油沟时 $K=1.0$。

(2)验算止推滑动轴承的 pv 值。

$$pv_m \leqslant [pv] \tag{6-9}$$

式中,v_m 为轴颈的平均圆周速度(m/s),$v_m = \pi d_m n / (60 \times 1\,000)$,$d_m$ 为轴颈的平均直径,$d_m = (d_1 + d_2)/2$。

对于 $z>1$ 的多环止推滑动轴承,考虑各环受载不均,应将表 6-7 中的许用值降低 20%～40%。

4. 液体摩擦滑动轴承

根据液体对滑动轴承的润滑原理不同,液体摩擦滑动轴承可分为液体静压滑动轴承和液体动压滑动轴承。

1) 液体静压滑动轴承

液体静压滑动轴承是利用一套高压供油系统向轴颈与轴瓦之间输入高压油,并依靠液体的静压平衡外载荷而实现液体摩擦(润滑)的。图 6-11 所示为液体静压滑动轴承的工作原理,高压油经节流器进入油腔。节流器用来保持油膜的稳定性。当轴承承受的载荷为零时,轴颈与轴孔同心,各油腔的油压彼此相等;当轴承承受径向载荷 F_r 时,轴颈偏移,各油腔附近的间隙不同,受力大的油膜减薄,流量减小,因此,经过这部分的节流器的流量也减小,节流器中的压力也减小,但由于油的压力保持不变,因而下油腔中的压力将增大,上油腔的压力将减小。轴承依靠压力差来平衡载荷。

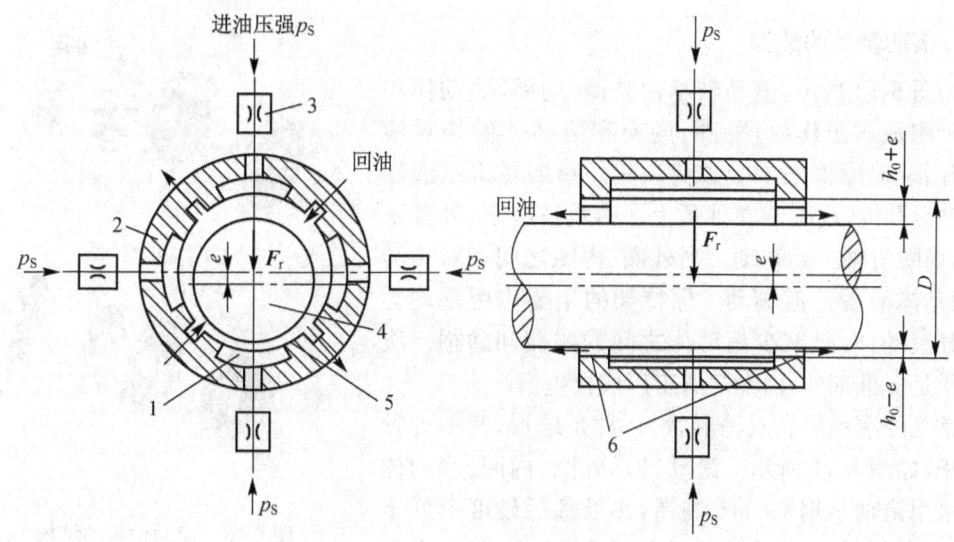

图 6-11 液体静压滑动轴承的工作原理
1—油腔;2—轴承;3—节流器(4个);4—主轴;5、6—径向封油面

液体静压滑动轴承适用于要求速度大、载荷范围大,使用寿命长,稳定性、刚性和运转精度高的场合。但由于液体静压滑动轴承需要一套要求严格的供油系统,因而其成本高,体积大,结构相对较复杂。

2) 液体动压滑动轴承

如图 6-12 所示,在轴颈和轴承的间隙中充满了润滑油。当轴不转动时,在外载荷 F 的作用下,轴颈处于最低位置,与轴承孔的下方接触,并自然形成两个弯曲的油楔 1 和 2,见图 6-12(a);当轴沿顺时针方向转动时,轴颈在摩擦力的作用下沿轴承孔壁向右上方爬升,见图 6-12(b);随着转速的升高,当油流过油楔 1 时,将受到挤压作用而产生动压力,这种现象称为楔效应,由于楔效应产生的油膜动压力平衡了外载荷 F,从而使轴向左上方托起,见图 6-12(c);轴承与轴颈摩擦表面形成良好的油膜,且轴在一定偏心距 e 的位置上稳定运转,形成液体润滑,这种轴承称为液体动压滑动轴承。

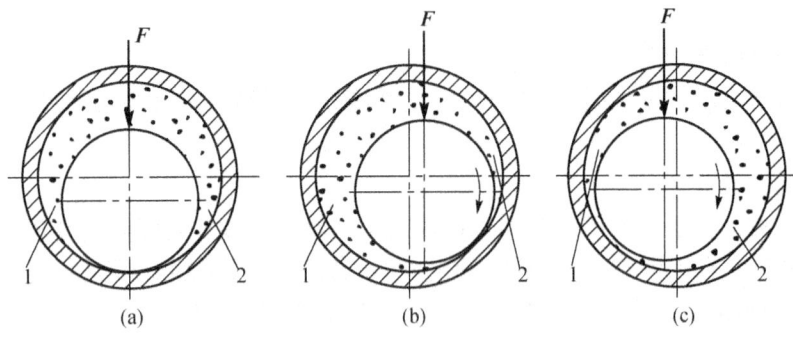

图 6-12　液体动压滑动轴承的工作原理
1—油楔 1；2—油楔 2

二、滚动轴承

1. 滚动轴承的结构

如图 6-13 所示,滚动轴承由外圈、内圈、滚动体和保持架组成。工作时,外圈、内圈和滚动体做相对滚动,利用滚动摩擦来承受载荷。其外圈装在机座或零件的轴承孔内,内圈装在轴颈上。多数情况下,外圈不转动,内圈与轴一起转动。当外圈、内圈之间相对旋转时,滚动体沿着滚道滚动。保持架的主要作用是均匀地隔开滚动体,且减少滚动体之间的碰撞和磨损。滚动轴承是标准部件,由专门的工厂成批生产。

常见的滚动体有六种形状,一种是球形,其他五种是滚子,如图 6-14 所示。滚动轴承外圈、内圈、滚动体一般采用铬轴承钢 GCr15 制造,热处理后硬度不低于 61 HRC。保持架多采用低碳钢冲压制成,也有用黄铜、塑料等制成实体形式的。

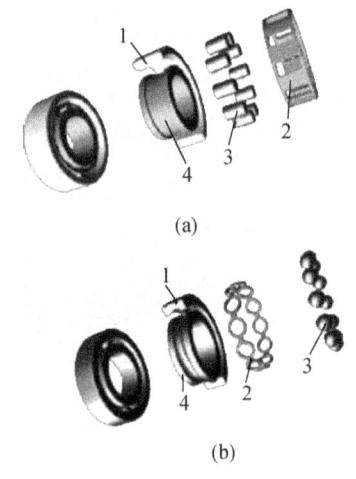

图 6-13　滚动轴承的结构
1—外圈；2—保持架；3—滚动体；4—内圈

  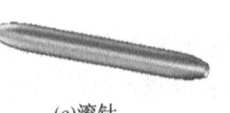  

(a)球　　(b)圆柱滚子　　(c)滚针　　(d)圆锥滚子　　(e)球面滚子　　(f)非对称球面滚子

图 6-14　滚动体的形状

2. 滚动轴承的主要类型和特点

根据滚动轴承所承受载荷的不同,滚动轴承可分为向心轴承、推力轴承和向心推力轴承三大类。

1)向心轴承

向心轴承是指仅承受径向载荷的滚动轴承,如深沟球轴承。

2)推力轴承

推力轴承是指仅承受轴向载荷的滚动轴承,如推力球轴承。

3)向心推力轴承

向心推力轴承是指同时承受径向载荷和轴向载荷的滚动轴承,如角接触球轴承。

常用的滚动轴承的基本类型、主要性能及应用见表 6-8。

表 6-8　常用的滚动轴承的基本类型、主要性能及应用

类型及代号	结构简图	承载方向	主要性能及应用
调心球轴承 10000	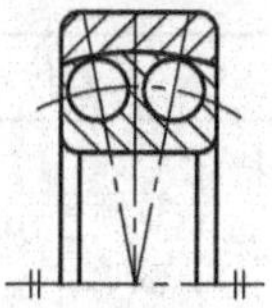		调心球轴承外圈的内表面是球面,内、外圈轴线间的允许角偏移为 $2°\sim3°$,极限转速低于深沟球轴承,可承受径向载荷及较小的双向轴向载荷,用于轴变形较大及不能精确对中的支承处
调心滚子轴承 20000	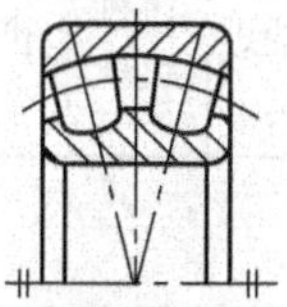		轴承外圈滚道是球面,主要承受径向载荷及一定的双向轴向载荷,但不能承受纯轴向载荷,允许角偏移 $0.5°\sim2°$,常用在长轴或受载荷作用后轴有较大变形及多支点的轴上
圆锥滚子轴承 30000	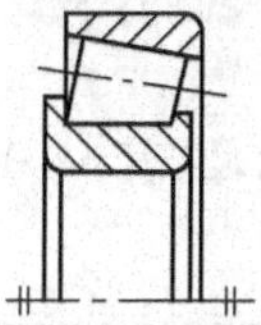	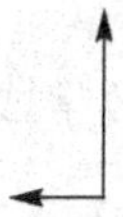	圆锥滚子轴承可同时承受较大的径向及轴向载荷,承载能力大于 70000 类轴承,外圈可分离,装拆方便,成对使用
推力球轴承 51000	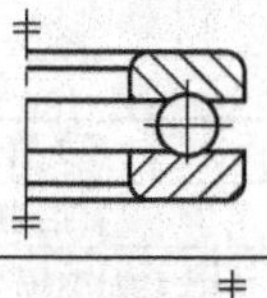		推力球轴承只能承受轴向载荷,而且载荷作用线必须与轴线重合,不允许有角偏差,极限转速低
双向推力球轴承 52000	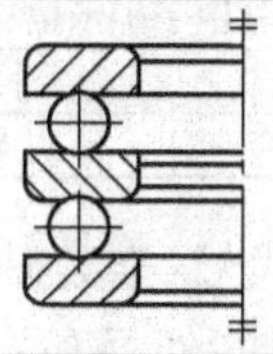		双向推力球轴承能承受双向轴向载荷,其余与推力球轴承相同
深沟球轴承 60000	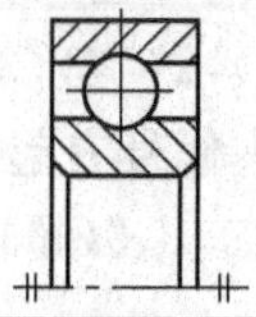		深沟球轴承可承受径向载荷及一定的双向轴向载荷,内外圈轴线间允许角偏移为 $8'\sim16'$
角接触球轴承 70000	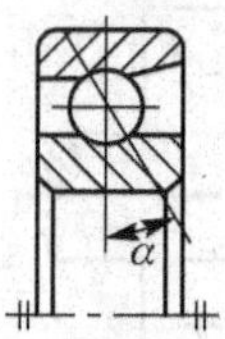	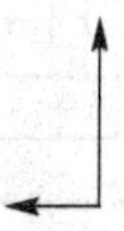	角接触球轴承可同时承受径向及轴向载荷,承受轴向载荷的能力由接触角 α 的大小决定。接触角越大,承受轴向载荷的能力越高。由于存在接触角,轴承承受纯径向载荷时会产生内部轴向力,使内、外圈有分离的趋势。因此,这类轴承应成对使用,对称安装,其极限转速较高
推力圆柱滚子轴承 80000	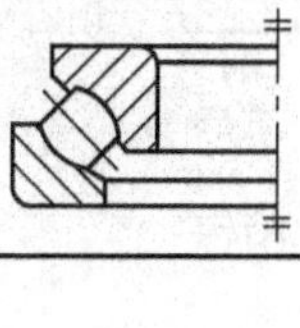		推力圆柱滚子轴承能承受较大的单向轴向载荷,极限转速低

与滑动轴承相比,滚动轴承的摩擦阻力小,起动灵敏,效率高,工作稳定,且不随速度变化,润滑简便,易于维护,密封,内部间隙小,回转精度高,供应充足,互换性好;但抗冲击能力较差,寿命短,安装精度要求高,高速时有噪声。

3. 滚动轴承的代号

滚动轴承的代号用于表征滚动轴承的结构、尺寸、类型和精度等。国家标准GB/T 272—1993规定了滚动轴承的代号通常由基本代号、前置代号和后置代号三部分组成,见表6-9。

表6-9 滚动轴承代号的组成

前置代号	基本代号					后置代号							
	五	四	三	二	一								
轴承的分部件代号	类型代号	尺寸系列代号		内径代号		内部结构代号	密封与防尘结构代号	保持架及其材料代号	特殊轴承材料代号	公差等级代号	游隙代号	多轴承配置代号	其他代号
		宽度系列代号	直径系列代号										

1) 基本代号

基本代号用来表示滚动轴承的类型、结构和尺寸,是滚动轴承代号的基础,由类型代号、尺寸系列代号和内径代号三部分组成。

(1) 类型代号。滚动轴承的类型代号用数字或字母表示,见表6-10。

表6-10 滚动轴承的类型代号

代 号	轴承类型	代 号	轴承类型
0	双列角接触球轴承	6	深沟球轴承
1	调心球轴承	7	角接触球轴承
2	调心滚子轴承和推力调心滚子轴承	8	推力圆柱滚子轴承
3	圆锥滚子轴承	N	圆柱滚子轴承(双列或多列用字母 NN 表示)
4	双列深沟球轴承	U	外球面球轴承
5	推力球轴承	QJ	四点接触球轴承

(2) 尺寸系列代号。尺寸系列代号由轴承的宽度系列代号(推力轴承指高度)和直径系列代号组成,表示轴承在结构、内径相同的条件下具有不同的外径和宽度,如图6-15所示。基本代号右起第四位表示宽度系列代号,有0(窄),1(正常),2(宽),3、4、5、6(特宽),7(特低),8(特窄),9(低)。宽度系列代号为0时,可不标出。基本代号右起第三位表示直径系列代号,有0、1(特轻),2(轻),3(中),4(重),5(特重),7(超特轻),8、9(超轻)。

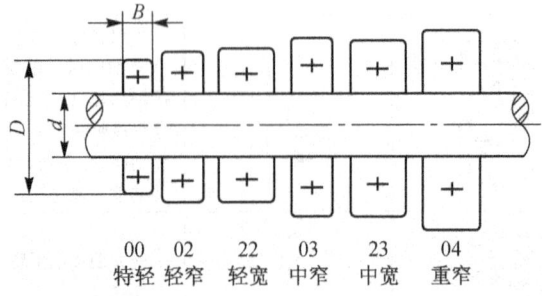

图6-15 滚动轴承尺寸系列代号及结构

(3)内径代号。内径代号用数字表示,为基本代号右起第一、二位数字。轴承常用的内径代号表示如下:当其公称内径为10~20 mm时,有10 mm、12 mm、15 mm、17 mm四个直径尺寸,代号分别为00、01、02、03;当其公称内径为20~480 mm(除22 mm、28 mm、32 mm外)时,代号为内径除以5的商数,商不足两位的在前面补0。

当轴承的公称内径为0.6~10 mm的非整数时,代号直接用公称内径值(mm)表示,加"/"与尺寸系列代号隔开;当轴承的公称内径为1~9 mm的整数时,代号直接用公称内径值(mm)表示,对于深沟及角接触球轴承7、8、9直径系列,加"/"与尺寸系列代号隔开;当其公称内径大于或等于500 mm以及为22 mm、28 mm、32 mm时,代号直接用公称内径值(mm)表示,加"/"与尺寸系列代号隔开。

基本代号中的类型代号和尺寸系列代号在组合后,其组合代号中有特殊的情况可省略不标出。

2)前置代号

前置代号表示成套轴承的分部件,用字母表示,其含义及示例见表6-11。

表6-11 前置代号的含义及示例

代　号	含　义	示　例
F	凸轮外圈的向心球轴承,仅适于 $d \leqslant 10$ mm	F618/4
L	可分离内圈或外圈的轴承	LNU207
R	不带可分离内圈或外圈的轴承	RNU207
WS	推力圆柱滚子轴承轴圈	WS81107
GS	推力圆柱滚子轴承座圈	GS81107
KOW-	无轴圈推力轴承	KOW-51108
KIW-	无座圈推力轴承	KIW-51108
K	滚子和保持架组件	K81107

3)后置代号

后置代号是轴承的结构形状、尺寸、公差和技术要求等有改变时,在其基本代号后面添加的补充代号,共有八组,用字母(或加数字)表示,其排列顺序见表6-9。下面介绍其中常用的公差等级代号和游隙代号。

(1)公差等级代号。轴承的公差等级分为0、6、6x、5、4、2六级,分别用/P0、/P6、/P6x、/P5、/P4、/P2表示。其中0级精度最低(普通级),在轴承代号中可省略不标;其后精度等级依次增加,2级精度最高;6x仅用于圆锥滚子轴承。

(2)游隙代号。轴承的游隙共分为1、2、0、3、4、5六组,游隙依次由小到大,表示轴承的径向间隙。其中0组为常用基本组别,一般不标注;其他组的代号分别为/C1、/C2、/C3、/C4、/C5。

例6-2　说明6202、30208/P6x、7310C/P5等轴承代号的含义。

解　(1)轴承6202的含义:

6——轴承类型代号,深沟球轴承;

2——尺寸系列代号(0)2,其中宽度系列为0(省略),直径系列为2;

02——内径代号,轴承公称内径 $d=15$ mm。

(2)轴承 30208/P6x 的含义:

3——轴承类型代号,圆锥滚子轴承;

02——尺寸系列代号 02,其中宽度系列为 0,直径系列为 2;

08——内径代号,轴承公称内径 $d=8\times 5$ mm$=40$ mm;

/P6x——公差等级为 6x 级。

(3)轴承 7310C/P5 的含义:

7——轴承类型代号,角接触球轴承;

3——尺寸系列代号(0)3,其中宽度系列为 0(省略),直径系列为 3;

10——内径代号,轴承公称内径 $d=10\times 5$ mm$=50$ mm;

C——接触角 $\alpha=15°$(数值可查相关设计手册);

/P5——公差等级为 5 级。

4. 滚动轴承的选择

选择轴承类型时,在对各类轴承的特性充分了解的基础上,根据载荷的大小、方向和性质,转速高低,结构尺寸的限制,刚度要求,调心要求等因素,按以下原则进行选择:

(1)转速较高,载荷不大,回转精度要求较高,或转速较高,径向载荷比轴向载荷大得多时,宜用球轴承。

(2)径向、轴向载荷都较大,若转速较高,则采用角接触球轴承;若转速不高,则采用圆锥滚子轴承。

(3)当支点刚度要求较高时,可选用圆柱滚子轴承或圆锥滚子轴承。因滚子与滚道接触面积大,弹性变形小,其刚性比球轴承好。

(4)当支承跨距大,轴的弯曲变形大或轴中心与孔中心有误差,两个轴承座孔中心位置有误差或多支点时,应考虑选用调心轴承。

(5)对于需经常拆卸或装拆困难的场合,可选用内、外圈分离的轴承,如圆柱滚子轴承、圆锥滚子轴承等。需要调整径向游隙时,可采用带内锥孔的轴承。

(6)从经济性考虑,球轴承价格低于滚子轴承。其中调心轴承价格最高。一般轴承的精度等级越高,价格也越高。普通级最低,2 级最高。

在相同精度的轴承中,深沟球轴承价格最低,一般尽量选用此类轴承。

5. 滚动轴承的组合设计

为了保证滚动轴承正常工作,除了合理地选择轴承类型、尺寸外,还必须正确地进行轴承组合的结构设计,解决滚动轴承的轴向定位和轴向位置调整、轴承与其他零件的配合和装拆等一系列问题。

1)滚动轴承的轴向固定

滚动轴承的轴向固定方式有三种,即两端单向固定,一端双向固定、一端游动,两端游动。

(1)两端单向固定。两端轴承各限制一个方向的轴向位移,如图 6-16 所示。这种支承形式结构简单,适用于普通工作温度下的短轴(跨距≤350 mm)。考虑到轴受热后伸长,一般在轴承端盖与轴承外圈端面间留有补偿间隙 $c=0.25\sim 0.4$ mm。间隙量的大小通常用一组垫片来调整。

(2)一端双向固定、一端游动。当轴的跨距较长或工作温度较高时,轴的伸缩量较大,可采用一端轴承双向固定、另一端轴承游动的形式,如图 6-17 所示。固定端轴承可承受双向轴向载荷,游动端轴承端面与轴承端盖间的间隙可较大,且外圈与机座孔之间为动配合,以便轴伸缩时能在座孔中自由游动。

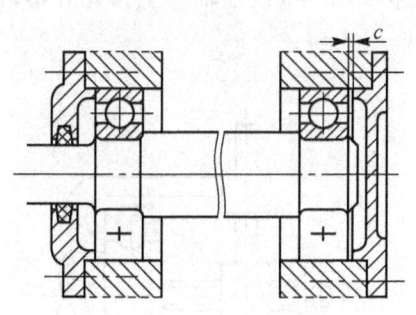

图 6-16　两端单向固定

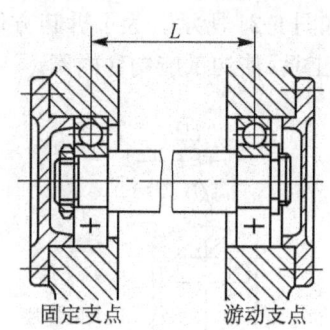

图 6-17　一端双向固定、一端游动

(3)两端游动。图 6-18 所示的人字齿轮传动中,由于轮齿两侧螺旋角不易做到完全对称,为了防止轮齿卡死或两侧受力不均匀,主动轴两端采用能有左右微量轴向游动的结构,图中两端都选用圆柱滚子轴承,滚动体与外圈间可轴向移动。与其相啮合的另一轴系则必须两端固定,以使该轴系在箱体内有固定位置。

2)滚动轴承轴向位置的调整

蜗杆传动中,要求蜗杆的轴线位于蜗轮的主平面内;圆锥齿轮传动中,要求两齿轮分度圆锥的锥顶重合,这样才能使轮齿啮合情况正常。这就要求轴的轴向位置应能调整。图 6-19 所示为利用调整两组垫片的厚度的方法来调整轴的轴向位置,图中已将左边轴承盖下的垫片调到右边,则整个轴将向右移动;反之,轴的位置可向左移。

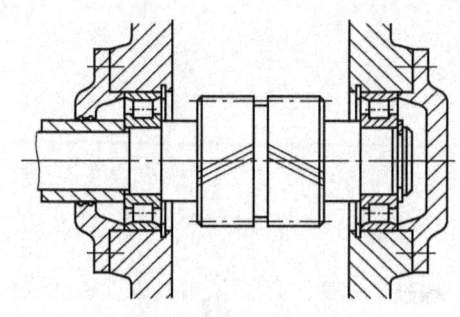

图 6-18　两端游动

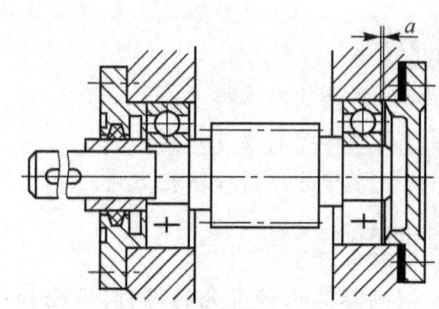

图 6-19　滚动轴承轴向位置的调整

3)滚动轴承的配合

滚动轴承是标准件,因此轴承内圈与轴的配合采用基孔制,轴承外圈与座孔的配合采用基轴制。一般情况下,转动圈(内圈)的配合应紧些,轴径公差带代号可取 m6、k6、js6;固定圈(外圈)的配合应松些,座孔的公差带代号可取 H7、G7 等。当转速高、载荷大、振动大时,配合应紧些。游动圈和经常拆卸的轴承应采用松一些的配合。

4)滚动轴承的装拆

轴承内圈通常与轴颈配合较紧,安装时为了不损伤轴承及其他零件,对于中、小型轴承可用手锤敲击装配套筒,如图 6-20 所示;对于尺寸较大的轴承,一般可用压力法,将轴承内圈用压力机压入轴颈,有时为了便于安装,也可采用温压法,即将轴承放在温度为 80 ℃～100 ℃ 的热油中预热,然后进行安装,待恢复常温后装紧。拆卸轴承一般可用压力机或拆卸工具,如图 6-21 所示。为了拆卸方便,设计时应留拆卸高度,或在轴肩上预先开槽,以便安放拆卸工具,使钩爪能钩住内圈。

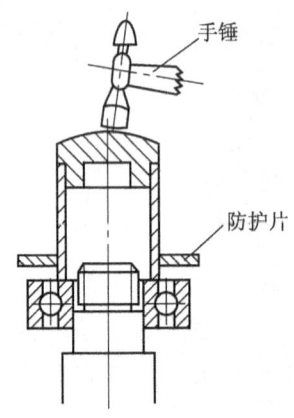

图 6-20　中、小型轴承的安装

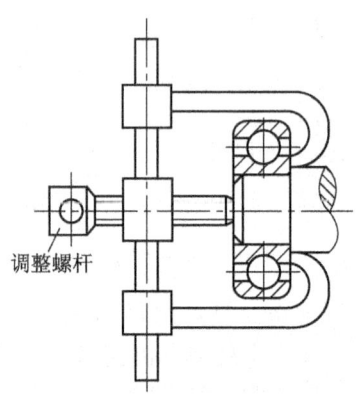

图 6-21　轴承的拆卸

学习情境三　螺纹联接

学习目标

掌握螺纹联接的基本类型;
掌握常用的螺纹联接件知识;
熟悉螺纹联接的预紧和防松方法。

课堂导入

图 6-22 所示为几种常见的螺钉、螺栓和螺母。螺纹联接都有哪些类型?它们的工作原理是什么?在应用中需要注意什么问题?通过学习本节知识,就会找到答案。

基本知识

一、螺纹联接的基本类型

螺纹联接是利用螺纹零件构成的一种可拆联接。螺纹联接的基本类型有螺栓联接、双头螺柱联接、螺钉联接

图 6-22　几种常见的螺钉、螺栓和螺母

和紧定螺钉联接。

1. 螺栓联接

螺栓联接的结构特点是被联接件的孔中不切制螺纹，将螺栓穿过被联接件的孔，然后拧紧螺母，使被联接件联接起来。螺栓联接可分为普通螺栓联接和铰制孔螺栓联接两种，如图 6-23 所示。普通螺栓联接螺栓杆与孔壁之间有间隙，这种联接的通孔加工精度低，结构简单，装拆方便，应用广泛。铰制孔螺栓联接螺栓杆外径与孔壁内径具有同一基本尺寸，多采用基孔制过渡配合，这种联接的螺栓杆工作时受到挤压和剪切作用，主要用来承受横向载荷，一般用于载荷大、冲击严重的场合。

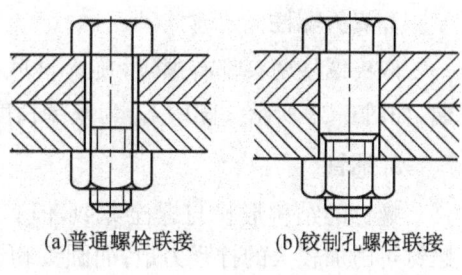

图 6-23　螺栓联接

2. 双头螺柱联接

双头螺柱联接是指用两头均有螺纹的螺柱和螺母把被联接件联接起来，如图 6-24 所示。双头螺柱联接适用于联接较厚且需要经常拆卸的被联接件，被联接件中一个有光孔，另一个有螺纹孔。

3. 螺钉联接

螺钉联接是直接把螺钉旋入被联接件的螺纹孔中，不需要使用螺母，如图 6-25 所示。螺钉联接适用于载荷较轻且不经常装拆的场合，以避免被联接件的螺纹孔磨损而修复困难。螺钉联接的被联接件中一个有光孔，另一个有螺纹孔。

4. 紧定螺钉联接

紧定螺钉联接是将紧定螺钉旋入一个螺纹孔中，并以其尾部顶住另一个零件的表面或嵌入相应的凹坑中，用来固定两个零件的相对位置，可传递不大的力或转矩，如图 6-26 所示。

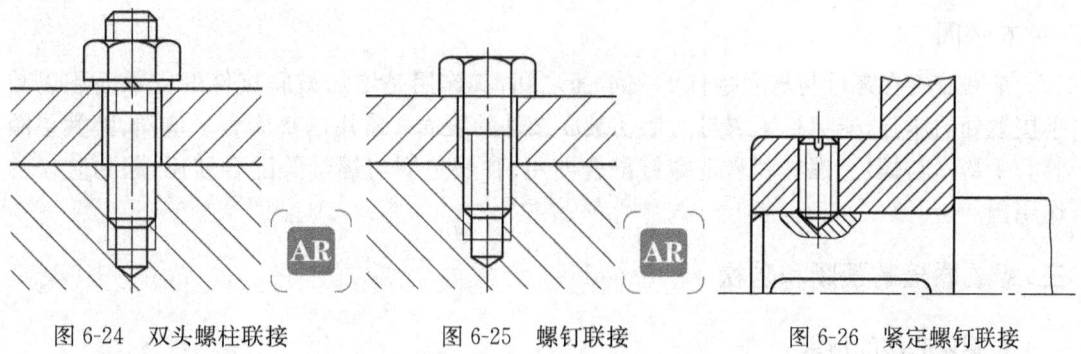

图 6-24　双头螺柱联接　　图 6-25　螺钉联接　　图 6-26　紧定螺钉联接

二、常用的螺纹联接件

螺纹联接件的种类很多，大都已标准化。常用的螺纹联接件有螺栓、双头螺柱、螺钉、紧定螺钉、螺母和垫圈等。

1. 螺栓

按加工精度不同，螺栓可分为普通螺栓和精制螺栓。螺栓头部形状常用的有标准六角头、小六角头、方头和内六角头等。

2. 双头螺柱

双头螺柱两头都有螺纹,旋入被联接件螺纹孔的一端称为座端,另一端称为螺母旋入端,如图6-27所示。图中b_m为座端长度,b为螺母旋入端长度。

3. 螺钉

螺钉的结构形状与螺栓类似,但其头部形式较多,如图6-28所示。其中,内、外六角头螺钉可施加较大的拧紧力矩;而圆头和十字头螺钉不能施加太大的拧紧力矩,一般选用时此类螺钉的直径不超过10 mm。

4. 紧定螺钉

在结构上,紧定螺钉头部和尾部的形式很多,其常用的尾部形状有平端、锥端和圆柱端等。紧定螺钉需根据不同的应用场合来选用,一般要求其尾部有足够的强度。

5. 螺母

最常用的螺母是六角螺母,它分为普通螺母和精密螺母。按螺母的厚度不同又可分为标准螺母、薄螺母和厚螺母,如图6-29所示。若要求减轻重量且不常拆卸时,可用薄螺母;若需经常拆卸可用厚螺母。

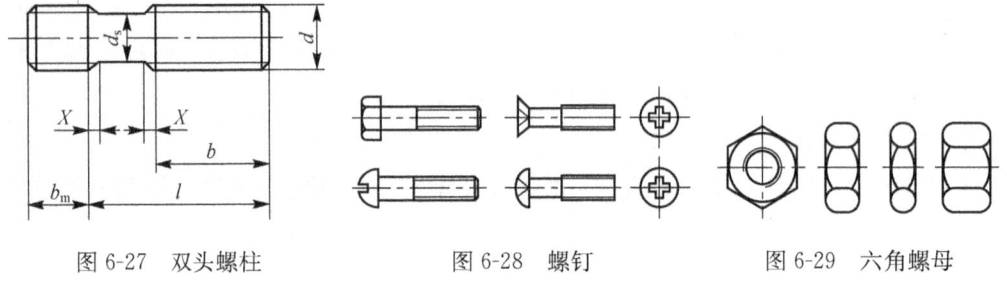

图6-27 双头螺柱　　　　图6-28 螺钉　　　　图6-29 六角螺母

6. 垫圈

垫圈放置在螺母与被联接件的支承面之间,其作用是增加被联接件的支承面积以减小接触处的压强,避免拧紧螺母时擦伤被联接件的表面。常用的垫圈有平垫圈、弹簧垫圈等。平垫圈与螺栓、螺柱和紧定螺钉配合使用;弹簧垫圈与螺母等配合使用,起到防松的作用。

三、螺纹联接的预紧和防松

1. 螺纹联接的预紧

在实际使用中,绝大多数的螺纹联接在装配时都必须将螺母拧紧,这种联接称为紧联接。预紧可以使螺栓在承受工作载荷之前就受到预紧力的作用,以防止联接受载后被联接件之间出现间隙或横向滑移。联接所需预紧力的大小与工作载荷有关。

对于一般螺纹联接,预紧力的大小可用扳手来控制;对于重要的螺纹联接,为了能保证装配质量,可用图6-30所示的测力矩扳手或图6-31所示的定力矩扳手来控制预紧力的大小。对于M10~M68的粗牙普通螺纹,其拧紧力矩的经验公式为

$$T \approx 0.2F_p d \tag{6-10}$$

式中，T 为拧紧力矩（N·mm）；F_p 为预紧力（N）；d 为螺纹公称直径（mm）。

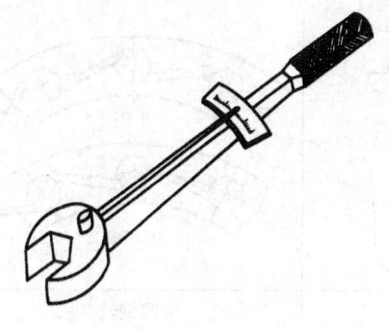

图 6-30　测力矩扳手

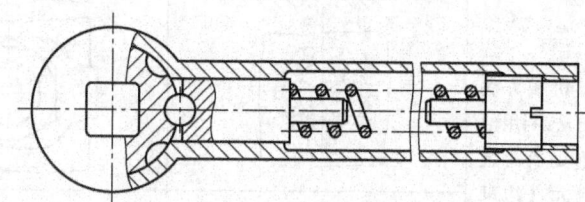

图 6-31　定力矩扳手

由于摩擦因数不稳定和加在扳手上的力难以准确控制，有时可能拧断螺杆，因而在重要的联接中如果不能严格控制预紧力的大小，不宜使用直径小于 12 mm 的螺栓。

2. 螺纹联接的防松

用螺纹标准件联接都能满足自锁条件。拧紧螺母后，联接受静载荷作用且温度变化不大时，联接螺母一般不会自行松脱。但是当联接受到冲击、振动或变载荷作用时，预紧力可能减小或瞬时消失。多次重复后，螺母会出现松脱现象。另外，在高温或温度变化较大的环境中工作，由于材料的蠕变和应力松弛，螺母也会出现松脱现象。螺母的松脱，轻者影响机器的正常工作，重者引起机器的严重损坏，导致重大的人身安全事故等。所以，设计螺纹联接时必须按照工作条件、工作可靠性、结构特点等考虑设置防松装置。常用的螺纹联接防松方法见表 6-12。

表 6-12　常用的螺纹联接防松方法

防松原理	防松方法及特点		
利用摩擦防松：采用各种结构措施使螺纹副中的摩擦力不随联接的外载荷变动而变化，保持较大的防松摩擦力矩	弹簧垫圈	对顶螺母	弹性锁紧螺母
	弹簧垫圈的材料为高强度锰钢，装配后弹簧垫圈被压平，其反弹力使螺纹间保持压紧力和摩擦力，且垫圈切口处的尖角也能阻止螺母转动松脱。结构简单，使用方便，但垫圈弹力不均，因而不十分可靠，多用于不甚重要的联接	对顶螺母利用两螺母对顶拧紧，螺栓旋合段承受拉力而螺母受压，从而使螺纹间始终保持相当大的正压力和摩擦力。对顶螺母结构简单，可用于低速、重载场合，但螺栓和螺纹部分均需加长，不够经济，且增加了外廓尺寸和重量	在螺母的上部做成有槽的弹性结构，装配前这一部分的内螺纹尺寸略小于螺栓的外螺纹，装配时利用弹性使螺母稍有扩张，螺纹之间得到紧密的配合

续表

防松原理	防松方法及特点		
机械方法防松：利用便于更换的金属元件约束螺纹副，使之不能相对转动	开槽螺母与开口销 开槽螺母旋紧后，将开口销穿过螺母上的径向槽和螺栓末端的孔，从而把螺母和螺栓固连在一起。这种方法防松可靠，可用于承受冲击或载荷变化较大的联接	止动垫圈 止动垫圈的形式很多，图示是将止动垫圈的一边弯起紧贴在螺母的侧面上，另一边弯下贴在被联接件的侧壁上，从而避免螺母转动而松脱。这种方法防松可靠，但只能用于联接部分可容纳弯耳的场合	串联钢丝 将钢丝依次穿过相邻螺钉头的横孔，两端拉紧打结。由于钢丝的串连方向使得螺栓的防松与钢丝拉紧方向相一致，致使联接不能松动。这种方法防松效果较好，但安装较费工时，可用于螺钉数目不多且排列较密的联接
破坏螺纹副关系防松：拧紧螺母后，用点焊、冲点或在旋合部分涂黏结剂的办法，把螺纹副转变为非运动副，从而排除相对运动的可能	侧面焊死	端面冲点	黏结法
	这些方法防松效果良好，但属于不可拆的防松方法		

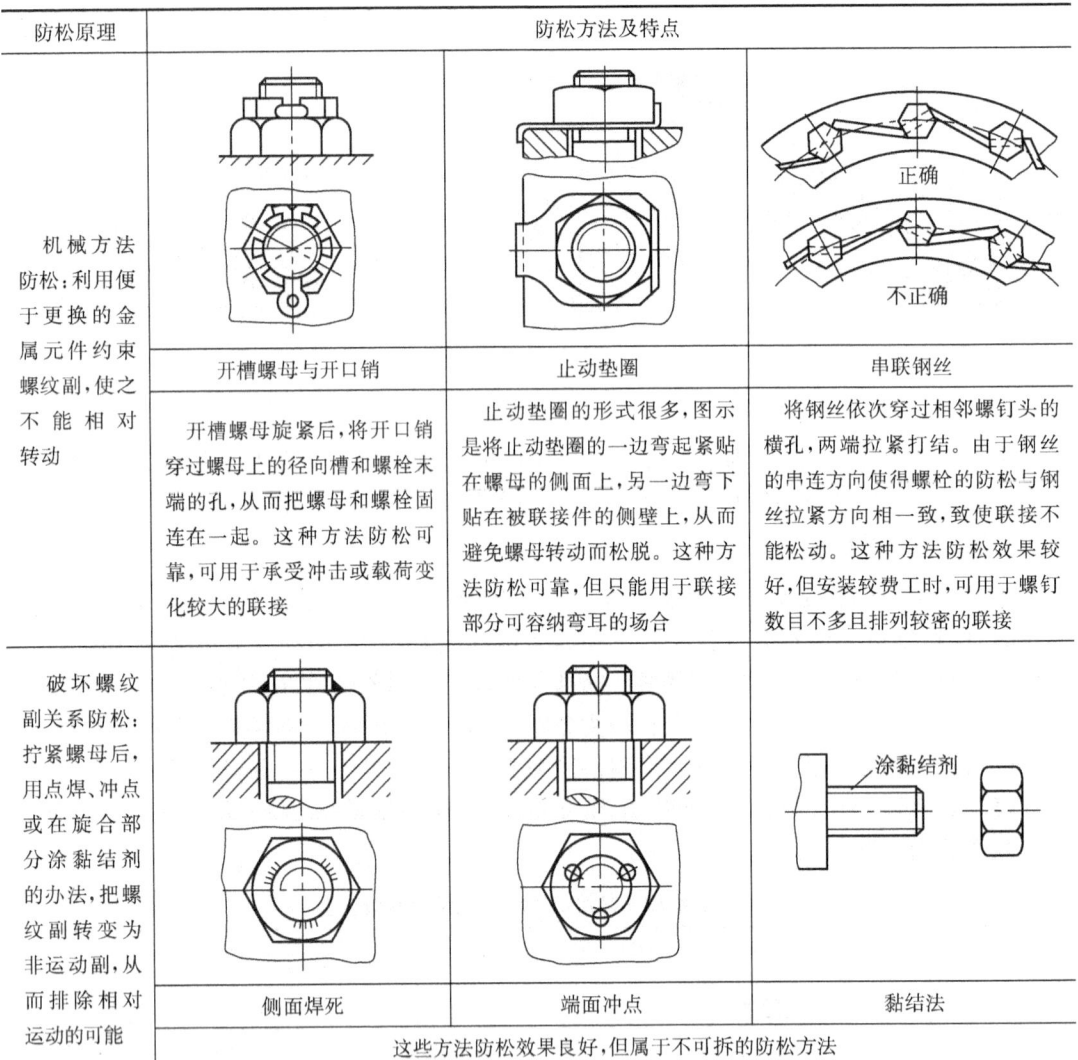

学习情境四　键联接、花键联接和销联接

学习目标

掌握键联接的类型和应用；
了解花键联接的类型和应用；
掌握销联接的类型和应用。

课堂导入

图 6-32 所示为带轮与轴的联接，这种联接是通过键来实现的。通过联接可实现转矩和运动的传递。图 6-33 所示为销联接，它实现两个零件间的周向固定和轴向固定，并可承

受较小的载荷。键联接和销联接，以及花键联接分别有哪些类型和应用？通过学习本节知识，就会找到答案。

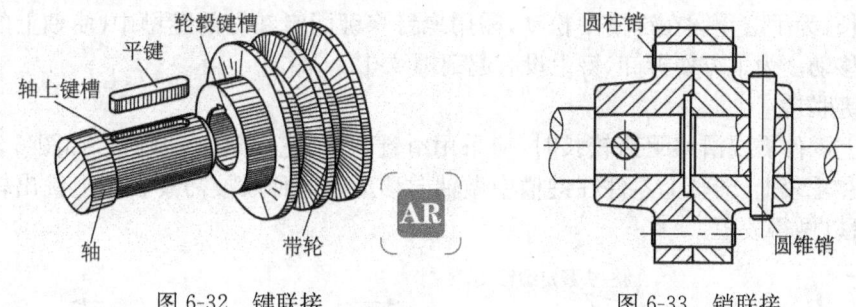

图 6-32　键联接　　　　　　　　　图 6-33　销联接

基本知识

安装在轴上的齿轮、带轮、链轮等传动零件，其轮毂与轴的联接称为轴毂联接。轴毂联接的主要类型有键联接、花键联接、销联接、过盈配合联接以及成形联接等。以下主要介绍键联接、花键联接和销联接。

一、键联接

键是一种标准件，主要用来实现轴和轴上零件之间的周向固定，以传递转矩。有些类型的键还可实现轴上零件的轴向固定或轴向移动。按配合的松紧程度，键联接可分为平键联接、半圆键联接、楔键联接和切向键联接等类型，其中最常用的是平键联接。

1. 平键联接

平键的两侧面是工作面，上、下表面为非工作面，上表面与轮毂上的键槽底部之间留有间隙，工作时靠平键与键槽侧面的挤压来传递转矩。按用途不同，平键联接又可分为普通平键联接、导向平键联接和滑键联接。

1）普通平键联接

普通平键与轮毂上键槽的配合较紧，因此，普通平键联接属于静联接。普通平键联接按普通平键端部形状可分为圆头（A 型）普通平键联接、方头（B 型）普通平键联接和单圆头（C 型）普通平键联接三种形式，分别如图 6-34(b)、图 6-34(c)和图 6-34(d)所示。使用圆头普通平键时，轴上键槽是用指状铣刀加工的，键放置在与其形状相同的键槽中，因此，键在键槽中的轴向固定良好，但键槽处轴的应力集中较大；使用方头普通平键时，轴上键槽用圆盘铣刀加工，因此，避免了圆头普通平键的缺点，但键在键槽中的固定不好，常用螺钉紧定；单圆头普通平键常用于轴端与轴上零件的联接。

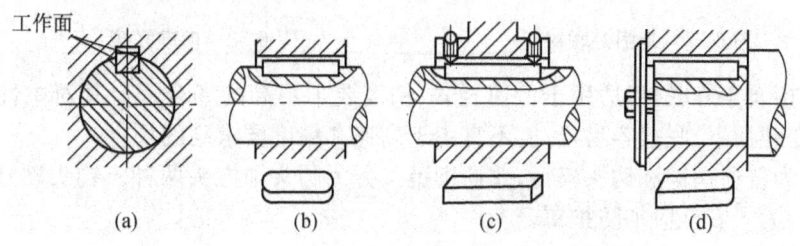

图 6-34　普通平键联接

2）导向平键联接

导向平键与轮毂的键槽配合较松,因此,导向平键联接属于动联接。如图 6-35 所示,导向平键较长,为了防止键在键槽中松动,需用螺钉将键固定在轴的键槽中,使轴上的零件沿键槽轴向移动。为了方便拆卸,键上设有起键螺纹孔。

3）滑键联接

当轴上零件需要滑移距离较长时,应采用滑键联接,它也属于动联接,如图 6-36 所示。滑键固定在轮毂上,随轴上零件在键槽中做轴向移动。这种联接需要在轴上铣出较长的键槽,而键可以做得较短。

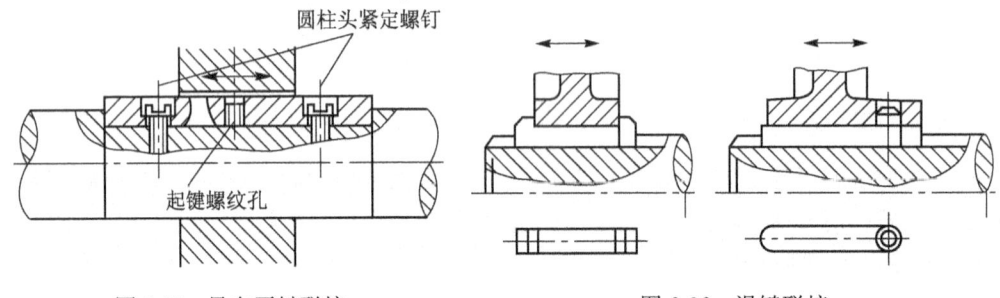

图 6-35　导向平键联接　　　　　图 6-36　滑键联接

2. 半圆键联接

如图 6-37 所示,用半圆键联接时,轴上键槽用半径与键相同的盘状铣刀铣出,半圆键能在轴上的键槽中绕其圆心摆动,以适应轮毂上键槽的斜度,因此,半圆键联接具有装拆方便、制造容易的特点。半圆键联接属于静联接,其侧面为工作面,可实现周向固定和传递转矩。由于键槽较深,削弱了轴的强度,因而半圆键联接一般用于轻载或锥形轴端的联接。

3. 楔键联接

楔键的上、下表面为工作面,两侧面为非工作面,如图 6-38 所示。楔键的上表面和轮毂槽底均有 1∶100 的斜度。工作时,楔键的上、下表面分别与轮毂和轴上的键槽工作面压紧,靠其摩擦力和挤压来传递转矩,也可传递小部分单向轴向力。

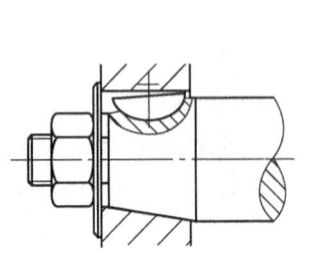
图 6-37　半圆键联接

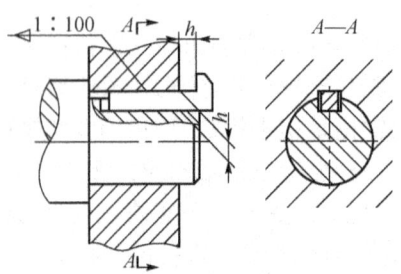
图 6-38　楔键联接

楔键联接属于静联接,适用于低速轻载、精度要求不高的场合。但其对中性较差,在冲击、振动或变载荷下,联接容易松动,不宜用于高速和精度要求高的场合。

楔键分为普通楔键和钩头楔键,普通楔键又分为圆头和方头两种。钩头楔键便于拆装,用在轴端时,为了安全应加防护罩。

4. 切向键联接

切向键由两个斜度为 1∶100 的楔键组成，其上、下互相平行的两窄面为工作面，依靠轴和轮毂的挤压来传递转矩。一个切向键只能传递一个方向的转矩，如图 6-39(a)所示；传递双向转矩时，需用互成 120°～130°的两个切向键，如图 6-39(b)所示。

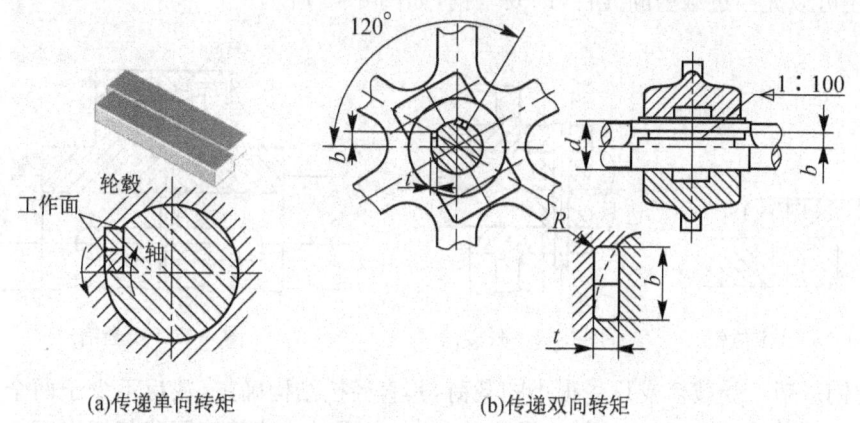

(a)传递单向转矩　　　　　　　　(b)传递双向转矩

图 6-39　切向键联接

切向键联接属于静联接，轴的削弱较严重，且对中性差，常用于轴径较大（$d>60$ mm）、精度要求不高、转速较低和传递转矩较大的场合。

二、花键联接

花键联接是将具有周向均布的多个键齿的轴置于轮毂相应的凹槽中所构成的联接。其工作面是键齿的侧面。花键联接由于是多个键齿传递载荷，因而比平键联接的承载能力高，定心性和导向性好，对轴的削弱小（齿浅、应力集中小）。因此，花键联接一般用于定心精度要求高且载荷较大的场合。加工花键时，需用专门的设备和工具，成本较高。

花键可分为外花键和内花键，按齿形不同，还可分为矩形花键、渐开线花键和三角形花键三种，且均已标准化，如图 6-40 所示。

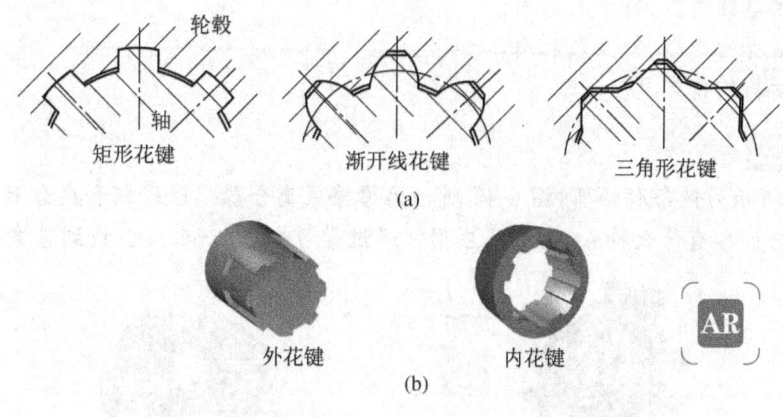

图 6-40　花键的类型

三、销联接

销主要用于零、部件之间的定位,是装配机器时的重要辅件,即定位销,如图 6-41 所示;销也可用于轴和轮毂间或其他零件间的联接,但只能传递较小的载荷,即联接销,如图 6-42 所示;销还可以充当过载剪断元件,即安全销,如图 6-43 所示。

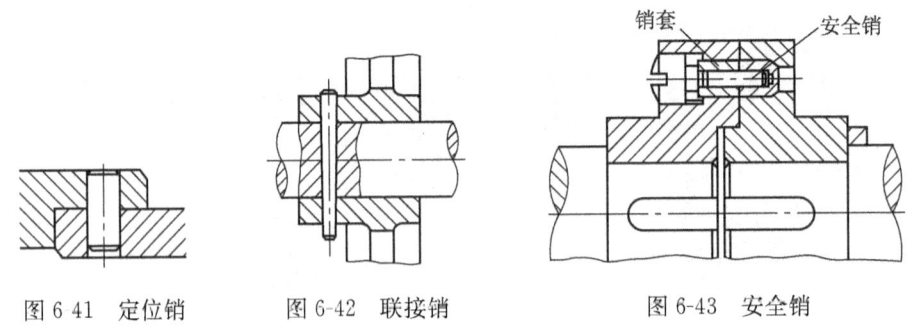

图 6-41　定位销　　　　图 6-42　联接销　　　　图 6-43　安全销

定位销一般不受载荷或只受很小的载荷,其直径按结构确定,数目不少于两个。联接销能传递较小的载荷,其直径亦按结构及经验确定,必要时校核其挤压和剪切强度。安全销的直径应按销的剪切强度计算,当过载 20%～30% 时即应将其剪断。

销按形状可分为圆柱销、圆锥销和异形销三类。圆柱销靠过盈与销孔配合,为保证定位精度和联接的紧固性,不宜经常装拆,主要用于联接或定位。圆锥销具有 1∶50 的锥度,小端直径为标准值,自锁性能好,定位精度高,主要用于定位或联接。圆柱销和圆锥销的销孔均需铰制。异形销种类很多,其中开口销工作可靠,拆卸方便,常与槽形螺母合用,用于螺纹联接的防松。

学习情境五　联轴器、离合器和制动器

🎯 **学习目标**

掌握联轴器的类型、特点及应用;
掌握离合器的类型、特点及应用;
熟悉制动器的特点及应用。

🎯 **课堂导入**

图 6-44 所示为链条联轴器,图 6-45 所示为摩擦式离合器。联轴器和离合器以及制动器有何不同?它们各有什么特点、类型及应用?通过学习本节知识,就会找到答案。

图 6-44　链条联轴器　　　　图 6-45　摩擦式离合器

> **基本知识**

联轴器、离合器和制动器是机械传动中的重要部件。联轴器和离合器可联接主动轴和从动轴,使两轴一起转动并传递转矩,有时也可用为安全装置。联轴器联接的两轴只能在机器停车后用拆卸的方法使其分离。离合器联接的两轴可在机器工作时随时完成两轴的分离或接合。制动器的主要功用是降低机械的运转速度或使其停止转动。

一、联轴器

联轴器所联接的两轴,由于制造和安装误差、受载变形、温度变化和工作中的磨损、机座下沉等原因,可能产生轴线的径向位移、轴向位移、角度位移或综合位移。因此,要求联轴器在传递运动和转矩的同时还应具有一定范围的补偿轴线位移、缓冲吸振的能力,否则就会在轴、联轴器和轴承中引起附加载荷,导致机器在工作时出现剧烈振动、工作情况恶化,甚至导致轴折断、轴承或联轴器中的元件损坏。

联轴器可分为刚性联轴器和挠性联轴器两大类。

1. 刚性联轴器

刚性联轴器不具有补偿被联两轴轴线相对偏移的能力。它包括凸缘联轴器、套筒联轴器和夹壳联轴器等。其载荷平稳,转速稳定,同轴度好,无相对位移,适用于两轴能严格对中,并在工作中不发生相对位移的场合。

1)凸缘联轴器

凸缘联轴器由两个带凸缘的半联轴器和一组螺栓组成。两个半联轴器分别用键与两轴相联,并用螺栓将两个半联轴器联成一体。这种联轴器有两种对中方式:一种是靠两个半联轴器的凸肩和凹槽相配合对中,半联轴器之间采用普通螺栓联接,如图 6-46(a)所示;另一种是两个半联轴器用铰制孔螺栓联接,靠螺栓杆和螺栓孔的配合对中,依靠螺栓杆的剪切及其与孔的挤压传递转矩,装拆时轴不需做轴向移动,如图 6-46(b)所示。

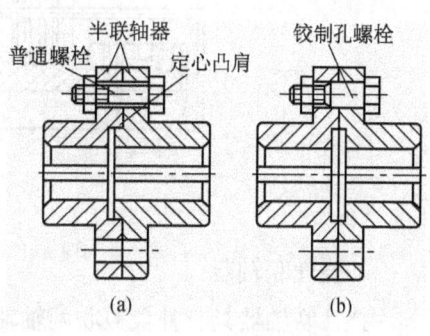

图 6-46 凸缘联轴器

凸缘联轴器的主要特点是结构简单、成本低、传递的转矩较大,但要求两轴的同轴度要好,适用于刚性大、振动冲击小和低速大转矩的场合,是应用最广的一种刚性联轴器。

2)套筒联轴器

套筒联轴器可利用套筒和联接零件(即键、销)或过盈配合将两轴联接起来,如图 6-47 所示。

套筒联轴器结构简单紧凑(特别是径向尺寸),成本低廉,便于装卸与维护,在一定程度上起安全保护作用,适用于载荷不大、工作平稳、两轴要求严格对中、频繁起动、轴上转动惯量要求小的场合。

3)夹壳联轴器

夹壳联轴器是利用两个沿轴向剖分的夹壳以某种方式夹紧来实现两轴联接的联轴器,如图 6-48 所示。夹壳联轴器重量轻,结构简单,装卸方便,抗油,耐腐蚀,应用方便,主要用于低速场合。

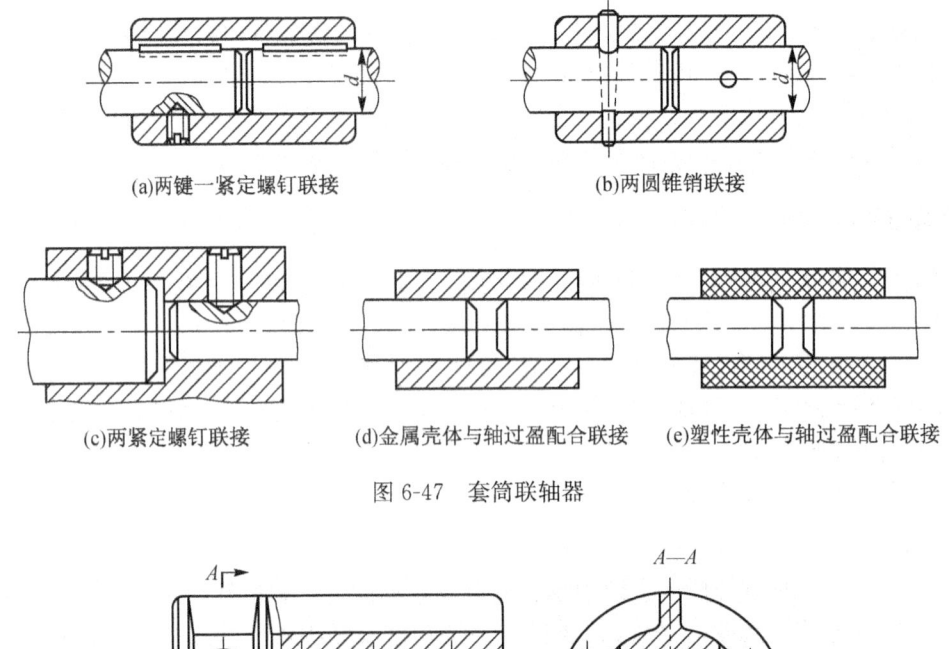

(a) 两键一紧定螺钉联接 (b) 两圆锥销联接

(c) 两紧定螺钉联接   (d) 金属壳体与轴过盈配合联接   (e) 塑性壳体与轴过盈配合联接

图 6-47　套筒联轴器

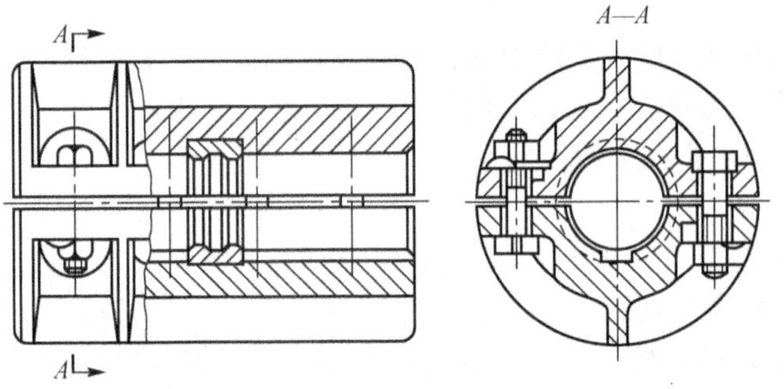

图 6-48　夹壳联轴器

2. 挠性联轴器

挠性联轴器具有补偿被联两轴轴线相对偏移的能力。挠性联轴器最大补偿量随型号的不同而不同,适用于两轴有偏斜或在工作中有相对位移的场合。它可分为无弹性元件挠性联轴器和有弹性元件挠性联轴器。

1)无弹性元件挠性联轴器

无弹性元件挠性联轴器具有挠性,可补偿两轴的相对位移,但因其无弹性元件,故不能缓冲减振,它包括十字滑块联轴器、齿式联轴器和万向联轴器等。

(1)十字滑块联轴器。如图 6-49 所示,十字滑块联轴器由两个在端面上开有凹槽的半联轴器 1、3 和一个两端面均带有凸块的中间盘 2 组成,半联轴器 1、3 分别与主动轴和从动轴连成一体,以实现两轴的联接。中间盘沿径向滑动补偿径向位移。若两轴线不同心,则在运转时中间盘上的凸块将在半联轴器的凹槽内滑动;转速较高时,由于中间盘的偏心会产生较大的离心力和磨损,并使轴承承受附加动载荷,故宜用于低速的场合。

(2)齿式联轴器。如图 6-50 所示,齿式联轴器由两个具有外齿的半联轴器 1、4 和两个具有内齿的外壳 2、3 组成。安装时,两个具有内齿的外壳 2、3 用螺栓联接,两个具有外齿的半联轴器 1、4 通过过盈配合与轴联接。由于啮合齿间留有较大的齿侧间隙,同时外齿轮的齿顶做成球形,球心位于轴线上,因此能补偿两轴的综合位移。齿式联轴器应用较广泛,已经标准化。

齿式联轴器的结构紧凑,承载能力大,适用速度范围广,但制造困难,适用于重载高速的水平轴联接。

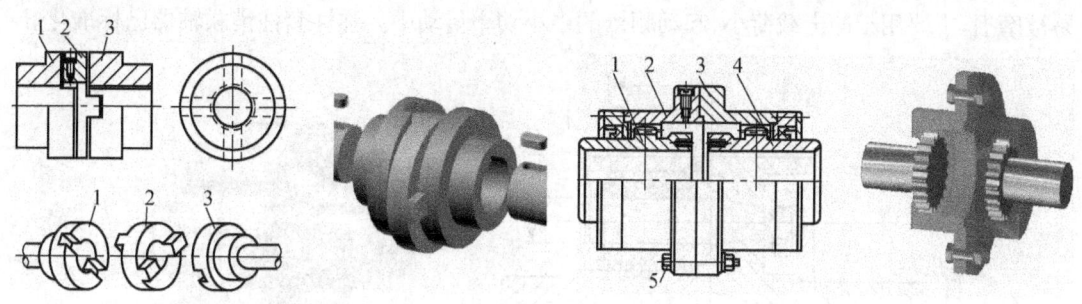

图 6-49　十字滑块联轴器
1、3—半联轴器；2—中间盘

图 6-50　齿式联轴器
1、4—半联轴器；2、3—外壳；5—螺栓

(3) 万向联轴器。如图 6-51(a)所示,单向万向联轴器由两个分别固定在主动轴和从动轴上的叉形接头 1、2 和一个十字形零件(简称为十字头)3 组成。叉形接头和十字头是铰接的,因此,允许被联接两轴轴线夹角 α 很大。单向万向联轴器的缺点是当主动轴角速度为常数时,从动轴的角速度并不是常数,而是在一定范围内变化,这在传动中会引起附加动载荷。因此,一般将两个单向万向联轴器成对使用,作为双向万向联轴器,如图 6-51(b)所示。

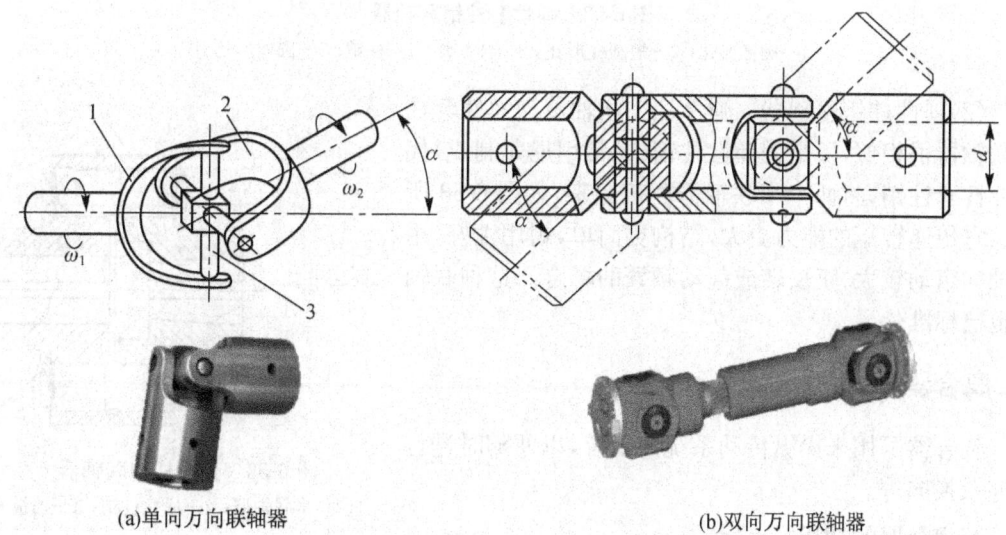

(a) 单向万向联轴器　　　　　　　　(b) 双向万向联轴器

图 6-51　万向联轴器
1、2—叉形接头；3—十字头

2) 有弹性元件挠性联轴器

有弹性元件挠性联轴器中装有弹性元件,因而不仅可以补偿两轴间的相对位移,而且具有缓冲减振的能力。弹性元件所能储蓄的能量越多,联轴器的缓冲能力越强；弹性元件的弹性滞后性能与弹性变形时零件间的摩擦功越大,联轴器的减振能力越好。

常用的有弹性元件挠性联轴器包括弹性套柱销联轴器和弹性柱销联轴器等。

(1)弹性套柱销联轴器。弹性套柱销联轴器的构造与凸缘联轴器相似,只是用套有弹性套的柱销代替了联接螺栓,利用弹性套的弹性变形来补偿两轴的相对位移、缓冲和吸振,如图 6-52 所示。这种联轴器重量轻,结构简单,装拆方便,成本低,但当变形量较大时弹性套易被磨损,主要用于冲击载荷小、起动频繁的中小功率传动中。弹性套柱销联轴器已标准化。

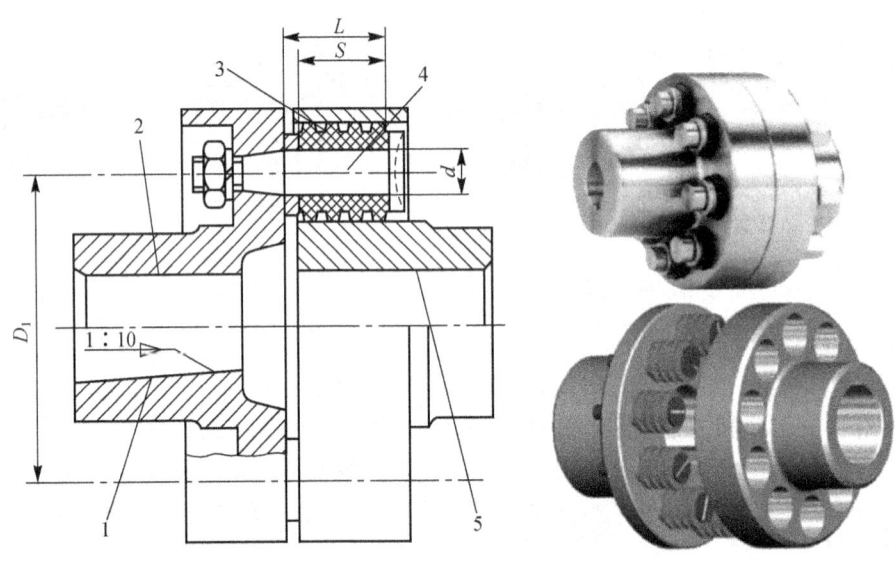

图 6-52 弹性套柱销联轴器
1—圆锥形孔；2—短圆柱形孔；3—弹性套；4—柱销；5—圆柱形孔

(2)弹性柱销联轴器。弹性柱销联轴器与弹性套柱销联轴器很相似,仅是用弹性柱销(通常用尼龙制成)代替弹性套柱销,将两个半联轴器联接起来,如图 6-53 所示。它传递转矩的能力更大,结构更简单,耐用性好,用于轴向窜动较大、正反转或起动频繁的场合。这种联轴器也已标准化。

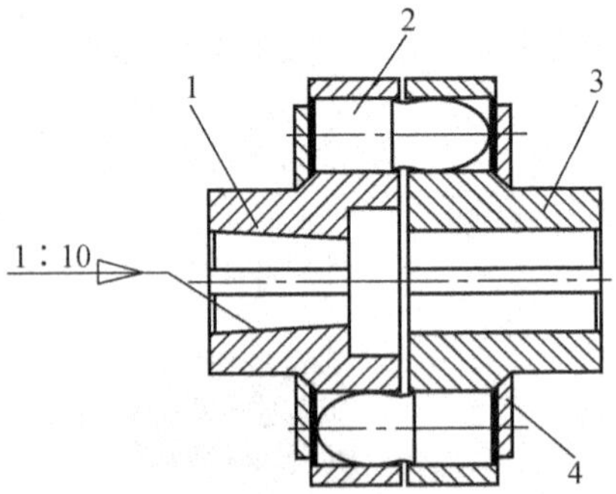

图 6-53 弹性柱销联轴器
1、3—半联轴器；2—尼龙柱销；4—挡板

二、离合器

离合器可用来操纵传动系统的断续,以便随时进行变速及换向等。

1. 离合器的功用

离合器的功用包括以下几点：
(1)使发动机与传动系统逐渐接合,保证汽车平稳起步。
(2)暂时切断发动机与传动系统的联系,便于发动机的起动和变速器的换挡。
(3)限制所传递的转矩,防止传动系统过载。

2. 离合器的分类

1)按工作原理分

离合器按工作原理可分为摩擦式离合器和嵌合式离合器。

(1)摩擦式离合器。摩擦式离合器可利用工作表面的摩擦传递转矩,能在任何转速下分离或接合,有过载保护,但不能保证两轴同步运转。

(2)嵌合式离合器。嵌合式离合器可利用主动轴和从动轴间的嵌合力来传递转矩,可保证两轴同步运转,但只能在低速或停车时分离或接合。

2)按离合控制方法分

离合器按离合控制方法可分为操纵式离合器和自动式离合器。

(1)操纵式离合器。操纵式离合器需要借助人力或动力进行操纵,可分为机械操纵式离合器、电磁操纵式离合器、液压操纵式离合器和气压操纵式离合器等。

(2)自动式离合器。自动式离合器不需要外界操纵,可在一定条件下实现自动分离或接合,主要有超越式离合器、离心式离合器和安全式离合器等类型。

3. 常用离合器的结构和特点

1)摩擦式离合器的结构和特点

摩擦式离合器是利用摩擦片在相互压紧时接触面间所产生的摩擦力来传递运动和转矩的。常用的摩擦式离合器主要为多片摩擦式离合器,该摩擦式离合器也属于操纵式离合器。若摩擦片数目增多,则传递的转矩增大,但摩擦片数目过多将使各层间压力分布不均匀,易出现分离或接合不分明的现象。摩擦式离合器能在不停车或两轴有较大转速差时进行平稳接合,且过载时因两摩擦片间打滑而起到过载保护的作用。

如图 6-54(a)所示,多片摩擦式离合器有两组摩擦片,一组是外摩擦片 4,如图 6-54(b)所示,其外缘上的三个凸齿镶插在外轮毂 2 的内缘纵向凹槽中,可随主动轴 1 转动;另一组是内摩擦片 5,如图 6-54(c)所示,其内孔壁上的三个凹槽与套筒 11 外缘上的凸齿相套合,可随从动轴 10 一起转动。内、外两组摩擦片均可沿轴向移动。当滑环 8 向左移动时,曲柄压杆 7 通过压板 3 将所有内、外摩擦片压紧在调节螺母 6 上,使离合器处于接合状态,即主动轴 1 带动从动轴 10 转动;当滑环 8 向右移动时,曲柄压杆 7 右侧尾端进入滑环 8 内壁左侧凹坑内,在弹簧片 9 的作用下,曲柄压杆 7 松开对内、外摩擦片的压紧,主动轴 1 与从动轴 10 的运动分离。

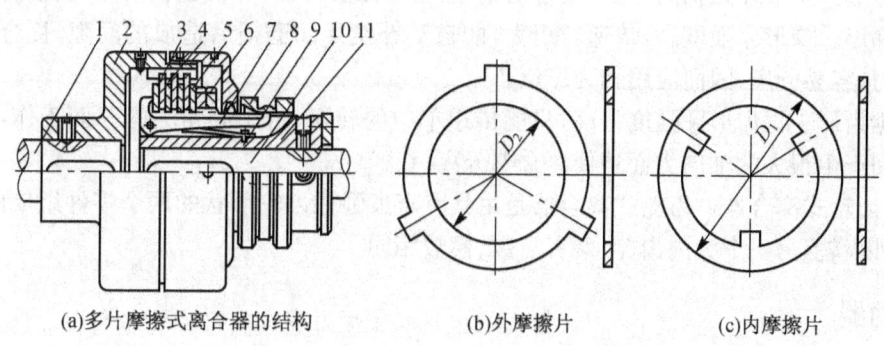

(a)多片摩擦式离合器的结构　　(b)外摩擦片　　(c)内摩擦片

图 6-54　多片式摩擦离合器

1—主动轴;2—外轮毂;3—压板;4—外摩擦片;5—内摩擦片;6—调节螺母;
7—曲柄压杆;8—滑环;9—弹簧片;10—从动轴;11—套筒

2)嵌合式离合器的结构和特点

嵌合式离合器包括牙嵌式离合器和齿轮式离合器两种。

(1)牙嵌式离合器。如图 6-55 所示,通过拨叉的移动使离合器左、右移动,从而实现两轴的接合和分离。牙嵌式离合器结构简单,外廓尺寸小,接合后两个半离合器没有相对滑动,但只宜在两轴的转速差较小或相对静止的情况下接合,否则齿与齿会发生很大冲击,影响齿的使用寿命。

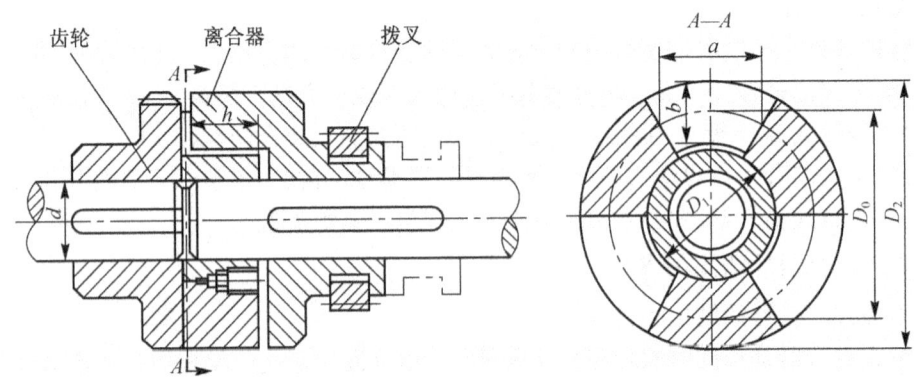

图 6-55 牙嵌式离合器

牙嵌式离合器常用牙型包括三角形、矩形、梯形和锯齿形,如图 6-56 所示。

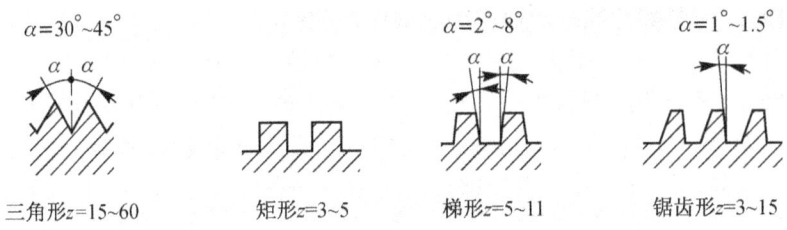

图 6-56 牙嵌式离合器常用牙型

①三角形。三角形牙用于传递中、小转矩的低速离合器。

②矩形。矩形牙无轴向分力,接合困难,磨损后无法补偿,冲击也较大,故使用较少。

③梯形。梯形牙强度高,传递转矩大,能自动补偿牙面磨损后造成的间隙,接合面间有轴向分力,容易分离,因而应用较为广泛。

④锯齿形。锯齿形牙强度最高,只能传递单向的转矩,若用倾角大的一面工作,会因牙与牙之间产生很大的轴向力而迫使离合器分离。

(2)齿轮式离合器。齿轮式离合器是由具有直齿圆柱齿轮形状的两个零件组成的,其中一个为外齿轮,另一个为内齿轮,两者齿数、模数相同。

三、制动器

在车辆、起重机、机床等机械中广泛采用各种形式的制动器。制动器的主要作用是降低机械的转动速度或迫使机械停止转动。常用的制动器有块式制动器和带式制动器两种。

1. 块式制动器

如图 6-57 所示,块式制动器借助制动轮 1 与制动块 2 间的摩擦力来制动。接通电源时,电磁线圈产生吸力吸住衔铁,衔铁推动推杆 5 向右移动,在弹簧 3 的作用下左、右两制动臂向外摆动;切断电源时,电磁线圈释放衔铁,在弹簧 3 的作用下,左、右两制动臂收拢,使制动块 2 抱紧制动轮 1,实现制动。块式制动器也可以设置成在通电时起制动作用,但为安全起见,应设置成在断电时起制动作用。

2. 带式制动器

如图 6-58 所示,当杠杆上作用外力 F 后,制动带收紧且抱住制动轮,靠制动带与制动轮间的摩擦力达到制动目的。带式制动器结构简单、紧凑,制动效果好,容易调节,但磨损不均匀,散热性差。

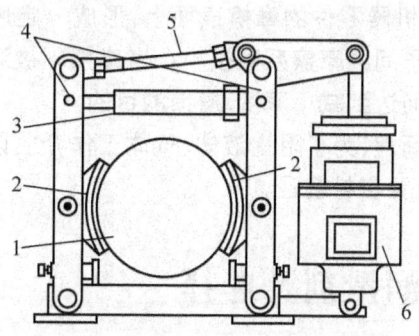

图 6-57 块式制动器

1—制动轮;2—制动块;3—弹簧;4—制动臂;
5—推杆;6—松闸器

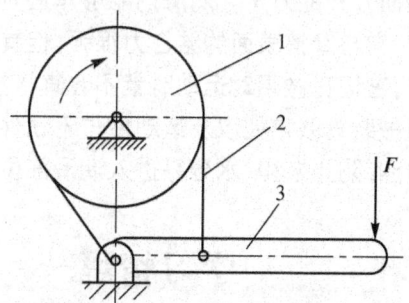

图 6-58 带式制动器

1—制动轮;2—制动带;3—杠杆

思考与练习

1. 举例说明轴按受载性质的不同可分为哪几种。
2. 轴上零件轴向和周向的定位和固定有哪些方法?
3. 滑动轴承分为哪几类?各适用于什么场合?
4. 滚动轴承分为哪几类?各适用于什么场合?
5. 简述滚动轴承代号的组成。
6. 螺纹联接的基本类型有哪些?
7. 螺纹联接有哪些常用的防松方法?
8. 键联接有哪几种类型?各适用于什么场合?
9. 销联接有哪几种类型?各适用于什么场合?
10. 联轴器有哪几种类型?各适用于什么场合?
11. 什么是挠性联轴器?
12. 离合器有哪几种类型?各适用于什么场合?
13. 联轴器和离合器有什么区别?
14. 简述多片摩擦式离合器的工作原理。
15. 制动器有什么作用?常用的制动器有哪些?

单元七
机器装置的润滑与密封

润滑是在相互接触、相对运动的两固体摩擦表面间引入润滑剂(流体或固体等物质),将摩擦表面分开的方法。润滑剂能够牢固地吸附在机器零件的摩擦表面上,形成一定厚度的润滑膜,它与摩擦表面的结合力很强,但其本身分子间的摩擦系数很小。当摩擦副被润滑膜隔开时,它们在做相对运动时就不会直接接触,从而达到减小摩擦、磨损的目的。

机械装置联接处以及运动件与不动件之间有间隙,为了阻止液体、气体工作介质以及润滑剂泄漏,防止灰尘、水分等进入润滑部位,必须设置密封装置。

学习情境一 常用润滑剂及选择

学习目标

掌握润滑油的种类及选用原则;
掌握润滑脂的组成、特点及选用原则;
了解固体润滑剂的特点及适用场合。

课堂导入

生产中使用的各种机床,生活中使用的汽车、自行车等机械都需要润滑,各种机械所使用的润滑剂也不尽相同。润滑剂有哪些种类?应该如何选择?通过学习本节知识,就会找到答案。

基本知识

常用的润滑剂有润滑油、润滑脂和固体润滑剂等,在一般机械中应用最广泛的是润滑油和润滑脂。

一、润滑油

1. 润滑油的种类

机械的种类很多,要求润滑油的品种也很多。最常用的润滑油有矿物润滑油和合成润滑油等。

1) 矿物润滑油

矿物润滑油是由石油提炼而成的,其主要成分是碳氢化合物,并含有各种不同的添加剂。按照提取的方法不同,矿物润滑油可分为馏分润滑油、残渣润滑油、调和润滑油三大类。

(1) 馏分润滑油。馏分润滑油黏度小,质量轻,通常含沥青和胶质较少,如高速机械油、汽轮机油、变压器油、仪表油和冷冻机油等。

(2) 残渣润滑油。残渣润滑油黏度大,质量较重,如航空机油、轧钢机油、汽缸油和齿轮油等。

(3) 调和润滑油。调和润滑油由馏分润滑油与残渣润滑油调和而成,如汽油机油、柴油机油、压缩机油和工业齿轮油等。

2) 合成润滑油

合成润滑油是用有机合成的方法制得的具有一定结构特点与性能的润滑油。合成润滑油比天然润滑油具有更为优良的性能,在天然润滑油不能满足现有工况条件时,一般都可改用合成润滑油,如硅油、氟化酯、硅酸酯、聚苯醚、氟氯碳化合物和磷酸酯等。

2. 润滑油的选用原则

选用润滑油主要是确定润滑油的种类和牌号。一般根据机械设备的工作条件、载荷和速度,先确定合适的黏度范围,再选择适当的润滑油品种。

在以下场合一般选用黏度高的润滑油:

(1) 高温、重载、低速的场合。

(2) 机器工作中有冲击、振动,运转不平稳,并经常起动、停车、反转、变载变速的场合。

(3) 轴与轴承间的间隙较大,加工表面粗糙的场合。

在高速、轻载、低温、采用压力循环润滑、滴油润滑等情况下,可选用黏度低的润滑油。

二、润滑脂

1. 润滑脂的组成和特点

将稠化剂均匀地分散在润滑油中,得到一种黏稠半流体物质,这种物质称为润滑脂。润滑脂由稠化剂、润滑油和添加剂三大部分组成,通常,稠化剂占 10%～20%,润滑油占 75%～90%,其余为添加剂。润滑脂稠度大,不易流失,密封简单,承载能力大,但润滑脂的化学性能不如润滑油稳定,摩擦功耗较大,因此,常用于低速、冲击载荷大或间歇工作的机械中。

2. 润滑脂的选用原则

选择润滑脂时要综合考虑使用条件和润滑脂的性能,确定合适的润滑脂品种和牌号。选择润滑脂最重要的是确定适当的稠度。润滑脂的选用原则为:

(1) 润滑脂的稠度应根据使用条件和润滑方法来确定。

(2) 机器在高温、高速、重载下工作时,应选择抗氧化性好、蒸发损失小、滴点高的润滑脂。

(3) 转速高时,一般选用针入度较大的润滑脂。

(4) 在重载荷或有严重冲击振动时,选用针入度较小的润滑脂,以提高油膜的承载能力。若载荷特别高,要加极压添加剂。

(5) 在潮湿和有水环境中,选用抗水性好的润滑脂。

三、固体润滑剂

在相对运动的承载表面间,为减少摩擦和磨损而使用的粉末状或薄膜状的固体物质称为固体润滑剂。它主要用于不能或不方便使用润滑油(脂)的摩擦部位。常用的固体润滑剂有石墨、二硫化钼、滑石粉、聚四氟乙烯、尼龙、二硫化钨、氟化石墨和氧化铅等。

固体润滑剂具有附着力强、化学稳定性和耐热性好、承载能力高等特点,可用于极高载荷、极低速度等某些特殊工况和环境。

固体润滑剂还可用来作为添加剂,以改善润滑油、润滑脂的性能。

学习情境二　常用润滑方式及装置

学习目标

掌握油润滑方式及装置;
了解脂润滑方式及装置。

课堂导入

车床主轴箱中的齿轮,当油池里有足够的润滑油时,只要开动车床就可以实现润滑;而自行车的链条则需要定期手工添加润滑油(脂)。如何合理地选择润滑方式及装置呢?通过学习本节知识,就会找到答案。

基本知识

机械设备的润滑主要集中在传动件和支承件上。为了获得良好的润滑效果,除正确地选择润滑剂之外,还应选择适当的润滑方式及相应的润滑装置。

一、油润滑方式及装置

采用油润滑时,油的流动性较好,冷却效果好,易于过滤除去杂质,可用于所有速度范围的润滑,使用寿命较长,容易更换,油可以循环使用,但油润滑密封比较困难。

1. 油润滑方式

油润滑方式按是否连续可分为间歇供油和连续供油。

1)间歇供油

间歇供油是隔一定时间向各个润滑点供给润滑油,其润滑可靠性差。常用的润滑方式有手工定期润滑和油杯滴油润滑等。

2)连续供油

连续供油是连续不断地向各个润滑点供给润滑油,其润滑可靠、良好。常用的润滑方式有飞溅润滑和油雾润滑等。

2. 油润滑装置

1)手工定期润滑装置

手工定期润滑装置结构最为简单,只要在需要润滑的部位制出加油孔,操作人员即可用油壶、油枪进行加油,也可在油孔处装设注油杯,图7-1(a)所示为旋套式注油杯,图7-1(b)所

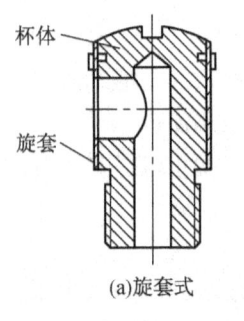
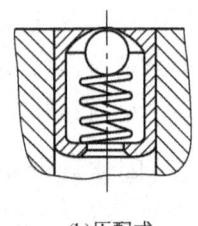

(a)旋套式　　(b)压配式

图7-1　注油杯

示为压配式注油杯。注油杯除能储存一定的油量外,还可防止污物进入。

手工定期润滑装置适用于低速、轻载或不连续运转的场合,且用油量少,如用于开式齿轮、链条、钢丝绳及不经常使用的粗糙机械中。

2)滴油润滑装置

滴油润滑装置是指采用油杯供油,利用油的自重滴流至摩擦表面的装置。油杯多用铝合金制成骨架,杯壁和检查孔用透明塑料或玻璃制造,以便观察杯中油位。常用滴油润滑装置有以下几种:

(1)手动式滴油润滑装置。图7-2所示为手动式滴油油杯,在机器起动前用手按压手柄1,使活塞杆2向下运动将油压出,以保证摩擦副良好的润滑,在弹簧3的作用下活塞杆2回升到起始高度。这种装置主要用于间歇工作机器的轴承(多为滑动轴承)上。

(2)针阀式滴油润滑装置。图7-3所示为针阀式滴油油杯,利用手柄4竖直或放平来操纵针阀的开闭,用调节螺母3控制针阀1的提升高度,从而调节油孔开口大小和滴油量。这种装置常用于要求供油可靠的机器中,但油杯中油位的高低直接影响滴油量。

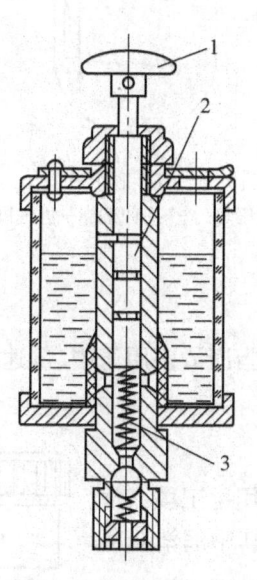

图7-2 手动式滴油油杯

1—手柄;2—活塞杆;3—弹簧

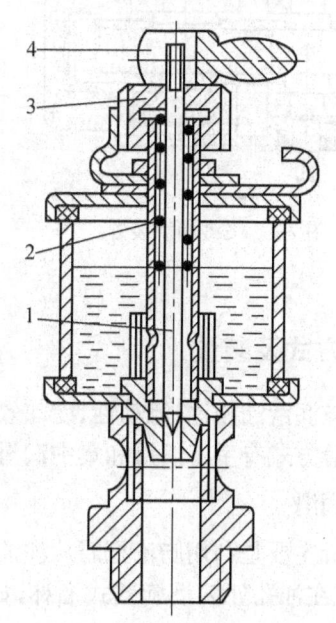

图7-3 针阀式滴油油杯

1—针阀;2—弹簧;3—调节螺母;4—手柄

3)飞溅润滑装置

飞溅润滑装置依靠浸泡在油池中的零件或装在轴上的甩环将油搅动,使油飞溅到摩擦表面。如图7-4所示,若浸在油池中转动件的转速过高,则会导致搅油功耗过大,易引起机器发热;若浸在油池中转动件的转速过低,则会影响润滑效果。

飞溅润滑装置具有冷却作用,适合在中速、中载的重要机械中使用。

4）油雾润滑装置

油雾润滑装置不仅可达到润滑目的，还可起冷却和排污的作用，且耗油量小，如图7-5所示。这种润滑装置的缺点是排出的气体含有悬浮的油雾，容易造成污染。

油雾润滑装置主要用于高速、轻载的齿轮、轴承和高温条件下工作的链条中。

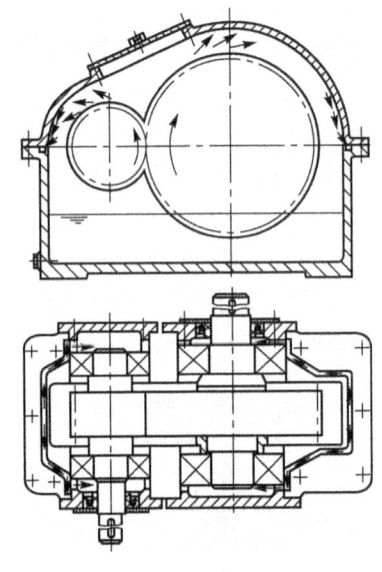

图7-4 飞溅润滑装置

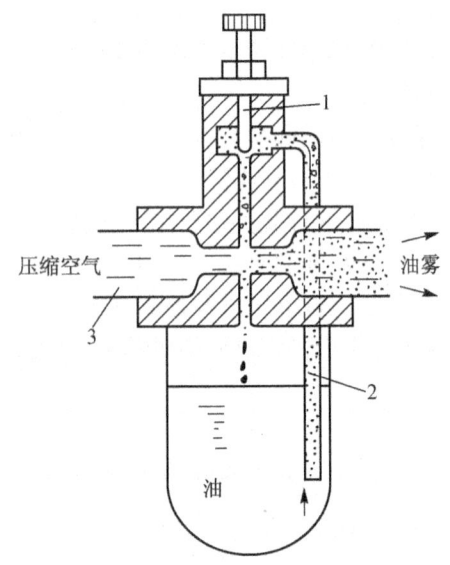

图7-5 油雾润滑装置
1—调压阀；2—进油管；3—进气口

二、脂润滑方式及装置

润滑脂与润滑油相比，流动性、冷却效果较差，因此，脂润滑多用于中、低速机械的润滑。常用的脂润滑方式有手工润滑和集中润滑等。

1. 手工润滑

手工润滑主要是利用脂枪把脂从注油孔注入或直接用手工填入润滑部位，也可在油孔处装设旋盖式油杯，如图7-6所示，其中润滑脂靠杯盖的旋拧而被挤出。

2. 集中润滑

集中润滑装置一般由润滑脂储罐、给脂泵、给脂管和分配器等部分组成。润滑时利用给脂泵将润滑脂储罐里的脂输送到各管道，再经过分配器将脂定时定量地分送到各个润滑点。现代化的集中润滑装置中还包含监控装置和报警装置。

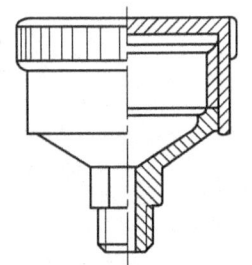

图7-6 旋盖式油杯

对于单机设备上的轴承和链条等部位，润滑点不多，多采用人工加脂或涂抹润滑脂；对于润滑点多的大型设备，多采用集中润滑装置。

学习情境三　常用传动装置的润滑

学习目标

掌握链传动的润滑；
掌握齿轮传动的润滑；
了解蜗杆传动的润滑；
掌握滚动轴承的润滑。

课堂导入

图 7-7 所示为工人师傅给滚动轴承添加润滑剂。滚动轴承的润滑需要注意哪些问题呢？通过学习本节知识，就会找到答案。

基本知识

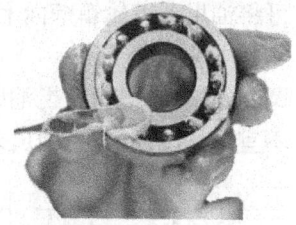

图 7-7　滚动轴承的润滑

一、链传动的润滑

链传动的润滑是影响传动工作能力和寿命的重要因素之一，润滑良好可减少铰链磨损。润滑方式可根据链速和链节距的大小确定。润滑剂应加在松边一侧，以便润滑油渗入各运动接触面。

链传动常用的润滑方式包括人工润滑、滴油润滑、油浴润滑、油盘润滑和喷油润滑等，如图 7-8 所示。

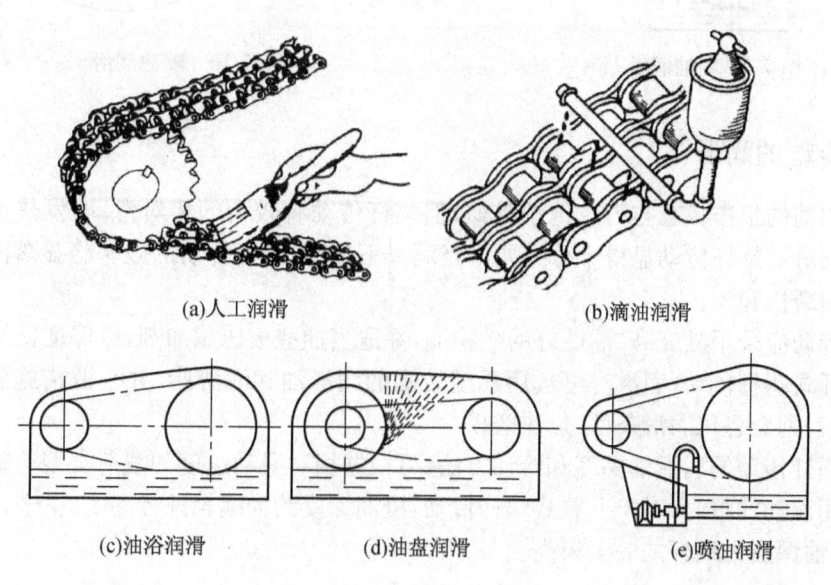

(a)人工润滑　　　　　　　　　(b)滴油润滑

(c)油浴润滑　　(d)油盘润滑　　(e)喷油润滑

图 7-8　链传动常用的润滑方式

二、齿轮传动的润滑

齿轮传动时对齿轮进行润滑,可降低噪声、改善齿轮的工作状况、延缓轮齿失效和延长齿轮的使用寿命等。

对于开式齿轮传动,由于齿轮圆周速度较低,通常采用人工定期加润滑油的方式润滑。

对于闭式齿轮传动,其润滑方式有浸油润滑和喷油润滑两种,一般根据齿轮的圆周速度确定。当齿轮的圆周速度 $v \leqslant 12$ m/s 时,通常将大齿轮浸入油池中进行润滑,如图 7-9 所示。浸入油中的深度约为一个齿高,但不应小于 10 mm,浸入过深则增大了齿轮的运动阻力并使油温升高。在多级齿轮传动中,可采用带油轮将油带到未浸入油池内的轮齿齿面上,并可将油甩到齿轮箱壁面上散热,使油温下降。图中 h 为一个齿高,但不小于 10 mm;$h_1 \leqslant r/3$(r 为齿轮半径);$h_2 = (0.5 \sim 1)b$(b 为锥齿轮齿宽)。当齿轮的圆周速度 $v > 12$ m/s 时,由于圆周速度较大,齿轮搅油剧烈,功率损耗较大,并且黏附在齿面上的润滑油容易甩出,因此,不宜采用浸油润滑,而应采用喷油润滑,如图 7-10 所示。

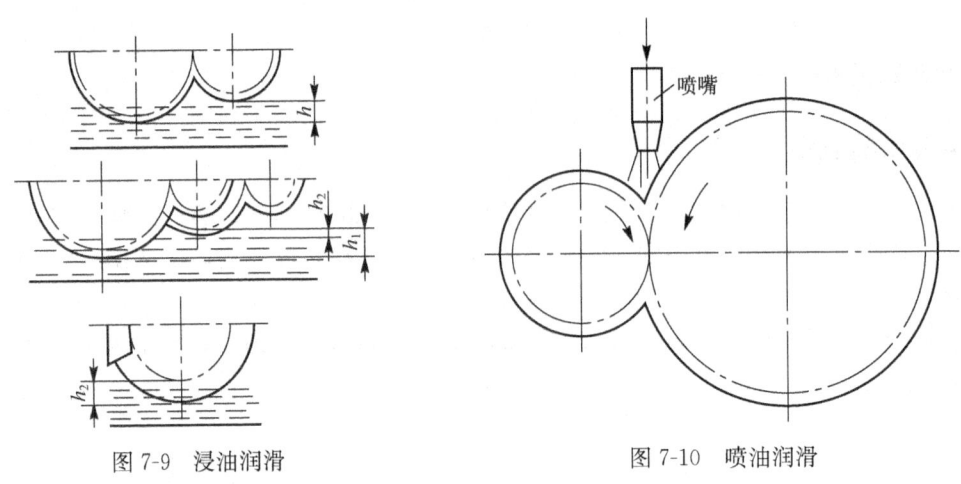

图 7-9 浸油润滑   图 7-10 喷油润滑

三、蜗杆传动的润滑

蜗杆传动的工作状态与齿轮传动类似,但蜗杆传动有较大的相对滑动,发热量大,效率低,因此,润滑对蜗杆传动显得十分重要。当润滑不良时,蜗杆传动的效率将显著降低,并会导致剧烈的磨损和胶合。

蜗杆传动应采用黏度高、油性好的矿物油,并适当加些极压添加剂,以保证良好的润滑。

对于开式蜗杆传动,润滑时可选用黏度较高的润滑油和润滑脂,并采取措施防止灰尘、水滴侵入,否则会恶化润滑条件,加快磨损。

闭式蜗杆传动的润滑油黏度和给油方法,可根据相对滑动速度和载荷类型等确定。

当采用浸油润滑时,对于上置式蜗杆传动,浸油深度约为蜗轮外径的 1/3;对于下置式蜗杆传动,浸油深度为蜗杆的一个齿高。

四、滚动轴承的润滑

滚动轴承润滑的主要目的是减少摩擦和磨损,且同时起到冷却、吸振、防尘和防锈等作用。当轴颈圆周速度 v<4~5 m/s 时,可采用润滑脂润滑。因为润滑脂不易流失,密封结构简单,便于维护,受温度影响不大,一次填充可运转较长时间。装填润滑脂时一般不超过滚动轴承内空隙的 1/3~1/2,以免因润滑脂过多而引起滚动轴承发热,从而影响滚动轴承的正常工作。当轴颈圆周速度较高时,应采用润滑油润滑,这样不仅可使摩擦阻力减小,且可起到散热、冷却作用。

学习情境四　机械装置的密封

学习目标

了解静密封的种类;
熟悉动密封构件的结构、安装及使用方法。

课堂导入

图 7-11 所示为几种不同类型的密封件。机械传动中,运动部件和静止部件在密封方式上有何不同?各种密封件分别适用于什么场合?通过学习本节知识,就会找到答案。

(a)密封垫圈

(b)机械密封圈

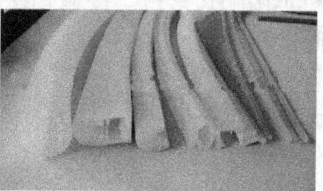
(c)胶条密封

图 7-11　密封件

基本知识

密封技术被广泛应用于机械设备和管道接合中。机械装置的结构特点不同,密封件的形状、材质也不同。密封可分为静密封和动密封两大类。

一、静密封

静密封是指两个相对静止的结合面间的密封,如图 7-12 所示。它包括研磨面密封、垫片密封、密封胶密封和 O 形圈密封。

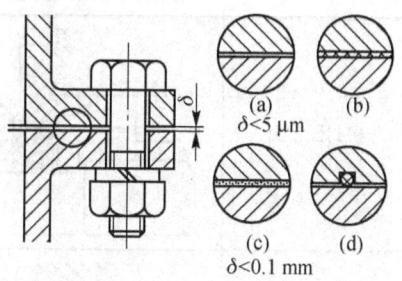

图 7-12　静密封

1. 研磨面密封

研磨面密封是最简单的静密封,结合面要求平整、光洁,并在螺栓预紧力的作用下贴紧而密封,一般结合面的间隙 δ<5 μm,且需研磨加工,见图 7-12(a)。

2. 垫片密封

图 7-12(b)中,在结合面间加垫片,用螺栓压紧使垫片产生弹性、塑性变形,以填满密封面上的不平,从而消除间隙,达到密封的目的。在一般常温、低压、普通介质条件下工作,可

用纸、橡胶或皮垫片;在压力较高、温度范围较大或在油、酸、碱介质中工作,应选用石棉橡胶或聚四氟乙烯垫片;在高温、高压或同时要控制密封间隙大小处工作,常用铜、铝、低碳钢等制成的金属垫片。

3. 密封胶密封

密封胶有一定的流动性,容易充满结合面的缝隙,黏附在金属面上,从而大大减少泄漏,即使在较粗糙的表面上密封效果也较好。密封胶的主要成分是合成树脂或合成橡胶,能经受 1.6 MPa 的压力及 300 ℃ 的温度。结合面缝隙若大于 0.1 mm,则可考虑与垫片合用,此时,垫片主要填塞结合面间隙,而密封胶则充满结合面的凹坑,形成不易泄漏的压力区,见图 7-12(c)。

4. O 形圈密封

在结合面上开密封槽,装入 O 形密封圈,利用其在结合面形成严密的压力区来达到密封的目的,见图 7-12(d)。

二、动密封

动密封是指两个具有相对运动的结合面间的密封。动密封按其形式与结构可分为接触式密封和非接触式密封。接触式密封为两密封结合面间相互接触,并做相对运动(或填料与结合面间做相对运动)的密封。非接触式密封为两密封结合面间有一定的间隙,并做相对运动的密封。

动密封构件的结构、安装及使用见表 7-1。

表 7-1 动密封构件的结构、安装及使用

动密封构件	结 构	安装及使用	形 式
毡圈密封	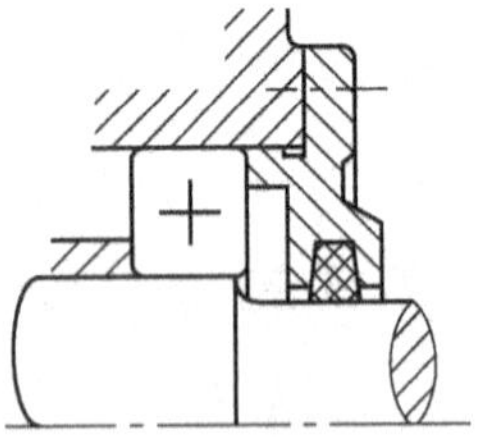	在轴承端盖上的梯形断面槽内装入毡圈,使其与轴在接触处径向压紧实现密封。密封处轴颈的速度 $v<4\sim5$ m/s	接触式密封
密封圈密封	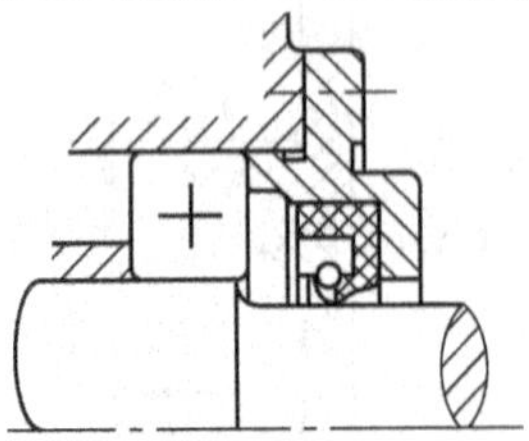	密封圈由耐油橡胶、塑料或皮革等制成。安装时密封唇应朝向密封的部位,其密封效果比毡圈密封好,密封处轴颈的速度 $v<5\sim6$ m/s。接触式密封要求轴颈接触部分的表面粗糙度 $Ra<0.8$ μm	接触式密封
挡油环密封	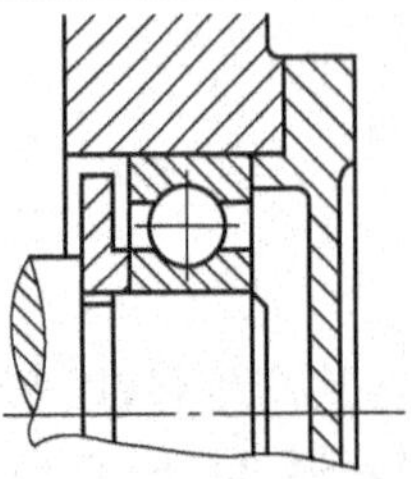	利用旋转件带动流体产生离心力以克服泄漏。挡油环密封用在脂润滑中,防止润滑油流入轴承将润滑脂带走	接触式密封

续表

动密封构件	结 构	安装及使用	形 式
螺旋密封	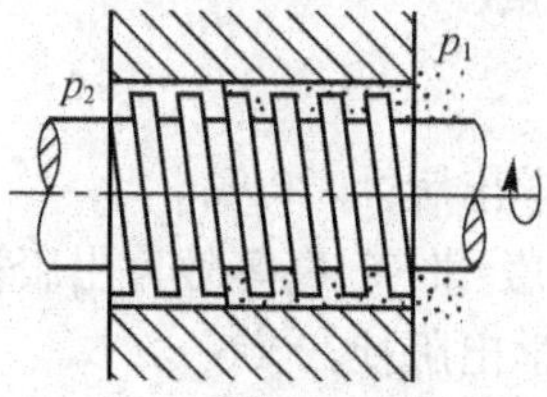 $p_1 > p_2$	轴必须按确定方向旋转。在轴上开出沟槽或安装甩油环,把欲流出的油沿径向甩开,经集油腔及与轴承腔相通的油孔流回	接触式密封
油沟密封	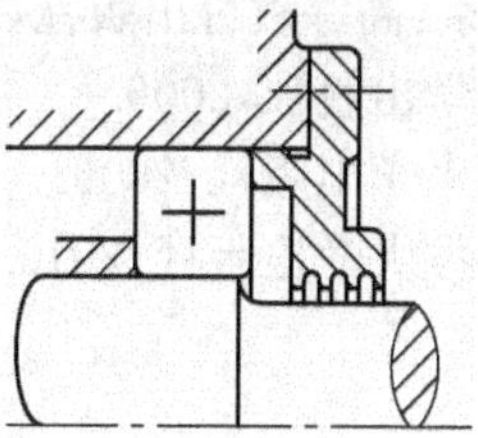	在油沟内填充润滑脂,端盖与轴颈的间隙约为0.1～0.3 mm。油沟密封结构简单,要求轴颈转速$v<5\sim6$ m/s	非接触式密封
迷宫密封	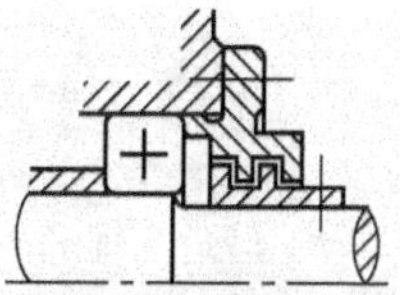 轴向式(只用于部分结构) 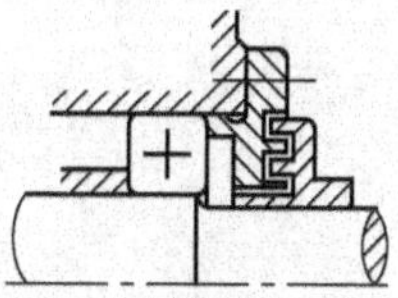 径向式	迷宫密封的结构是在泄漏的通道上依次排列环形密封齿,在齿与转子间形成一系列节流间隙及膨胀空腔,隙缝宽度约为0.2～0.5 mm,以产生节流效应,从而起到密封作用。它对一般密封不能胜任的高温、高压、高速和大尺寸密封部位特别有效。它具有不需润滑、允许热膨胀、功率消耗低、使用寿命长、维修简单等优点,但也存在一定缺点,即泄漏量大、加工精度高、装配比较困难等,因而限制了其使用范围	非接触式密封

思考与练习

1.常用的润滑剂有哪几种?
2.润滑油包括哪几种?分别举例说明。
3.什么是润滑脂?它有什么特点?
4.固体润滑剂多用于什么部位?
5.油润滑的常用方式有哪几种?
6.飞溅润滑装置适用于什么场合?
7.闭式齿轮传动的润滑方式有哪几种?
8.简述滚动轴承的润滑方法。
9.什么是静密封?静密封有哪几种密封形式?分别举例说明。
10.什么是动密封?动密封有哪几种密封形式?分别举例说明。

参 考 文 献

[1] 辛会珍. 机械设计基础[M]. 长沙:国防科技大学出版社,2008.
[2] 杨可桢,程光蕴,李仲生. 机械设计基础[M]. 5版. 北京:高等教育出版社,2006.
[3] 莫解华. 机械设计基础[M]. 大连:大连理工大学出版社,2006.
[4] 胡家秀. 机械设计基础[M]. 2版. 北京:机械工业出版社,2008.
[5] 邹慧君,张春林,李杞仪. 机械原理[M]. 2版. 北京:高等教育出版社,2006.
[6] 陈明. 机械制造技术[M]. 北京:北京航空航天大学出版社,2006.
[7] 崔虹雯. 机械制造基础[M]. 北京:中央广播电视大学出版社,2006.
[8] 苟向锋. 公差配合与测量技术[M]. 长沙:国防科技大学出版社,2010.